■ 高等学校网络空间安全专业规划教材

网络安全实验教程

沈鑫剡 俞海英 胡勇强 李兴德 编著

清华大学出版社
北京

内 容 简 介

网络安全是一门实验性很强的课程，大量的理论知识需要通过实验验证，学生只有通过实验才能更深刻地了解各种网络安全技术的应用过程。本书是与《网络安全》一书配套的实验教程，以 Cisco Packet Tracer 软件作为实验平台，针对教材内容，设计了大量帮助读者理解、掌握教材内容的实验，这些实验同时也为读者运用 Cisco 安全设备解决各种网络安全问题提供了思路和方法。

本书适合作为网络安全课程的实验指导，也可作为运用 Cisco 安全设备解决各种网络安全问题的工程技术人员的参考书。

本书封面贴有清华大学出版社防伪标签，无标签者不得销售。
版权所有，侵权必究。举报：010-62782989，beiqinquan@tup.tsinghua.edu.cn。

图书在版编目(CIP)数据

网络安全实验教程/沈鑫剡等编著. —北京：清华大学出版社，2017（2021.3重印）
（高等学校网络空间安全专业规划教材）
ISBN 978-7-302-47492-0

Ⅰ.①网… Ⅱ.①沈… Ⅲ.①网络安全—高等学校—教材 Ⅳ.①TN915.08

中国版本图书馆 CIP 数据核字(2017)第 140427 号

责任编辑：袁勤勇
封面设计：傅瑞学
责任校对：胡伟民
责任印制：沈　露

出版发行：清华大学出版社
　　　网　　址：http://www.tup.com.cn，http://www.wqbook.com
　　　地　　址：北京清华大学学研大厦 A 座　　邮　编：100084
　　　社 总 机：010-62770175　　　　　　　　　邮　购：010-83470235
　　　投稿与读者服务：010-62776969，c-service@tup.tsinghua.edu.cn
　　　质量反馈：010-62772015，zhiliang@tup.tsinghua.edu.cn
　　　课件下载：http://www.tup.com.cn，010-83470236
印 装 者：北京九州迅驰传媒文化有限公司
经　　销：全国新华书店
开　　本：185mm×260mm　　　印　张：21.5　　　字　数：527 千字
版　　次：2017 年 8 月第 1 版　　　　　　　　　　印　次：2021 年 3 月第 5 次印刷
定　　价：59.80 元

产品编号：069872-03

前言

　　网络安全是一门实验性很强的课程，大量的理论知识需要通过实验验证，学生只有通过实验才能更深刻地了解各种网络安全技术的应用过程。本书是与《网络安全》一书配套的实验教程，以 Cisco Packet Tracer 软件作为实验平台，针对教材内容，设计了大量帮助读者理解、掌握教材内容的实验。实验由两部分组成，一部分实验是教材中的案例和实例的具体实现，用于验证教材内容，帮助学生更好地理解、掌握教材内容；另一部分实验是实际问题的解决方案，给出运用 Cisco 安全设备解决各种实际网络安全问题的方法和步骤。

　　Cisco Packet Tracer 软件的人机界面非常接近实际 Cisco 安全设备的配置过程，除了连接线缆等物理动作外，学生通过 Cisco Packet Tracer 软件完成实验的过程与通过实际 Cisco 安全设备完成实验的过程几乎相同。通过 Cisco Packet Tracer 软件，学生可以完成用于解决复杂网络环境下安全问题的实验。更为难得的是，Cisco Packet Tracer 软件可以模拟 IP 分组端到端传输过程中交换机、路由器等网络设备处理 IP 分组的每一个步骤，显示各个阶段应用层消息、传输层报文、IP 分组、封装 IP 分组的链路层帧的结构、内容和首部中每一个字段的值，使学生可以直观了解 IP 分组的端到端传输过程，以及 IP 分组端到端传输过程中交换机、路由器等网络设备具有的各种安全功能对 IP 分组的作用过程。

　　《网络安全》和本书相得益彰，前者为学生提供了网络安全理论、协议和技术，本书提供了在 Cisco Packet Tracer 软件实验平台上运用教材提供的网络安全理论、协议和技术解决各种实际网络安全问题的方法和步骤。学生可用《网络安全》提供的网络安全理论、协议和技术指导实验，反过来又可以通过实验加深理解网络安全理论、协议和技术，使课堂教学和实验形成良性互动，真正实现使学生掌握网络安全基本概念、理论和技术，具有运用 Cisco 安全设备解决各种实际网络安全问题的能力的教学目标。

　　本书适合作为网络安全课程的实验指南，也可作为运用 Cisco 安全设备解决各种实际网络安全问题的工程技术人员的参考书。

　　限于作者的水平，书中不足之处在所难免，殷切希望使用本书的老师和学生批评指正，也殷切希望读者能就本书内容和叙述方式提出宝贵意见和建议，以便进一步完善本书内容。作者 E-mail 地址为 shenxinshan@163.com。

作　者

2016 年 12 月

目录

第 1 章 实验基础 /1

1.1 Packet Tracer 6.2 使用说明 …………………………………………… 1
- 1.1.1 功能介绍 ………………………………………………………… 1
- 1.1.2 用户界面 ………………………………………………………… 2
- 1.1.3 工作区分类 ……………………………………………………… 4
- 1.1.4 操作模式 ………………………………………………………… 5
- 1.1.5 设备类型和配置方式 …………………………………………… 6

1.2 IOS 命令模式 ………………………………………………………… 9
- 1.2.1 用户模式 ………………………………………………………… 9
- 1.2.2 特权模式 ………………………………………………………… 10
- 1.2.3 全局模式 ………………………………………………………… 10
- 1.2.4 IOS 帮助工具 …………………………………………………… 11
- 1.2.5 取消命令过程 …………………………………………………… 12

第 2 章 网络攻击实验 /14

2.1 集线器和嗅探攻击实验 …………………………………………… 14
- 2.1.1 实验内容 ………………………………………………………… 14
- 2.1.2 实验目的 ………………………………………………………… 14
- 2.1.3 实验原理 ………………………………………………………… 15
- 2.1.4 实验步骤 ………………………………………………………… 15

2.2 MAC 地址欺骗攻击实验 …………………………………………… 18
- 2.2.1 实验内容 ………………………………………………………… 18
- 2.2.2 实验目的 ………………………………………………………… 19
- 2.2.3 实验原理 ………………………………………………………… 19
- 2.2.4 实验步骤 ………………………………………………………… 20

2.3 Smurf 攻击实验 ……………………………………………………… 24
- 2.3.1 实验内容 ………………………………………………………… 24
- 2.3.2 实验目的 ………………………………………………………… 24
- 2.3.3 实验原理 ………………………………………………………… 24
- 2.3.4 关键命令说明 …………………………………………………… 25

    2.3.5 实验步骤 ·· 26
    2.3.6 命令行接口配置过程 ·· 30
  2.4 RIP 路由项欺骗攻击实验 ·· 31
    2.4.1 实验内容 ·· 31
    2.4.2 实验目的 ·· 31
    2.4.3 实验原理 ·· 32
    2.4.4 关键命令说明 ··· 32
    2.4.5 实验步骤 ·· 32
    2.4.6 命令行接口配置过程 ·· 35
  2.5 钓鱼网站实验 ·· 37
    2.5.1 实验内容 ·· 37
    2.5.2 实验目的 ·· 37
    2.5.3 实验原理 ·· 37
    2.5.4 关键命令说明 ··· 37
    2.5.5 实验步骤 ·· 39
    2.5.6 命令行接口配置过程 ·· 44

第 3 章 Internet 接入实验 /46

  3.1 终端以太网接入 Internet 实验 ·· 46
    3.1.1 实验内容 ·· 46
    3.1.2 实验目的 ·· 47
    3.1.3 实验原理 ·· 47
    3.1.4 关键命令说明 ··· 47
    3.1.5 实验步骤 ·· 50
    3.1.6 命令行接口配置过程 ·· 51
  3.2 终端 ADSL 接入 Internet 实验 ·· 55
    3.2.1 实验内容 ·· 55
    3.2.2 实验目的 ·· 55
    3.2.3 实验原理 ·· 55
    3.2.4 实验步骤 ·· 55
  3.3 统一鉴别实验 ·· 58
    3.3.1 实验内容 ·· 58
    3.3.2 实验目的 ·· 58
    3.3.3 实验原理 ·· 58
    3.3.4 关键命令说明 ··· 58
    3.3.5 实验步骤 ·· 60
    3.3.6 命令行接口配置过程 ·· 63

第 4 章 以太网安全实验 /66

4.1 访问控制列表实验 …………………………………………………………… 66
4.1.1 实验内容 …………………………………………………………… 66
4.1.2 实验目的 …………………………………………………………… 66
4.1.3 实验原理 …………………………………………………………… 66
4.1.4 关键命令说明 ……………………………………………………… 67
4.1.5 实验步骤 …………………………………………………………… 67
4.1.6 命令行接口配置过程 ……………………………………………… 68

4.2 安全端口实验 ………………………………………………………………… 69
4.2.1 实验内容 …………………………………………………………… 69
4.2.2 实验目的 …………………………………………………………… 70
4.2.3 实验原理 …………………………………………………………… 70
4.2.4 关键命令说明 ……………………………………………………… 70
4.2.5 实验步骤 …………………………………………………………… 71
4.2.6 命令行接口配置过程 ……………………………………………… 72

4.3 防 DHCP 欺骗攻击实验 ……………………………………………………… 73
4.3.1 实验内容 …………………………………………………………… 73
4.3.2 实验目的 …………………………………………………………… 73
4.3.3 实验原理 …………………………………………………………… 75
4.3.4 关键命令说明 ……………………………………………………… 75
4.3.5 实验步骤 …………………………………………………………… 76
4.3.6 命令行接口配置过程 ……………………………………………… 79

4.4 防生成树欺骗攻击实验 ……………………………………………………… 80
4.4.1 实验内容 …………………………………………………………… 80
4.4.2 实验目的 …………………………………………………………… 80
4.4.3 实验原理 …………………………………………………………… 80
4.4.4 关键命令说明 ……………………………………………………… 81
4.4.5 实验步骤 …………………………………………………………… 82
4.4.6 命令行接口配置过程 ……………………………………………… 82

4.5 VLAN 防 MAC 地址欺骗攻击实验 …………………………………………… 84
4.5.1 实验内容 …………………………………………………………… 84
4.5.2 实验目的 …………………………………………………………… 85
4.5.3 实验原理 …………………………………………………………… 85
4.5.4 关键命令说明 ……………………………………………………… 85
4.5.5 实验步骤 …………………………………………………………… 86
4.5.6 命令行接口配置过程 ……………………………………………… 89

第 5 章　无线局域网安全实验　/90

5.1　WEP 和 WPA2-PSK 实验 ··· 90
　　5.1.1　实验内容 ·· 90
　　5.1.2　实验目的 ·· 90
　　5.1.3　实验原理 ·· 91
　　5.1.4　实验步骤 ·· 91
5.2　WPA2 实验 ··· 95
　　5.2.1　实验内容 ·· 95
　　5.2.2　实验目的 ·· 96
　　5.2.3　实验原理 ·· 96
　　5.2.4　实验步骤 ·· 96
　　5.2.5　命令行接口配置过程 ··· 101

第 6 章　互连网安全实验　/103

6.1　OSPF 路由项欺骗攻击和防御实验 ··· 103
　　6.1.1　实验内容 ·· 103
　　6.1.2　实验目的 ·· 103
　　6.1.3　实验原理 ·· 105
　　6.1.4　关键命令说明 ··· 105
　　6.1.5　实验步骤 ·· 107
　　6.1.6　命令行接口配置过程 ··· 109
6.2　策略路由项实验 ··· 111
　　6.2.1　实验内容 ·· 111
　　6.2.2　实验目的 ·· 112
　　6.2.3　实验原理 ·· 112
　　6.2.4　实验步骤 ·· 112
　　6.2.5　命令行接口配置过程 ··· 115
6.3　流量管制实验 ·· 117
　　6.3.1　实验内容 ·· 117
　　6.3.2　实验目的 ·· 118
　　6.3.3　实验原理 ·· 118
　　6.3.4　关键命令说明 ··· 119
　　6.3.5　实验步骤 ·· 121
　　6.3.6　命令行接口配置过程 ··· 124
6.4　PAT 实验 ··· 126
　　6.4.1　实验内容 ·· 126
　　6.4.2　实验目的 ·· 126

6.4.3　实验原理……126
　　6.4.4　关键命令说明……129
　　6.4.5　实验步骤……130
　　6.4.6　命令行接口配置过程……134
6.5　NAT 实验……137
　　6.5.1　实验内容……137
　　6.5.2　实验目的……137
　　6.5.3　实验原理……137
　　6.5.4　关键命令说明……139
　　6.5.5　实验步骤……140
　　6.5.6　命令行接口配置过程……144
6.6　HSRP 实验……147
　　6.6.1　实验内容……147
　　6.6.2　实验目的……147
　　6.6.3　实验原理……147
　　6.6.4　关键命令说明……148
　　6.6.5　实验步骤……149
　　6.6.6　命令行接口配置过程……156

第 7 章　虚拟专用网络实验　　/158

7.1　点对点 IP 隧道实验……158
　　7.1.1　实验内容……158
　　7.1.2　实验目的……158
　　7.1.3　实验原理……159
　　7.1.4　关键命令说明……160
　　7.1.5　实验步骤……161
　　7.1.6　命令行接口配置过程……164
7.2　IOS 路由器 IP Sec VPN 实验……169
　　7.2.1　实验内容……169
　　7.2.2　实验目的……169
　　7.2.3　实验原理……170
　　7.2.4　关键命令说明……170
　　7.2.5　实验步骤……173
　　7.2.6　命令行接口配置过程……175
7.3　ASA5505 IP Sec VPN 实验……179
　　7.3.1　实验内容……179
　　7.3.2　实验目的……179
　　7.3.3　实现原理……179

  7.3.4 关键命令说明 …………………………………………………… 180
  7.3.5 实验步骤 ……………………………………………………… 184
  7.3.6 命令行接口配置过程 ………………………………………… 186
 7.4 Cisco Easy VPN 实验 …………………………………………………… 191
  7.4.1 实验内容 ……………………………………………………… 191
  7.4.2 实验目的 ……………………………………………………… 192
  7.4.3 实验原理 ……………………………………………………… 192
  7.4.4 关键命令说明 ………………………………………………… 193
  7.4.5 实验步骤 ……………………………………………………… 197
  7.4.6 命令行接口配置过程 ………………………………………… 201
 7.5 ASA5505 SSL VPN 实验 ………………………………………………… 205
  7.5.1 实验内容 ……………………………………………………… 205
  7.5.2 实验目的 ……………………………………………………… 206
  7.5.3 实现原理 ……………………………………………………… 206
  7.5.4 关键命令说明 ………………………………………………… 206
  7.5.5 实验步骤 ……………………………………………………… 208
  7.5.6 命令行接口配置过程 ………………………………………… 211

第 8 章 防火墙实验 /215

 8.1 标准分组过滤器实验 …………………………………………………… 215
  8.1.1 实验内容 ……………………………………………………… 215
  8.1.2 实验目的 ……………………………………………………… 215
  8.1.3 实验原理 ……………………………………………………… 215
  8.1.4 关键命令说明 ………………………………………………… 216
  8.1.5 实验步骤 ……………………………………………………… 217
  8.1.6 命令行接口配置过程 ………………………………………… 219
 8.2 扩展分组过滤器实验 …………………………………………………… 222
  8.2.1 实验内容 ……………………………………………………… 222
  8.2.2 实验目的 ……………………………………………………… 222
  8.2.3 实验原理 ……………………………………………………… 223
  8.2.4 关键命令说明 ………………………………………………… 223
  8.2.5 实验步骤 ……………………………………………………… 225
  8.2.6 命令行接口配置过程 ………………………………………… 229
 8.3 有状态分组过滤器实验 ………………………………………………… 231
  8.3.1 实验内容 ……………………………………………………… 231
  8.3.2 实验目的 ……………………………………………………… 232
  8.3.3 实验原理 ……………………………………………………… 232
  8.3.4 关键命令说明 ………………………………………………… 233

	8.3.5 实验步骤 …………………………………………………… 234
	8.3.6 命令行接口配置过程 …………………………………… 234
8.4	基于分区防火墙实验 …………………………………………… 236
	8.4.1 实验内容 …………………………………………………… 236
	8.4.2 实验目的 …………………………………………………… 236
	8.4.3 实验原理 …………………………………………………… 236
	8.4.4 关键命令说明 ……………………………………………… 238
	8.4.5 实验步骤 …………………………………………………… 240
	8.4.6 命令行接口配置过程 …………………………………… 246
8.5	ASA 5505 扩展分组过滤器实验 ……………………………… 251
	8.5.1 实验内容 …………………………………………………… 251
	8.5.2 实验目的 …………………………………………………… 251
	8.5.3 实验原理 …………………………………………………… 251
	8.5.4 关键命令说明 ……………………………………………… 254
	8.5.5 实验步骤 …………………………………………………… 254
	8.5.6 命令行接口配置过程 …………………………………… 256
8.6	ASA5505 服务策略实验 ………………………………………… 257
	8.6.1 实验内容 …………………………………………………… 257
	8.6.2 实验目的 …………………………………………………… 258
	8.6.3 实验原理 …………………………………………………… 258
	8.6.4 关键命令说明 ……………………………………………… 258
	8.6.5 实验步骤 …………………………………………………… 259
	8.6.6 命令行接口配置过程 …………………………………… 261

第 9 章 入侵检测系统实验   /263

9.1	入侵检测系统实验一 …………………………………………… 263
	9.1.1 实验内容 …………………………………………………… 263
	9.1.2 实验目的 …………………………………………………… 263
	9.1.3 实验原理 …………………………………………………… 264
	9.1.4 关键命令说明 ……………………………………………… 264
	9.1.5 实验步骤 …………………………………………………… 267
	9.1.6 命令行接口配置过程 …………………………………… 268
9.2	入侵检测系统实验二 …………………………………………… 270
	9.2.1 实验内容 …………………………………………………… 270
	9.2.2 实验目的 …………………………………………………… 270
	9.2.3 实验原理 …………………………………………………… 270

第 10 章　网络设备配置实验　/272

- 10.1 网络设备控制台端口配置实验 ································· 272
  - 10.1.1 实验内容 ································· 272
  - 10.1.2 实验目的 ································· 272
  - 10.1.3 实验原理 ································· 272
  - 10.1.4 实验步骤 ································· 273
- 10.2 网络设备 Telnet 配置实验 ································· 274
  - 10.2.1 实验内容 ································· 274
  - 10.2.2 实验目的 ································· 274
  - 10.2.3 实验原理 ································· 275
  - 10.2.4 关键命令说明 ································· 275
  - 10.2.5 实验步骤 ································· 277
  - 10.2.6 命令行接口配置过程 ································· 279
- 10.3 无线路由器 Web 界面配置实验 ································· 281
  - 10.3.1 实验内容 ································· 281
  - 10.3.2 实验目的 ································· 282
  - 10.3.3 实验原理 ································· 282
  - 10.3.4 实验步骤 ································· 282
- 10.4 控制网络设备 Telnet 远程配置过程实验 ································· 284
  - 10.4.1 实验内容 ································· 284
  - 10.4.2 实验目的 ································· 285
  - 10.4.3 实验原理 ································· 285
  - 10.4.4 关键命令说明 ································· 285
  - 10.4.5 实验步骤 ································· 285
  - 10.4.6 命令行接口配置过程 ································· 286

第 11 章　计算机安全实验　/288

- 11.1 终端和服务器主机防火墙实验 ································· 288
  - 11.1.1 实验内容 ································· 288
  - 11.1.2 实验目的 ································· 289
  - 11.1.3 实验原理 ································· 289
  - 11.1.4 实验步骤 ································· 290
- 11.2 网络监控命令测试环境实验 ································· 293
  - 11.2.1 实验内容 ································· 293
  - 11.2.2 实验目的 ································· 293
  - 11.2.3 实验原理 ································· 295
  - 11.2.4 实验步骤 ································· 295

11.2.5　命令行接口配置过程 …………………………………… 301
11.3　网络监控命令测试实验 ……………………………………………… 302
　　　11.3.1　实验内容 …………………………………………………… 302
　　　11.3.2　实验目的 …………………………………………………… 303
　　　11.3.3　ping 命令测试实验 ………………………………………… 303
　　　11.3.4　tracert 命令测试实验 ……………………………………… 303
　　　11.3.5　ipconfig 命令测试实验 …………………………………… 304
　　　11.3.6　arp 命令测试实验 ………………………………………… 304
　　　11.3.7　nslookup 命令测试实验 …………………………………… 304

第 12 章　网络安全综合应用实验　/307

12.1　NAT 应用实验 ………………………………………………………… 307
　　　12.1.1　系统需求 …………………………………………………… 307
　　　12.1.2　分配的信息 ………………………………………………… 307
　　　12.1.3　网络设计 …………………………………………………… 307
　　　12.1.4　实验步骤 …………………………………………………… 309
　　　12.1.5　命令行接口配置过程 ……………………………………… 314
12.2　VPN 应用实验 ………………………………………………………… 318
　　　12.2.1　系统需求 …………………………………………………… 318
　　　12.2.2　分配的信息 ………………………………………………… 318
　　　12.2.3　网络设计 …………………………………………………… 318
　　　12.2.4　实验步骤 …………………………………………………… 320
　　　12.2.5　命令行接口配置过程 ……………………………………… 325

参考文献　/329

第1章 实验基础

Cisco Packet Tracer 是非常理想的软件实验平台,可以完成各种规模校园网和企业网的设计、配置和调试过程;可以基于具体网络环境分析各种协议运行过程中网络设备之间交换的报文类型、报文格式及报文处理流程;可以直观了解 IP 分组端到端传输过程中交换机、路由器等网络设备具有的各种安全功能对 IP 分组的作用过程。除了不能实际物理接触以外,Cisco Packet Tracer 提供了和实际实验环境几乎一样的仿真环境。

1.1 Packet Tracer 6.2 使用说明

1.1.1 功能介绍

Cisco Packet Tracer 6.2 是 Cisco(思科)为网络初学者提供的一个学习软件,初学者通过 Packet Tracer 可以运用 Cisco 网络设备设计、配置和调试网络,可以模拟分组端到端传输过程中的每一个步骤;可以直观了解 IP 分组端到端传输过程中交换机、路由器等网络设备具有的各种安全功能对 IP 分组的作用过程。作为辅助教学工具和软件实验平台,Packet Tracer 可以在课程教学过程中完成以下功能。

1. 完成网络设计、配置和调试过程

根据网络设计要求选择 Cisco 网络设备,如路由器、交换机等,用合适的传输媒体将这些网络设备互连在一起,进入设备配置界面对网络设备逐一进行配置,通过启动分组端到端传输过程检验网络任意两个终端之间的连通性。如果发现问题,通过检查网络拓扑结构、互连网络设备的传输媒体、设备配置信息、设备建立的控制信息(如交换机转发表、路由器路由表等)确定问题的起因,并加以解决。

2. 解决复杂网络环境下的安全问题

Cisco 网络设备(如交换机、路由器、接入点等)本身具有安全功能,运用这些网络设备本身具有的安全功能可以解决复杂网络环境下的各种安全问题。启动 Cisco 网络设备的安全功能后,可以直观了解 IP 分组端到端传输过程中 Cisco 网络设备具有的各种安全功能对 IP 分组的作用过程。

3. 模拟协议操作过程

网络中分组端到端传输过程是各种协议与各种网络技术相互作用的结果,因此,只有了解网络环境下各种协议的工作流程、各种网络技术的工作机制及它们之间的相互作用过程,才能掌握完整、系统的网络知识。对于初学者,掌握网络设备之间各种协议实现过程中相互传输的报文类型、报文格式、报文处理流程对理解网络工作原理至关重要。Packet Tracer 模拟操作模式给出了网络设备之间各种协议实现过程中每一个步骤涉及的报文类型、报文格式及报文处理流程，可以让初学者观察、分析协议执行过程中的每一个细节。这些协议中包括 IP Sec、SSL 等安全协议。

4．验证教材内容

《网络安全》教材的主要特色是在讲述每一种安全协议或安全技术前，先构建一个运用该安全协议或安全技术解决实际网络安全问题的网络环境，并在该网络环境下详细讨论安全协议或安全技术的工作机制，而且所提供的网络环境和人们实际应用中所遇到的实际网络十分相似，较好地解决了教学内容和实际应用的衔接问题。因此，可以在教学过程中，运用 Packet Tracer 完成教材中每一个网络环境的设计、配置和调试过程，并通过 Packet Tracer 模拟操作模式，直观了解 IP 分组端到端传输过程中 Cisco 网络设备具有的各种安全功能对 IP 分组的作用过程，以此验证教材内容，并通过验证过程，进一步加深学生对教材内容的理解，真正做到弄懂、弄透。

1.1.2　用户界面

启动 Packet Tracer 6.2 后，出现如图 1.1 所示的用户界面。用户界面可以分为菜单栏、主工具栏、公共工具栏、工作区、工作区选择栏、模式选择栏、设备类型选择框、设备选择框和用户创建分组窗口等。

图 1.1　Packet Tracer 6.2 用户界面

1．菜单栏

菜单栏给出该软件提供的 7 个菜单。

File(文件)菜单给出工作区新建、打开和存储文件命令。

Edit(编辑)菜单给出复制、粘贴和撤销输入命令。

Options(选项)菜单给出 Packet Tracer 的一些配置选项。

View(视图)菜单给出放大、缩小工作区中某个设备的命令。

Tools(工具)菜单给出几个分组处理命令。

Extensions(扩展)菜单给出有关 Packet Tracer 扩展功能的子菜单。

Help(帮助)菜单给出 Packet Tracer 详细的使用说明,所有初次使用 Packet Tracer 的读者必须详细阅读帮助(Help)菜单中给出的使用说明。

2．主工具栏

主工具栏给出 Packet Tracer 常用命令,这些命令通常包含在各个菜单中。

3．公共工具栏

公共工具栏给出对工作区中构件进行操作的工具。

选择工具用于在工作区中移动某个指定区域。通过拖放鼠标指定工作区的某个区域,然后在工作区中移动该区域。当需要从其他工具中退出时,单击选择工具。

查看工具用于检查网络设备生成的控制信息,如路由器路由表、交换机转发表等。

注释工具用于在工作区中任意位置添加注释。

删除工具用于在工作区中删除某个网络设备。

绘图工具用于在工作区绘制各种图形,如直线、正方形、长方形和椭圆形等。

调整图形大小工具用于任意调整通过绘图工具绘制的图形大小。

简单报文工具用于在选中的发送终端与接收终端之间启动一次 ping 操作。

复杂报文工具用于在选中的发送终端与接收终端之间启动一次报文传输过程,报文类型和格式可以由用户设定。

4．工作区

作为逻辑工作区时,用于设计网络拓扑结构、配置网络设备、检测端到端连通性等;作为物理工作区时,给出城市布局、城市内建筑物布局和建筑物内配线间布局等。

5．工作区选择栏

工作区选择栏用于选择物理工作区和逻辑工作区。

物理工作区中可以设置配线间所在建筑物或城市的物理位置,网络设备可以放置在各个配线间中,也可以直接放置在城市中。

逻辑工作区中给出各个网络设备之间的连接状况和拓扑结构。可以通过物理工作区和逻辑工作区的结合检测互连网络设备的传输媒体的长度是否符合标准要求,如一旦互连两个网络设备的双绞线缆长度超过 100m,则两个网络设备连接该双绞线缆的端口将自动关闭。

6．模式选择栏

模式选择栏用于选择实时操作模式和模拟操作模式。

实时操作模式可以验证网络任何两个终端之间的连通性。

模拟操作模式可以给出分组端到端传输过程中的每一个步骤,以及每一个步骤涉及的报文类型、报文格式和报文处理流程。

7. 设备类型选择框

设计网络时,可以选择多种不同类型的 Cisco 网络设备。设备类型选择框用于选择网络设备的类型,设备类型选择框中给出的网络设备类型有 Routers(路由器)、Switches(交换机)、Hubs(集线器)、Wireless Devices(无线设备)、Connections(连接线)、End Devices(终端设备)、Security(安全设备)、Wan Emulation(广域网仿真设备)和 Custom Made Devices(定制设备)等。

广域网仿真设备用于仿真广域网,如公共交换电话网(Public Switched Telephone Network,PSTN)、非对称数字用户线(Asymmetric Digital Subscriber Line,ADSL)等。

定制设备用于用户创建根据特定需求完成模块配置的设备,如安装无线网卡的终端、安装扩展接口的路由器等。

8. 设备选择框

设备选择框用于选择指定类型的网络设备型号,如果在设备类型选择框中选中路由器,则可以通过设备选择框选择 Cisco 各种型号的路由器。

9. 用户创建分组窗口

为了检测网络任意两个终端之间的连通性,需要生成端到端传输的分组。为了模拟协议操作过程和分组端到端传输过程中的每一个步骤,也需要生成分组,并启动分组端到端传输过程。用户创建分组窗口用于用户创建分组并启动分组端到端传输过程。

1.1.3 工作区分类

工作区可以分为逻辑工作区和物理工作区。

1. 逻辑工作区

启动 Packet Tracer 后,自动选择逻辑工作区,如图 1.1 所示。可以在逻辑工作区中放置和连接设备,完成设备配置和调试过程。逻辑工作区中的设备之间只有逻辑关系,没有物理距离的概念。因此,对于需要确定设备之间物理距离的网络实验,需要切换到物理工作区后进行。

2. 物理工作区

工作区选择为物理工作区时,用于给出城市间地理关系,每一个城市内建筑物布局,建筑物内配线间布局等,如图 1.2 所示。当然,也可以直接在城市中某个位置放置配线间和网络设备。<New City>按钮用于在物理工作区创建一座新的城市,同样,<New Building>、<New Closet>按钮用于在物理工作区创建一栋新的建筑物和一间新的配线间。一般情况下,在指定城市中创建并放置新的建筑物,在指定建筑物中创建并放置新的配线间。

逻辑工作区中创建的网络所关联的设备初始时全部放置于 Home City(家园城市)中 Corporate Office(公司办公楼)内的 Main Wiring Closet(主配线间)中,可以通过<Move Object>菜单完成网络设备配线间之间的移动,也可直接将设备移动到城市中。当两个互连的网络设备放置在不同的配线间或城市不同位置时,可以计算出互连这两个网络设备的传输媒体的长度。如果启动物理工作区距离和逻辑工作区设备之间连通性之间的关联,一旦互连两个网络设备的传输媒体距离超出标准要求,则两个网络设备连接该传输媒

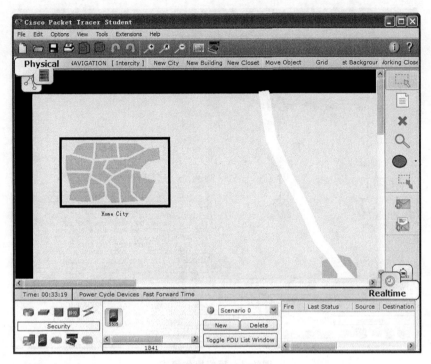

图 1.2 物理工作区

体的端口将自动关闭。

1.1.4 操作模式

Packet Tracer 操作模式分为实时操作模式和模拟操作模式。

1. 实时操作模式

实时操作模式仿真网络实际运行过程,用户可以检查网络设备配置、转发表、路由表等控制信息,通过发送分组检测端到端连通性。实时操作模式下,完成网络设备配置过程后,网络设备自动完成相关协议执行过程。

2. 模拟操作模式

在模拟操作模式下,用户可以观察、分析分组端到端传输过程中的每一个步骤。图1.3所示是模拟操作模式的用户界面,Event List(事件列表)给出封装协议数据单元(Protocol Data Unit,PDU)的报文或分组的逐段传输过程,单击事件列表中某个报文,可以查看该报文内容和格式。Scenario(情节)用于设定模拟操作模式需要模拟的过程,如分组的端到端传输过程。<Auto Capture/Play>按钮用于启动整个模拟操作过程,该按钮下面的滑动条用于控制模拟操作过程的速度。<Capture/Forward>按钮用于单步推进模拟操作过程。<Back>按钮用于回到上一步模拟操作结果。Edit Filters(编辑过滤器)菜单用于选择协议,模拟操作过程中,事件列表中将只列出选中的协议所对应的PDU。

由于通过单击事件列表中的报文或分组可以详细分析报文或分组格式,对应段中相

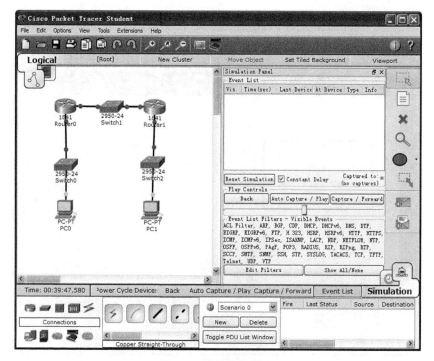

图 1.3 模拟操作模式

关网络设备处理该报文或分组的流程和结果。因此,模拟操作模式是找出网络不能正常工作的原因的理想工具,同时,也是初学者深入了解协议操作过程和网络设备处理报文或分组的流程的理想工具,模拟操作模式是实际网络环境无法提供的学习工具。

值得指出的是,在模拟操作模式下,需要用户手工推进网络设备的协议执行过程,因此,完成网络设备配置过程后,可能需要用户完成多个推进步骤后,才能看到协议执行结果。

1.1.5 设备类型和配置方式

Packet Tracer 提供了设计复杂互连网络可能涉及的网络设备类型,如路由器、交换机、集线器、无线设备、连接线、终端设备、安全设备、广域网仿真设备等,其中广域网仿真设备用于仿真广域网,如 PSTN、ADSL、帧中继等,通过广域网仿真设备可以设计出以广域网为互连路由器的传输网络的复杂互连网络。

一般在逻辑工作区和实时操作模式下进行网络设计,如果用户需要将某个网络设备放置到工作区中,用户在设备类型选择框中选择特定设备类型(如路由器),然后在设备选择框中选择特定设备型号(如 Cisco 1841 路由器),按住鼠标左键将其拖放到工作区的任意位置,释放鼠标左键。单击网络设备便可进入网络设备的配置界面,每一个网络设备通常有 Physical(物理)、Config(图形接口)、CLI(命令行接口)三个配置选项。

1. 物理配置选项

Physical(物理)配置用于为网络设备选择可选模块,图 1.4 所示是路由器 1841 的物理配置界面,可以为路由器的两个插槽选择模块。为了将某个模块放入插槽,需要先关闭电源,然后选定模块,按住鼠标左键将其拖放到指定插槽,释放鼠标左键。如果需要从某个插槽取走模块,同样也是先关闭电源,然后选定某个插槽模块,按住鼠标左键将其拖放到模块所在位置,释放鼠标左键。插槽和可选模块允许用户根据实际网络应用环境扩展网络设备的接口类型和数量。

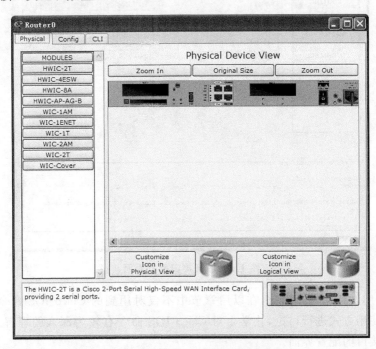

图 1.4 路由器 1841 物理配置界面

2. 图形接口配置选项

Config(图形)接口为初学者提供方便、易用的网络设备配置方式,是初学者入门的捷径。图 1.5 所示是路由器 1841 图形接口的配置界面,初学者很容易通过图形接口配置路由器接口的 IP 地址、子网掩码,配置路由器静态路由项等。图形接口不需要初学者掌握 Cisco 互联网操作系统(Internetwork Operating System,IOS)命令就能完成一些基本功能的配置过程,且配置过程直观、简单,容易理解。更重要的是,在用图形接口配置网络设备的同时,Packet Tracer 可给出完成同样配置过程需要的 IOS 命令序列。

通过图形接口提供的基本配置功能,初学者可以完成简单网络的设计和配置过程,观察简单网络的工作原理和协议操作过程,以此验证教学内容。但随着教学内容的深入和网络复杂程度的提高,要求读者能够通过 CLI(命令行接口)配置网络设备的一些复杂功能。因此,初学时可用图形接口和命令行接口两种配置方式完成网络设备的配置过程,通过相互比较,进一步加深对 Cisco IOS 命令的理解,随着教学内容的深入,要强调用命令行接口完成网络设备的配置过程。

3. 命令行接口配置选项

CLI(命令行接口)提供与实际 Cisco 设备完全相同的配置界面和配置过程,因此是读者需要重点掌握的配置方式。掌握这种配置方式的难点在于需要读者掌握 Cisco IOS 命

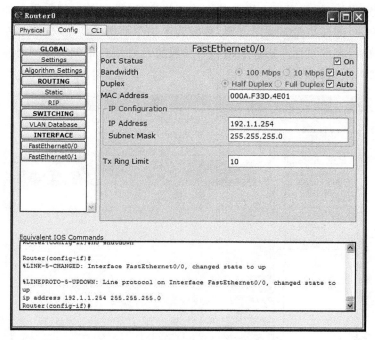

图 1.5　图形接口配置界面

令,并灵活运用这些命令。因此,在以后章节中不仅对用到的 Cisco IOS 命令进行解释,还对命令的使用方式进行讨论,让学生对 Cisco IOS 命令有较为深入的理解。图 1.6 所示是命令行接口的配置界面。

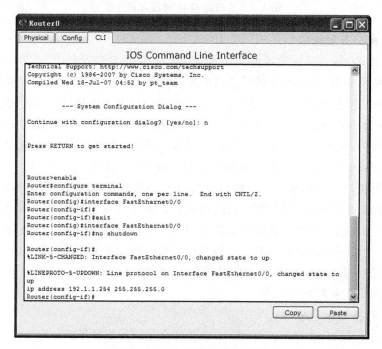

图 1.6　命令行接口配置界面

本节只对 Packet Tracer 6.2 做一些基本介绍，利用 Packet Tracer 6.2 构建一个运用网络设备或安全设备具有的各种安全功能解决实际网络安全问题的网络环境的步骤和方法，将在以后讨论具体网络安全实验时再予以详细讲解。

1.2　IOS 命令模式

可以将 Cisco 网络设备看作专用计算机系统，它同样由硬件系统和软件系统组成，其核心系统软件是互联网操作系统。IOS 用户界面是命令行接口界面，用户通过输入命令实现对网络设备的配置和管理。为了安全，IOS 提供三种命令行模式，分别是 User mode（用户模式）、Privileged mode（特权模式）和 Global mode（全局模式），不同模式下，用户具有不同的配置和管理网络设备的权限。

1.2.1　用户模式

用户模式是权限最低的命令行模式，用户只能通过命令查看一些网络设备的状态，没有配置网络设备的权限，也不能修改网络设备状态和控制信息。用户登录网络设备后，立即进入用户模式，图 1.7 所示是用户模式可以输入的命令列表。用户模式下的命令提示符如下：

```
Router>
```

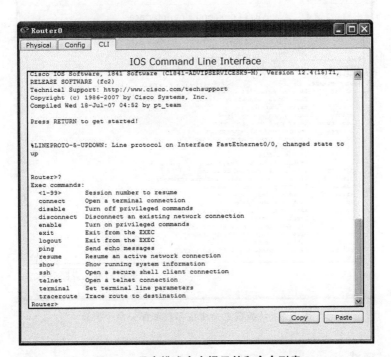

图 1.7　用户模式命令提示符和命令列表

Router 是路由器默认的主机名，全局模式下可以通过命令 hostname 修改默认的主机名。如在全局模式下（全局模式下的命令提示符为 Router(config)♯）输入命令 hostname routerabc 后，用户模式的命令提示符变为如下：

```
routerabc>
```

在用户模式命令提示符下，用户可以输入图 1.7 所列出的命令，命令格式和参数在以后完成具体网络安全实验时讨论。需要指出的是，图 1.7 所列出的命令不是配置网络设备、修改网络设备状态和控制信息的命令。

1.2.2 特权模式

通过在用户模式命令提示符下输入命令 enable，进入特权模式。图 1.8 所示是特权模式下可以输入的部分命令列表。为了安全，可以在全局模式下通过命令 enable password abc 设置进入特权模式的口令 abc。一旦设置口令，在用户模式命令提示符下，不仅需要输入命令 enable，还需输入口令，如图 1.8 所示。特权模式的命令提示符如下：

```
Router#
```

Router 是路由器默认的主机名。特权模式下，用户可以修改网络设备的状态和控制信息，如 MAC Table（交换机转发表）等，但不能配置网络设备。

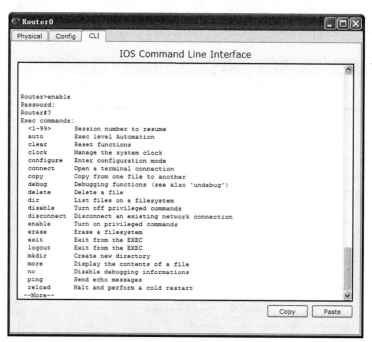

图 1.8 特权模式命令提示符和部分命令列表

1.2.3 全局模式

通过在特权模式命令提示符下输入命令 configure terminal，进入全局模式，图 1.9 所示是从用户模式进入全局模式的过程和全局模式下可以输入的部分命令列表。全局模式的命令提示符如下：

```
Router(config)#
```

Router 是路由器默认的主机名。全局模式下，用户可以对网络设备进行配置，如配置路由器的路由协议和参数，对交换机基于端口划分 VLAN 等。

全局模式下用于完成对整个网络设备有效的配置，如果需要完成对网络设备部分功能块的配置，如路由器某个接口的配置，需要从全局模式进入这些功能块的配置模式，从全局模式进入路由器接口 FastEthernet0/0 的接口配置模式需要输入的命令及路由器接口配置模式的命令提示符如下：

```
Router(config)#interface FastEthernet0/0
Router(config-if)#
```

1.2.4 IOS 帮助工具

1. 查找工具

如果忘记某个命令或命令中的某个参数，可以通过输入"?"完成查找过程。在某种模式命令提示符下，通过输入"?"，界面将显示该模式下允许输入的命令列表。如图 1.9 所示，在全局模式命令提示符下输入"?"，界面将显示全局模式下允许输入的命令列表，如果单页显示不完，则分页显示。

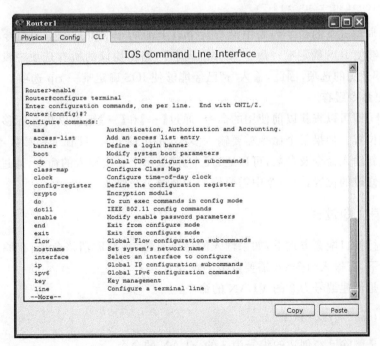

图 1.9　全局模式命令提示符和部分命令列表

在某个命令中需要输入某个参数的位置输入"?"，界面将列出该参数的所有选项。命令 router 用于为路由器配置路由协议，如果不知道如何输入选择路由协议的参数，在需要输入选择路由协议的参数的位置输入"?",界面将列出该参数的所有选项。以下是显示选择路由协议的参数的所有选项的过程。

```
Router(config)#router?
  bgp    Border Gateway Protocol (BGP)
  eigrp  Enhanced Interior Gateway Routing Protocol (EIGRP)
  ospf   Open Shortest Path First (OSPF)
  rip    Routing Information Protocol (RIP)
Router(config)#router
```

2. 命令和参数允许输入部分字符

无论是命令还是参数,IOS 都不要求输入完整的单词,只需要输入单词中的部分字符,只要这一部分字符能够在命令列表或参数的所有选项中能够唯一确定某个命令或参数选项。如在路由器中配置 RIP 路由协议的完整命令如下:

```
Router(config)#router rip
Router(config-router)#
```

但无论是命令 router,还是选择路由协议的参数 rip 都不需要输入完整的单词,而只需要输入单词中的部分字符,如下所示:

```
Router(config)#ro r
Router(config-router)#
```

由于全局模式下的命令列表中没有两个以上前两个字符是"ro"的命令,因此,输入"ro"已经能够使 IOS 确定唯一命令 router。同样,路由协议的所有选项中没有两个以上是以字符"r"开头的选项,因此,输入"r"已经能够使 IOS 确定唯一 rip 选项。

3. 历史命令缓存

通过【↑】键可以查找以前使用的命令,通过【←】和【→】键可以将光标移动到命令中需要修改的位置。如果某个命令需要输入多次,每次输入时,只有个别参数不同,无须每一次全部重新输入命令及参数,可以通过【↑】键显示上一次输入的命令,通过【←】键移动光标到需要修改的位置,对命令中需要修改的部分进行修改。

1.2.5 取消命令过程

在命令行接口配置方式下,如果输入的命令有错,需要取消该命令,在原命令相同的命令提示符下,可输入命令 no 需要取消的命令。

若以下是创建编号为 3 的 VLAN 的命令:

```
Switch(config)#vlan 3
```

则以下是删除已经创建的编号为 3 的 VLAN 的命令:

```
Switch(config)#no vlan 3
```

若以下是用于关闭路由器接口 FastEthernet0/0 的命令序列:

```
Router(config)#interface FastEthernet0/0
Router(config-if)#shutdown
```

则以下是用于开启路由器接口 FastEthernet0/0 的命令序列：

```
Router(config)#interface FastEthernet0/0
Router(config-if)#no shutdown
```

若以下是用于为路由器接口 FastEthernet0/0 配置 IP 地址 192.1.1.254 和子网掩码 255.255.255.0 的命令序列：

```
Router(config)#interface FastEthernet0/0
Router(config-if)#ip address 192.1.1.254 255.255.255.0
```

则以下是取消为路由器接口 FastEthernet0/0 配置的 IP 地址和子网掩码的命令序列：

```
Router(config)#interface FastEthernet0/0
Router(config-if)#no ip address 192.1.1.254 255.255.255.0
```

第 2 章　网络攻击实验

知己知彼，百战不殆。了解网络攻击原理和过程是为了能够更好地抵御网络攻击。同时，通过了解网络攻击过程，可以更深刻地理解网络协议工作机制和当前网络技术存在的一些缺陷。

2.1　集线器和嗅探攻击实验

2.1.1　实验内容

正常网络结构如图 2.1(a)所示，终端 A 和终端 B 连接在交换机上，交换机和路由器相连，终端 A 和终端 B 可以通过交换机向路由器发送 MAC 帧。如果黑客需要嗅探终端 A 和终端 B 发送给路由器的 MAC 帧，可以在路由器和交换机之间插入一个集线器，并在集线器上连接一个黑客终端，如图 2.1(b)所示。这种情况下，黑客终端可以嗅探所有终端 A 和终端 B 与路由器之间传输的 MAC 帧。

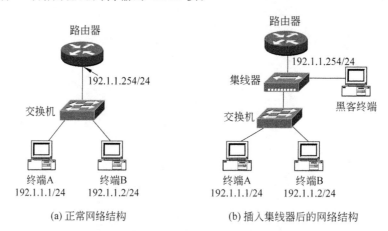

(a) 正常网络结构　　　　　　(b) 插入集线器后的网络结构

图 2.1　利用集线器实施嗅探攻击过程

2.1.2　实验目的

（1）验证利用集线器实施嗅探攻击的过程。
（2）验证嗅探攻击不会影响正常的 MAC 帧传输过程。
（3）验证嗅探攻击对于源和目的终端是透明的。

2.1.3 实验原理

集线器是广播设备,从某个端口接收到 MAC 帧后除了接收该 MAC 帧的端口以外的所有其他端口输出该 MAC 帧。因此,当集线器从连接交换机的端口接收到 MAC 帧后,将从连接路由器和黑客终端的端口输出该 MAC 帧,该 MAC 帧同时到达路由器和黑客终端,如图 2.2(a)所示的嗅探终端 A 发送给路由器的 MAC 帧的过程。同样,当集线器从连接路由器的端口接收到 MAC 帧后,将从连接交换机和黑客终端的端口输出该 MAC 帧,该 MAC 帧同时到达交换机和黑客终端,如图 2.2(b)所示的嗅探路由器发送给终端 B 的 MAC 帧的过程。

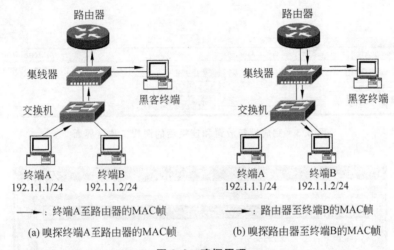

图 2.2 嗅探原理

2.1.4 实验步骤

(1) 启动 Packet Tracer,在逻辑工作区根据如图 2.1(a)所示的网络结构放置和连接设备,分别将 PC0 和 PC1 用直通线(Copper Straight-Through)连接到交换机 Switch 的 FastEthernet0/1 和 FastEthernet0/2 端口。然后,用直通线连接交换机 Switch 的 FastEthernet0/3 端口和路由器 Router 的 FastEthernet0/0 接口。完成设备放置和连接后的逻辑工作区界面如图 2.3 所示。

(2) 完成 PC0"Desktop(桌面)"→"IP Configuration(IP 配置)"操作过程,弹出如图 2.4 所示的 PC0 网络信息配置界面,在 IP Address(IP 地址栏)中输入 PC0 的 IP 地址 192.1.1.1,在 Subnet Mask(子网掩码栏)中输入 PC0 的子网掩码 255.255.255.0,在 Default Gateway(默认网关地址栏)中输入 PC0 的默认网关地址 192.1.1.254,该地址也是路由器 Router 的 FastEthernet0/0 接口的 IP 地址。需要说明的是,由于本实验只需要实现同一以太网内两个结点之间的通信过程,因此,可以不配置 PC0 和 PC1 的默认网关地址。依此完成 PC1 网络信息配置过程。

(3) 完成路由器 Router"配置(Config)"→"FastEthernet0/0 接口(FastEthernet0/0)"操作过程,弹出如图 2.5 所示的路由器 Router FastEthernet0/0 接口配置界面,MAC

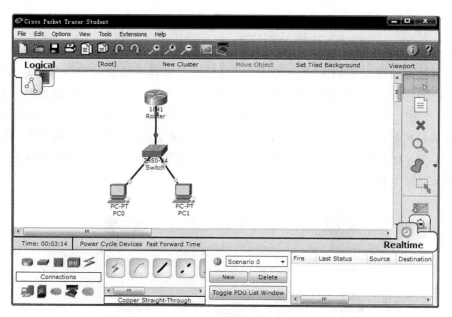

图 2.3　完成设备放置和连接后的逻辑工作区界面

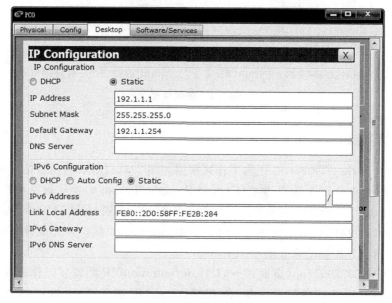

图 2.4　PC0 网络信息配置界面

Address(MAC 地址栏)中给出的是该接口的 MAC 地址,在 IP Address(IP 地址栏)中输入该接口的 IP 地址 192.1.1.254,该 IP 地址也是该接口所连接的网络中的终端 PC0 和 PC1 的默认网关地址。在 Subnet Mask(子网掩码栏)中输入该接口的子网掩码 255.255.255.0。

(4) 完成终端和路由器接口配置过程后,通过简单报文工具确定 PC0 和 PC1 与路由

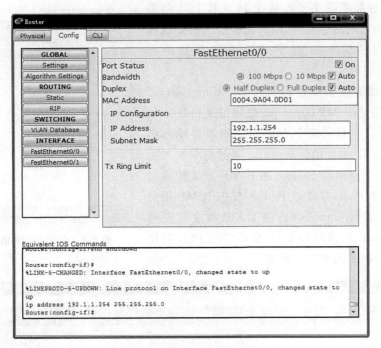

图 2.5　路由器接口配置界面

器 Router 之间的连通性。

（5）按照如图 2.1(b)所示的网络结构，在交换机 Switch 和路由器 Router 之间接入一个集线器 Hub，并将黑客终端 hack 连接到集线器 Hub 上。完成连接后，逻辑工作区界面如图 2.6 所示。

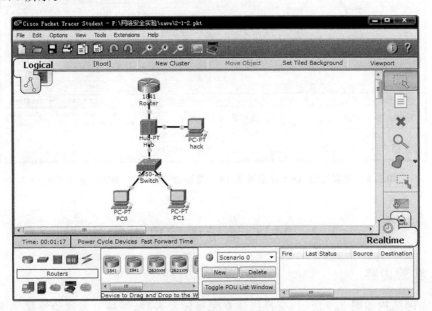

图 2.6　插入集线器后的逻辑工作区界面

(6) 通过简单报文工具确定 PC0 和 PC1 与路由器 Router 之间的连通性,以此证明插入的集线器 Hub 和黑客终端 hack 对于 PC0、PC1 和路由器 Router 是透明的。

(7) 切换到模拟操作模式,进入"Edit Filters"配置界面,勾选 ICMP(Internet 控制报文协议),如图 2.7 所示。一旦勾选 ICMP,可以查看终端与路由器之间 ICMP 报文的传输过程。通过简单报文工具启动 PC0 至路由器 Router 的 ICMP 报文传输过程。如图 2.8 所示,集线器 Hub 不仅把 ICMP 报文转发给路由器 Router,同时,将 ICMP 报文转发给黑客终端 hack,黑客终端 hack 成功嗅探 PC0 发送给路由器 Router 的 ICMP 报文。

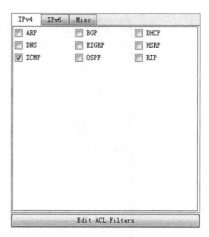

图 2.7 勾选 ICMP 协议界面

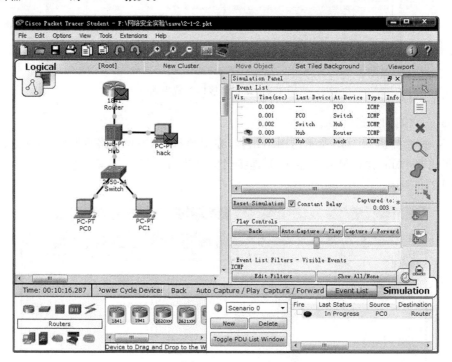

图 2.8 黑客终端 hack 成功嗅探 PC0 发送给 Router 的 ICMP 报文的过程

2.2 MAC 地址欺骗攻击实验

2.2.1 实验内容

以太网结构如图 2.9 所示,交换机建立完整转发表后,终端 B 发送给终端 A 的 MAC 帧只到达终端 A。如果终端 C 将自己的 MAC 地址改为终端 A 的 MAC 地址 MAC A,且向终端B发送一帧MAC帧,则终端B再向终端A发送MAC帧时,终端B发送给终端A的MAC帧不是到达终端A,而是到达终端C。

2.2.2 实验目的

（1）验证交换机建立MAC表（转发表）过程。
（2）验证交换机转发MAC帧机制。
（3）验证MAC地址欺骗攻击原理。
（4）掌握MAC地址欺骗攻击过程。

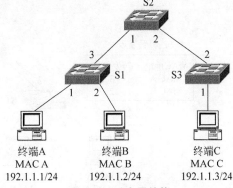

图 2.9 以太网结构

2.2.3 实验原理

正常传输过程如图2.10(a)所示,当交换机S1、S2和S3建立完整转发表后,转发项将通往终端A的交换路径作为通往MAC地址为MAC A的终端的交换路径,因此,终端B发送的目的MAC地址为MAC A的MAC帧沿着通往终端A的交换路径到达终端A。

如果终端C将自己的MAC地址改为MAC A,且向终端B发送源MAC地址为MAC A的MAC帧,交换机S1、S2和S3的转发表改为如图2.10(b)所示,转发项将通往终端C的交换路径作为通往MAC地址为MAC A的终端的交换路径,因此,终端B发送的目的MAC地址为MAC A的MAC帧沿着通往终端C的交换路径到达终端C。

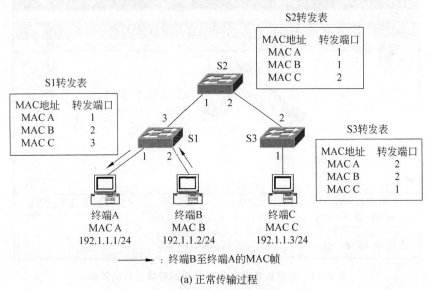

(a) 正常传输过程

图 2.10 MAC地址欺骗攻击原理

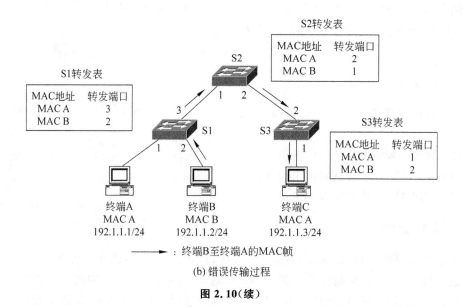

(b) 错误传输过程

图 2.10(续)

2.2.4 实验步骤

(1) 启动 Packet Tracer,在逻辑工作区根据如图 2.9 所示的网络结构放置和连接设备,终端与交换机之间用直通线互连,交换机与交换机之间用 Copper Cross-Over(交叉线)互连。完成设备放置和连接后的逻辑工作区界面如图 2.11 所示。

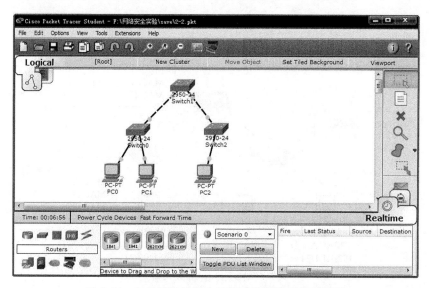

图 2.11 完成设备放置和连接后的逻辑工作区界面

(2) 按照如图 2.9 所示,完成 PC0、PC1 和 PC2 的 IP 地址和子网掩码配置过程。完成 PC0"Config(配置)"→"FastEthernet0(FastEthernet0 接口)"操作过程,弹出如图 2.12

所示的 PC0 FastEthernet0 接口配置界面,其中 MAC Address(MAC 地址栏)中显示的是 PC0 的 MAC 地址 0006.2A2B.865A。

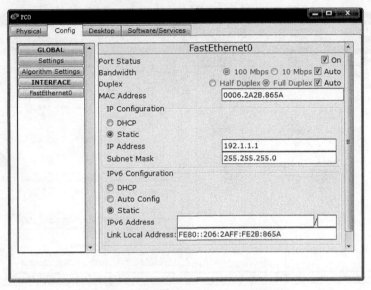

图 2.12　PC0 FastEthernet0 接口配置界面

(3) 完成 PC0、PC1 和 PC2 两两之间的 ICMP 报文传输过程,交换机 Switch0、Switch1 和 Switch2 中建立的完整转发表分别如图 2.13、图 2.14 和图 2.15 所示。Switch0 转发表中 MAC 地址 0006.2A2B.865A 对应的转发端口是该交换机连接 PC0 的端口 FastEthernet0/1,Switch1 转发表中 MAC 地址 0006.2A2B.865A 对应的转发端口是该交换机连接交换机 Switch0 的端口 FastEthernet0/1。Switch2 转发表中 MAC 地址 0006.2A2B.865A 对应的转发端口是该交换机连接交换机 Switch1 的端口 FastEthernet0/2。显然,所有交换机中的转发项将通往 PC0 的交换路径作为通往 MAC 地址为 0006.2A2B.865A 的终端的交换路径。

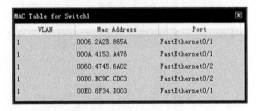

图 2.13　Switch0 转发表　　　　　　图 2.14　Switch1 转发表

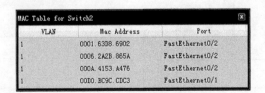

图 2.15　Switch2 转发表

(4) 切换到模拟操作模式,进入"Edit Filters"配置界面,勾选协议 ICMP。通过简单报文工具启动 PC1 至 PC0 的 ICMP 报文传输过程。如图 2.16 所示,该 ICMP 报文只到达 PC0。

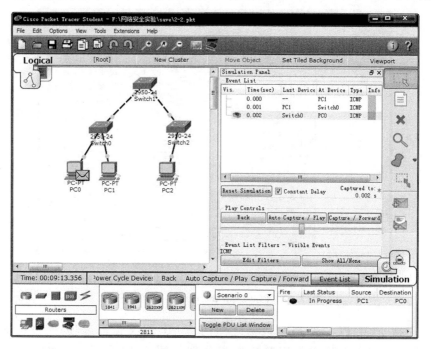

图 2.16　PC1 至 PC0 ICMP 报文传输过程

(5) 切换到实时操作模式。完成 PC2"Config(配置)"→"FastEthernet0(FastEthernet0 接口)"操作过程,弹出如图 2.17 所示的 PC2 FastEthernet0 接口配置界面,将 MAC Address(MAC 地址栏)中的 MAC 地址改为 PC0 的 MAC 地址 0006.2A2B.865A。

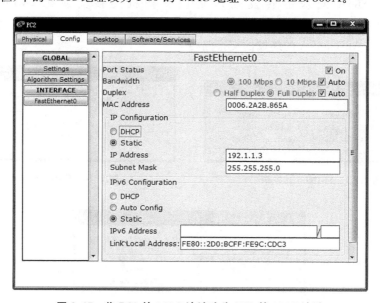

图 2.17　将 PC2 的 MAC 地址改为 PC0 的 MAC 地址

(6) 通过简单报文工具启动 PC2 至 PC1 的 ICMP 报文传输过程。完成 ICMP 报文传输过程后，交换机 Switch0、Switch1 和 Switch2 的转发表分别如图 2.18、图 2.19 和图 2.20 所示。Switch0 转发表中 MAC 地址 0006.2A2B.865A 对应的转发端口改为该交换机连接 Switch1 的端口 FastEthernet0/3。Switch1 转发表中 MAC 地址 0006.2A2B.865A 对应的转发端口改为该交换机连接交换机 Switch2 的端口 FastEthernet0/2。Switch2 转发表中 MAC 地址 0006.2A2B.865A 对应的转发端口改为该交换机连接 PC2 的端口 FastEthernet0/1。显然，所有交换机中的转发项将通往 PC2 的交换路径作为通往 MAC 地址为 0006.2A2B.865A 的终端的交换路径。

MAC Table for Switch0

VLAN	Mac Address	Port
1	0001.63D8.6901	FastEthernet0/3
1	0006.2A2B.865A	FastEthernet0/3
1	000A.4153.A476	FastEthernet0/2

图 2.18 改变后的 Switch0 转发表

MAC Table for Switch1

VLAN	Mac Address	Port
1	0006.2A2B.865A	FastEthernet0/2
1	000A.4153.A476	FastEthernet0/1
1	0060.4745.6A02	FastEthernet0/2
1	00E0.8F34.D003	FastEthernet0/1

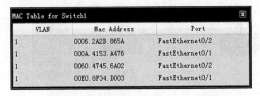

图 2.19 改变后的 Switch1 转发表

MAC Table for Switch2

VLAN	Mac Address	Port
1	0001.63D8.6902	FastEthernet0/2
1	0006.2A2B.865A	FastEthernet0/1
1	000A.4153.A476	FastEthernet0/2

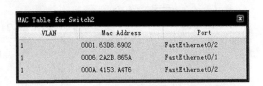

图 2.20 改变后的 Switch2 转发表

(7) 切换到模拟操作模式，通过简单报文工具启动 PC1 至 PC0 的 ICMP 报文传输过程。如图 2.21 所示，该 ICMP 报文到达 PC2。

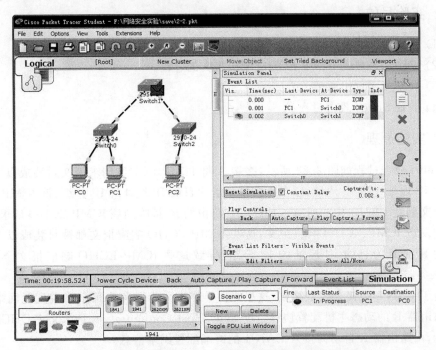

图 2.21 PC1 发送给 PC0 的 ICMP 报文错误传输给 PC2

2.3 Smurf 攻击实验

2.3.1 实验内容

互连网结构如图 2.22 所示,终端 A 在 LAN 1 中广播一个 ICMP ECHO 请求报文,该 ICMP ECHO 请求报文封装成以 Web 服务器的 IP 地址为源 IP 地址、以广播地址为目的 IP 地址的 IP 分组。LAN 1 中所有其他终端接收到该 ICMP ECHO 请求报文后,向 Web 服务器发送 ICMP ECHO 响应报文。这种情况下,终端 A 发送的单个 ICMP ECHO 请求报文导致 Web 服务器接收到三个 ICMP ECHO 响应报文。

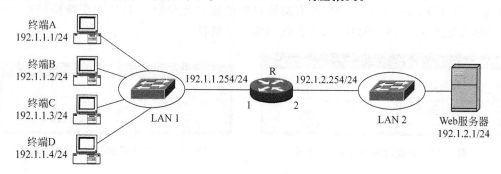

图 2.22 互连网结构

2.3.2 实验目的

(1) 验证 ICMP ECHO 请求、响应过程。
(2) 验证网络放大 ICMP ECHO 响应报文的过程。
(3) 验证间接攻击原理。
(4) 验证 Smurf 攻击过程。

2.3.3 实验原理

Smurf 攻击过程如图 2.23 所示,终端 A 将 ICMP ECHO 请求报文封装成以 Web 服务器的 IP 地址为源 IP 地址、以全 1 广播地址为目的 IP 地址的 IP 分组,该 ICMP ECHO 请求报文到达 LAN 1 中的所有其他终端和路由器 R,接收到该 ICMP ECHO 请求报文的终端均发送 ICMP ECHO 响应报文,这些 ICMP ECHO 响应报文都被封装成以 Web 服务器的 IP 地址为目的 IP 地址的 IP 分组,导致这些 ICMP ECHO 响应报文全部到达 Web 服务器。

由于 LAN 1 中接入大量终端(这里是四个终端),为避免为每个终端配置网络信息,启动路由器 R 的动态主机配置协议(Dynamic Host Configuration Protocol,DHCP)服务器功能,由路由器 R 自动为接入 LAN 1 的终端配置网络信息。

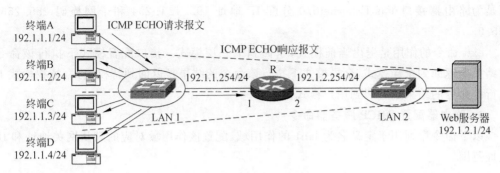

图 2.23 Smurf 攻击过程

2.3.4 关键命令说明

1. 模式转换命令

根据权限不同,CLI(命令行接口)模式可以分为用户模式、特权模式和全局模式,启动设备后,设备默认的模式是用户模式,需要通过命令完成各种模式之间的转换。以下命令序列将 CLI(命令行接口)模式从用户模式转换为特权模式,再从特权模式转换为全局模式。

```
Router>enable
Router#configure terminal
```

enable 是用户模式下使用的命令,>是用户模式下的命令提示符,该命令的作用是将 CLI(命令行接口)模式从用户模式转换为特权模式。

configure terminal 是用户模式下使用的命令,♯是特权模式下的命令提示符,该命令的作用是将 CLI(命令行接口)模式从特权模式转换为全局模式。

2. 路由器接口配置命令

下述命令序列用于开启路由器接口 FastEthernet0/0,并为路由器接口 FastEthernet0/0 分配 IP 地址和子网掩码。

```
Router(config)#interface FastEthernet0/0
Router(config-if)#no shutdown
Router(config-if)#ip address 192.1.1.254 255.255.255.0
Router(config-if)#exit
```

interface FastEthernet0/0 是全局模式下使用的命令,(config)♯是全局模式下的命令提示符。该命令的作用是进入路由器接口 FastEthernet0/0 的接口配置模式,FastEthernet0/0 中包含两部分信息,一是接口类型 FastEthernet,表明该接口是快速以太网接口;二是接口编号 0/0,接口编号用于区分相同类型的多个接口。

no shutdown 是接口配置模式下使用的命令,(config-if)♯是接口配置模式下的命令提示符。该命令的作用是开启该接口。路由器接口 FastEthernet0/0 的默认状态是关闭,需要通过该命令开启路由器接口 FastEthernet0/0。

ip address 192.1.1.254 255.255.255.0 是接口配置模式下使用的命令,该命令的作

用是为路由器接口 FastEthernet0/0 分配 IP 地址 192.1.1.254 和子网掩码 255.255.255.0。

exit 命令的作用是退出当前模式，返回到上一层模式。接口配置模式下执行该命令的结果是返回到全局模式，全局模式下执行该命令的结果是返回到特权模式，特权模式下执行该命令的结果是返回到用户模式。

3. 路由器配置 DHCP 服务器命令

以下命令序列用于定义名为 lan1 的作用域，配置该作用域对应的默认网关地址和 IP 地址范围。

```
Router(config)#ip dhcp pool lan1
Router(dhcp-config)#default-router 192.1.1.254
Router(dhcp-config)#network 192.1.1.0 255.255.255.0
Router(dhcp-config)#exit
```

ip dhcp pool lan1 是全局模式下使用的命令，该命令的作用有两个，一是创建名为 lan1 的作用域；二是进入 DHCP 配置模式，在 DHCP 配置模式下完成该作用域相关网络信息的配置过程。

default-router 192.1.2.254 是 DHCP 配置模式下使用的命令，(dhcp-config)# 是 DHCP 配置模式下的命令提示符。该命令的作用是将 192.1.2.254 作为该作用域的默认网关地址。如果该作用域作用于某个网络，将路由器连接该网络的接口的 IP 地址作为该作用域的默认网关地址，如名为 lan1 的作用域是作用于以太网 LAN 1 的作用域，路由器连接 LAN 1 的接口的 IP 地址作为该作用域的默认网关地址。

network 192.1.1.0 255.255.255.0 是 DHCP 配置模式下使用的命令，该命令的作用是将 IP 地址范围指定为网络地址 192.1.1.0/24 包含的 IP 地址范围，其中 192.1.1.0 是网络地址，255.255.255.0 是子网掩码。命令 network 指定的 IP 地址范围只能是某个网络地址包含的 IP 地址范围。

exit 命令的作用是从 DHCP 配置模式返回到全局模式。

2.3.5 实验步骤

（1）启动 Packet Tracer，在逻辑工作区根据如图 2.22 所示的互连网结构放置和连接设备。完成设备放置和连接后的逻辑工作区界面如图 2.24 所示。

（2）完成路由器 Router"Config（配置）"→"FastEthernet0/0（FastEthernet0/0 接口）"操作过程，弹出如图 2.25 所示的路由器 Router FastEthernet0/0 接口配置界面。在 Port Status（端口状态）中勾选 On。在 IP Address（IP 地址栏）中输入 FastEthernet0/0 接口的 IP 地址 192.1.1.254，在 Subnet Mask（子网掩码栏）中输入 FastEthernet0/0 接口的子网掩码 255.255.255.0。完成路由器 Router FastEthernet0/0 接口的配置过程。值得说明的是，上述路由器 Router FastEthernet0/0 接口的配置过程同样可以通过在 CLI（命令行接口）中输入第 2.3.4 节中给出的用于完成路由器接口配置过程的命令序列完成。只是上述图形配置界面更加方便和直接，适合初学者使用。

用同样的方式完成 Router FastEthernet0/1 接口的配置过程。

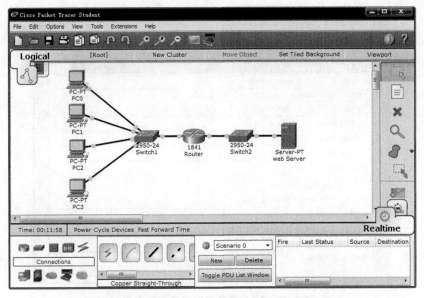

图 2.24　完成设备放置和连接后的逻辑工作区界面

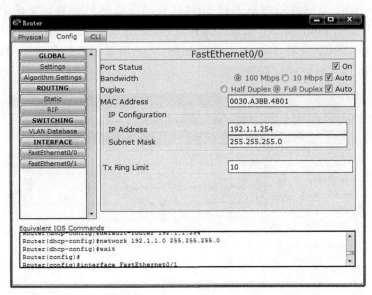

图 2.25　路由器 Router FastEthernet0/0 接口配置界面

(3) 完成路由器 Router DHCP 服务器配置过程,该配置过程需要通过在 CLI(命令行接口)中输入第 2.3.4 节中给出的用于完成路由器 DHCP 服务器配置过程的命令序列完成。这也说明,图形配置界面只能完成简单功能的配置过程,复杂功能的配置过程需要通过 CLI(命令行接口)实现。

(4) 完成 Web 服务器网络信息配置过程,Web 服务器网络信息配置界面如图 2.26 所示。

(5) 由于路由器 Router 为由 Switch1 构成的以太网定义了名为 lan1 的作用域,因

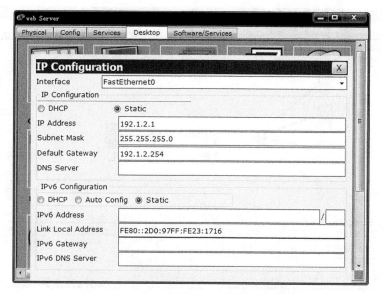

图 2.26　Web 服务器网络信息配置界面

此，连接在 Switch1 上的终端可以通过 DHCP 自动获取网络信息。完成 PC0"Desktop（桌面）"→"IP Configuration(IP 配置)"操作过程，弹出如图 2.27 所示的 PC0 网络信息配置界面，选择 DHCP 选项，PC0 自动获取如图 2.27 所示的网络信息。用同样的方式，使 PC1、PC2 和 PC3 自动获取网络信息。

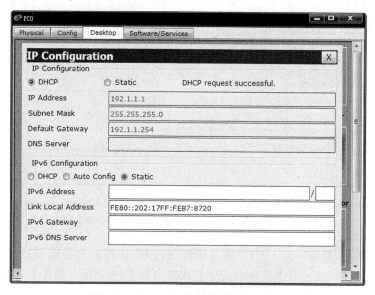

图 2.27　PC0 自动获取网络信息界面

（6）切换到模拟操作模式，通过复杂报文工具在 PC0 上生成如图 2.28 所示的 ICMP ECHO 请求报文，该 ICMP ECHO 请求报文封装成源 IP 地址是 Web 服务器的 IP 地址 192.1.2.1、目的 IP 地址是全 1 的广播地址的 IP 分组。该 IP 分组在由 Switch1 构成的以太网上广播,到达所有其他终端和路由器 Router,如图 2.29 所示。

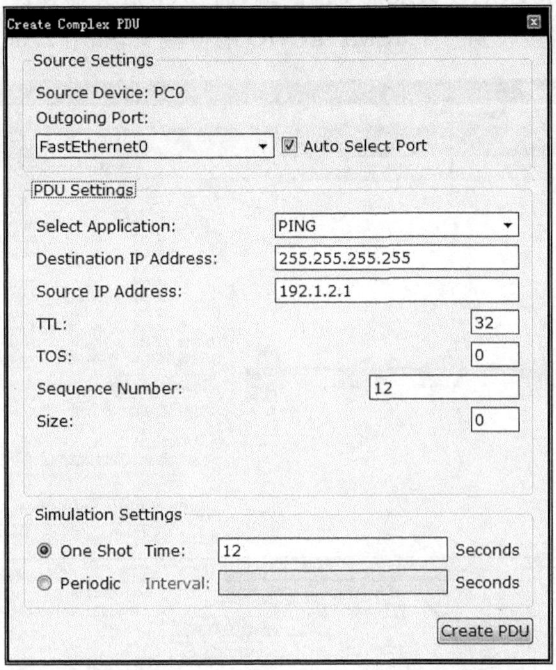

图 2.28　复杂报文工具在 PC0 上生成的 ICMP ECHO 请求报文

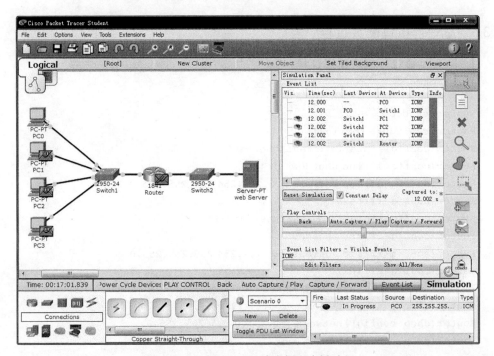

图 2.29　ICMP ECHO 请求报文广播过程

（7）由于封装 ICMP ECHO 请求报文的 IP 分组的源 IP 地址是 Web 服务器的 IP 地址，所有接收到 ICMP ECHO 请求报文的终端，向 Web 服务器发送 ICMP ECHO 响应报文，导致 Web 服务器接收到三个 ICMP ECHO 响应报文，如图 2.30 所示。

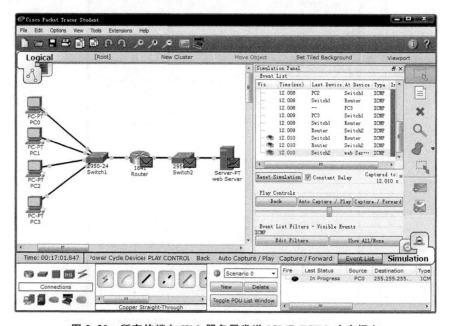

图 2.30　所有终端向 Web 服务器发送 ICMP ECHO 响应报文

2.3.6　命令行接口配置过程

1. Router 命令行接口配置过程

命令序列如下：

```
Router>enable
Router#configure terminal
Router(config)#interface FastEthernet0/0
Router(config-if)#no shutdown
Router(config-if)#ip address 192.1.1.254 255.255.255.0
Router(config-if)#exit
Router(config)#interface FastEthernet0/1
Router(config-if)#no shutdown
Router(config-if)#ip address 192.1.2.254 255.255.255.0
Router(config-if)#exit
Router(config)#ip dhcp pool lan1
Router(dhcp-config)#default-router 192.1.1.254
Router(dhcp-config)#network 192.1.1.0 255.255.255.0
Router(dhcp-config)#exit
```

2. 命令列表

路由器 Router 命令行接口配置过程中使用的命令及功能和参数说明如表 2.1 所示。

表 2.1 命令列表

命令格式	功能和参数说明
enable	没有参数,从用户模式进入特权模式
configure terminal	没有参数,从特权模式进入全局模式
exit	没有参数,退出当前模式,返回到上一层模式
interface *port-id*	进入由参数 *port-id* 指定的路由器接口的接口配置模式
ip address *ip-address subnet-mask*	为路由器接口配置 IP 地址和子网掩码。参数 *ip-address* 是用户配置的 IP 地址,参数 *subnet-mask* 是用户配置的子网掩码
no shutdown	没有参数,开启某个路由器接口

注:粗体是命令关键字,斜体是命令参数。

2.4 RIP 路由项欺骗攻击实验

2.4.1 实验内容

首先,构建如图 2.31 所示的由 3 台路由器连接 4 个网络的互连网,通过路由信息协议(Routing Information Protocol,RIP)生成终端 A 至终端 B 的 IP 传输路径,实现 IP 分组终端 A 至终端 B 的传输过程;然后,在网络地址为 192.1.2.0/24 的以太网上接入入侵路由器,由入侵路由器伪造与网络 192.1.4.0/24 直接连接的路由项,用伪造的路由项改变终端 A 至终端 B 的 IP 传输路径,使终端 A 传输给终端 B 的 IP 分组被路由器 R1 错误地转发给入侵路由器。

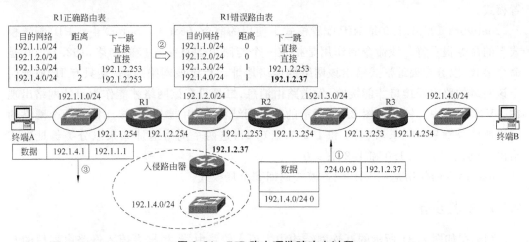

图 2.31 RIP 路由项欺骗攻击过程

2.4.2 实验目的

(1)验证路由器 RIP 配置过程。
(2)验证 RIP 生成动态路由项的过程。

(3) 验证 RIP 的安全缺陷。
(4) 验证利用 RIP 实施路由项欺骗攻击的过程。
(5) 验证入侵路由器截获 IP 分组的过程。

2.4.3 实验原理

构建如图 2.31 所示的互连网,完成路由器 RIP 配置过程,路由器 R1 生成如图 2.31 所示的路由器 R1 正确路由表,路由表中的路由项<192.1.4.0/24,2,192.1.2.253>表明路由器 R1 通往网络 192.1.4.0/24 的传输路径上的下一跳是路由器 R2,以此保证终端 A 至终端 B 的 IP 传输路径是正确的。如果有入侵路由器接入网络 192.1.2.0/24,并发送了伪造的表明与网络 192.1.4.0/24 直接连接的路由消息<192.1.4.0/24,0>。路由器 R1 接收到该路由消息后,如果认可该路由消息,将通往网络 192.1.4.0/24 的传输路径上的下一跳由路由器 R2 改为入侵路由器,导致终端 A 至终端 B 的 IP 传输路径发生错误。

2.4.4 关键命令说明

以下命令序列用于完成路由器 RIPv1 配置过程。

```
Router(config)#router rip
Router(config-router)#network 192.1.1.0
Router(config-router)#network 192.1.2.0
Router(config-router)#exit
```

router rip 是全局模式下使用的命令,该命令的作用是启动 RIP 进程和进入 RIP 配置模式。

network 192.1.1.0 是 RIP 配置模式下使用的命令,(config-router)#是 RIP 配置模式下的命令提示符。该命令的作用是指定一个与路由器直接连接的网络,192.1.1.0 是命令参数,以分类编址形式给出该网络的网络地址。指定该网络后,一是只有 IP 地址属于该网络的路由器接口才能接收、发送路由消息;二是只有该网络才能作为目的网络出现在<V,D>表中。针对如图 2.31 所示的互连网结构,路由器 R1 直接连接的两个网络的网络地址分别是 192.1.1.0/24 和 192.1.2.0/24,这两个网络地址如果以分类编址形式给出,分别是 192.1.1.0 和 192.1.2.0。

exit 命令的作用是从 RIP 配置模式返回到全局模式。

2.4.5 实验步骤

(1) 在如图 2.31 所示的互连网结构中去掉入侵路由器,根据去掉入侵路由器后的互连网结构放置和连接设备。完成设备放置和连接后的逻辑工作区界面如图 2.32 所示。

(2) 根据如图 2.31 所示的各个路由器接口的 IP 地址,分别为 3 台路由器连接 4 个以太网的接口分配 IP 地址和子网掩码。

(3) 完成路由器 Router1"Config(配置)"→"RIP"操作过程,弹出如图 2.33 所示的路由器 Router1 RIP 配置界面。Network(网络地址栏)中以分类编址下的网络地址形式分

第 2 章 网络攻击实验

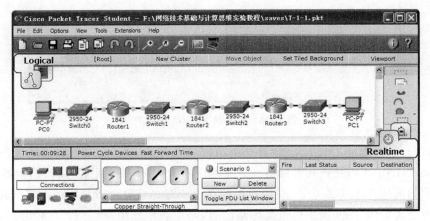

图 2.32 完成设备放置和连接后的逻辑工作区界面

别输入 Router1 直接连接的网络 192.1.1.0/24 和 192.1.2.0/24。

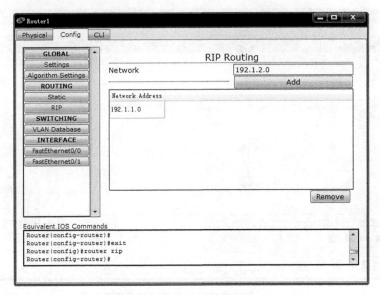

图 2.33 Router1 RIP 配置界面

所有路由器完成上述配置过程后，路由器 Router1 生成如图 2.34 所示的路由表。路由表中路由项＜192.1.4.0/24，192.1.2.253＞表明路由器 Router1 通往网络 192.1.4.0/24 的传输路径上的下一跳是路由器 Router2 连接网络 192.1.2.0/24 的接口。

需要说明的是，路由器 RIP 配置过程同样可以通过在 CLI(命令行接口)下输入第 2.4.4 节中给出的用于完成路由器 RIPv1 配置过程的命令序列完成。

(4) 通过启动 PC0 与 PC1 之间的 ICMP 报文传输过程，验证 PC0 与 PC1 之间存在 IP 传输路径。

(5) 如图 2.35 所示，用路由器 Router 作为入侵路由器，Router 的其中一个接口连接 网络 192.1.2.0/24，分配 IP 地址 192.1.2.37 和子网掩码 255.255.255.0。Router 的另

Type	Network	Port	Next Hop IP	Metric
C	192.1.1.0/24	FastEthernet0/0	---	0/0
C	192.1.2.0/24	FastEthernet0/1	---	0/0
R	192.1.3.0/24	FastEthernet0/1	192.1.2.253	120/1
R	192.1.4.0/24	FastEthernet0/1	192.1.2.253	120/2

图 2.34　路由器 Router1 路由表

一个接口分配 IP 地址 192.1.4.37 和子网掩码 255.255.255.0,以此将该接口伪造成与网络 192.1.4.0/24 直接连接的接口。完成路由器 Router RIP 配置过程,路由器 Router 发送表明与网络 192.1.4.0/24 直接连接的路由消息。该路由消息将路由器 Router1 的路由表改变为如图 2.36 所示的错误的路由表,路由表中路由项＜192.1.4.0/24,192.1.2.37＞表明路由器 Router1 通往网络 192.1.4.0/24 的传输路径上的下一跳是路由器 Router 连接网络 192.1.2.0/24 的接口。

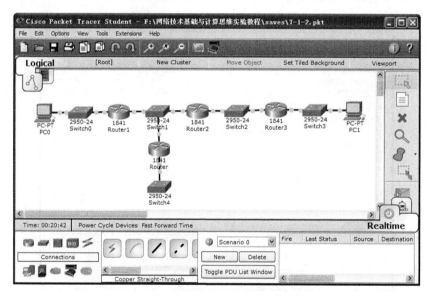

图 2.35　黑客终端接入网络后的互连网结构

Type	Network	Port	Next Hop IP	Metric
C	192.1.1.0/24	FastEthernet0/0	---	0/0
C	192.1.2.0/24	FastEthernet0/1	---	0/0
R	192.1.3.0/24	FastEthernet0/1	192.1.2.253	120/1
R	192.1.4.0/24	FastEthernet0/1	192.1.2.37	120/1

图 2.36　黑客终端发送伪造路由项后的路由器 Router1 路由表

（6）进入模拟操作模式,启动 PC0 至 PC1 的 IP 分组传输过程,如图 2.37 所示,发现路由器 Router1 将该 IP 分组转发给路由器 Router,导致该 IP 分组无法到达 PC1。

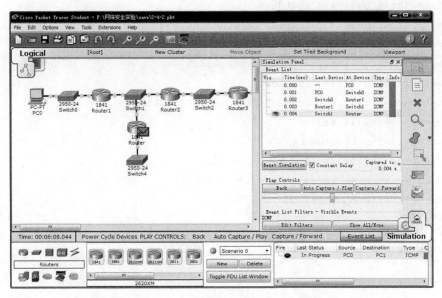

图 2.37 PC0 至 PC1 的 IP 分组错误转发给入侵路由器 Router

2.4.6 命令行接口配置过程

1. Router1 命令行接口配置过程

命令序列如下：

```
Router>enable
Router#configure terminal
Router(config)#interface FastEthernet0/0
Router(config-if)#no shutdown
Router(config-if)#ip address 192.1.1.254 255.255.255.0
Router(config-if)#exit
Router(config)#interface FastEthernet0/1
Router(config-if)#no shutdown
Router(config-if)#ip address 192.1.2.254 255.255.255.0
Router(config-if)#exit
Router(config)#router rip
Router(config-router)#network 192.1.1.0
Router(config-router)#network 192.1.2.0
Router(config-router)#exit
```

2. Router2 命令行接口配置过程

命令序列如下：

```
Router>enable
Router#configure terminal
Router(config)#interface FastEthernet0/0
```

```
Router(config-if)#no shutdown
Router(config-if)#ip address 192.1.2.253 255.255.255.0
Router(config-if)#exit
Router(config)#interface FastEthernet0/1
Router(config-if)#no shutdown
Router(config-if)#ip address 192.1.3.254 255.255.255.0
Router(config-if)#exit
Router(config)#router rip
Router(config-router)#network 192.1.2.0
Router(config-router)#network 192.1.3.0
Router(config-router)#exit
```

3. Router 命令行接口配置过程

命令序列如下：

```
Router>enable
Router#configure terminal
Router(config)#interface FastEthernet0/0
Router(config-if)#no shutdown
Router(config-if)#ip address 192.1.2.37 255.255.255.0
Router(config-if)#exit
Router(config)#interface FastEthernet0/1
Router(config-if)#no shutdown
Router(config-if)#ip address 192.1.4.37 255.255.255.0
Router(config-if)#exit
Router(config)#router rip
Router(config-router)#network 192.1.2.0
Router(config-router)#network 192.1.4.0
Router(config-router)#exit
```

路由器 Router3 的命令行接口配置过程与路由器 Router1 和 Router2 相似，不再赘述。

4. 命令列表

路由器命令行接口配置过程中使用的命令及功能和参数说明如表 2.2 所示。

表 2.2 命令列表

命令格式	功能和参数说明
router rip	启动 RIP 进程，进入 RIP 配置模式，在 RIP 配置模式下完成 RIP 相关参数的配置过程
network *ip-address*	指定参与 RIP 创建动态路由项的路由器接口和直接连接的网络。参数 *ip-address* 以分类编址形式给出直接连接的网络的网络地址

注：粗体是命令关键字，斜体是命令参数。

2.5 钓鱼网站实验

2.5.1 实验内容

钓鱼网站实施过程如图 2.38 所示,正确情况下,终端应该从 DHCP 服务器获取正确的域名系统(Domain Name System,DNS)服务器地址 192.1.2.7,通过正确的 DNS 服务器解析完全合格的域名 www.bank.com,得到的结果是正确的 Web 服务器地址 192.1.3.7。

当黑客在网络中接入伪造的 DHCP 服务器、伪造的 DNS 服务器和伪造的 Web 服务器后,终端可能从伪造的 DHCP 服务器获取伪造的 DNS 服务器地址 192.1.3.1,通过伪造的 DNS 服务器解析完全合格的域名 www.bank.com,得到的结果是伪造的 Web 服务器地址 192.1.2.5。导致用户通过域名 www.bank.com 访问到伪造的 Web 服务器。

2.5.2 实验目的

(1) 验证伪造的 DHCP 服务器为终端提供网络信息配置服务的过程。
(2) 验证错误的本地域名服务器地址造成的后果。
(3) 验证利用网络实施钓鱼网站的过程。

2.5.3 实验原理

终端通过广播 DHCP 发现消息发现 DHCP 服务器,当 DHCP 服务器与终端不在同一个网络(同一个广播域)时,由路由器完成中继过程。DHCP 服务器通过向终端发送 DHCP 提供消息表明可以为终端提供网络信息配置服务,终端选择发送第一个到达终端的 DHCP 提供消息的 DHCP 服务器为其提供网络信息配置服务。

如图 2.38 所示,在终端连接的网络中接入伪造的 DHCP 服务器后,终端广播的 DHCP 发现消息到达伪造的 DHCP 服务器,伪造的 DHCP 服务器在网络中广播 DHCP 提供消息,由于伪造的 DHCP 服务器与终端位于同一网络,伪造的 DHCP 服务器发送的 DHCP 提供消息可能先于 DHCP 服务器发送的 DHCP 提供消息到达终端,导致终端选择伪造的 DHCP 服务器为其提供网络信息配置服务,并将伪造的 DNS 服务器的 IP 地址 192.1.3.1 作为本地域名服务器地址。

2.5.4 关键命令说明

以下命令序列用于完成在路由器 FastEthernet0/0 接口配置中继地址 192.1.2.2 的功能。

```
Router(config)#interface FastEthernet0/0
Router(config-if)#ip helper-address 192.1.2.2
Router(config-if)#exit
```

ip helper-address 192.1.2.2 是接口配置模式下使用的命令,该命令的作用是配置

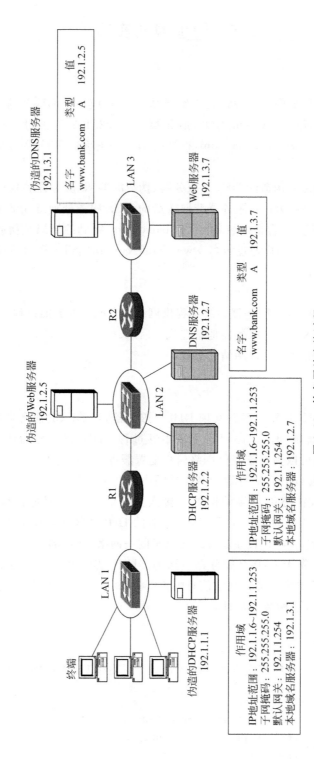

图 2.38 钓鱼网站实施过程

DHCP 服务器的 IP 地址 192.1.2.2 和启动接口的 DHCP 中继功能。接口配置该命令后,如果通过该接口接收到源 IP 地址为 0.0.0.0、目的 IP 地址为 255.255.255.255,且净荷是源端口号为 68、目的端口号为 67 的 UDP 报文的 IP 分组,则将该接口的 IP 地址作为 UDP 报文封装的 DHCP 消息中的中继代理地址,同时将 UDP 报文重新封装成源 IP 地址为该接口的 IP 地址、目的 IP 地址为 DHCP 服务器的 IP 地址的 IP 分组,通过正常的 IP 传输路径完成该 IP 分组路由器至 DHCP 服务器的传输过程。如果路由器接收到以该接口的 IP 地址为目的 IP 地址,且净荷是源端口号为 67、目的端口号为 68 的 UDP 报文的 IP 分组,则将 UDP 报文重新封装成以该接口的 IP 地址为源 IP 地址、以 32 位全 1 的受限广播地址为目的 IP 地址的 IP 分组,并通过该接口输出该 IP 分组。

2.5.5 实验步骤

(1) 实现正常的 Web 服务器访问过程,因此,在如图 2.38 所示的网络结构中去掉所有伪造的服务器,根据去掉所有伪造的服务器后的网络结构放置和连接设备。完成设备放置和连接后的逻辑工作区界面如图 2.39 所示。

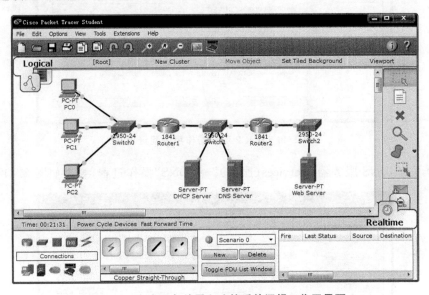

图 2.39 完成设备放置和连接后的逻辑工作区界面

(2) 完成路由器接口 IP 地址和子网掩码配置过程,完成路由器 RIP 配置过程。路由器 Router1 和 Router2 建立完整路由表。

(3) 完成路由器 Router1 接口 FastEthernet0/0 的中继地址配置过程。该配置过程只能通过在 CLI(命令行接口)下输入第 2.5.4 节中给出的用于完成中继地址配置过程的命令序列实现。

(4) 按照如图 2.38 所示的服务器 IP 地址,完成 3 台服务器 IP 地址、子网掩码和默认网关地址配置过程,服务器的默认网关地址是路由器连接服务器所在网络的接口的 IP 地址。由于 Router1 和 Router2 各有一个接口连接 DHCP 服务器和 DNS 服务器所在的网络,DHCP 服务器和 DNS 服务器可以选择其中一个接口的 IP 地址作为默认网关地址。

（5）完成 DHCP 服务器"Services（服务）"→"DHCP"操作过程，弹出如图 2.40 所示的 DHCP 服务器作用域配置界面，Service（服务）一栏选择 On。serverPool 是 Pool Name（作用域名），每一个作用域需要取不同的作用域名。192.1.1.254 是该作用域的 Default Gateway（默认网关地址），192.1.2.7 是该作用域的 DNS Server（DNS 服务器）地址，Start IP Address（起始 IP 地址）192.1.1.10 和 Maximum number of User（最大用户数）50 确定可分配的 IP 地址范围是 192.1.1.10～192.1.1.59。

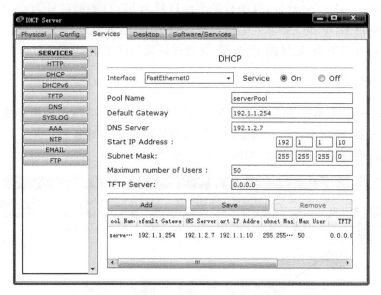

图 2.40　DHCP 服务器作用域配置界面

（6）完成 DNS 服务器"Services（服务）"→"DNS"操作过程，弹出如图 2.41 所示的

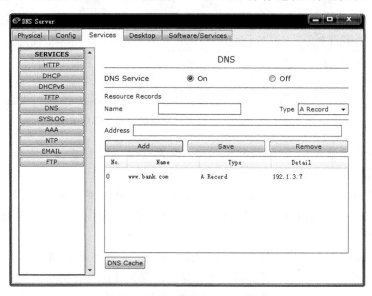

图 2.41　DNS 服务器资源记录配置界面

DNS 服务器资源记录配置界面,DNS Service(DNS 服务)一栏选择 On。在 Name(名字)框中输入完全合格的域名 www.bank.com,Type(类型)选择 A Record(A 记录类型),在 Address(地址)框中输入完全合格的域名为 www.bank.com 的 Web 服务器的 IP 地址 192.1.3.7。

(7) 完成 PC0"Desktop(桌面)"→"IP Configuration(IP 配置)"操作过程,弹出如图 2.42 所示的 PC0 网络信息配置界面,选择 DHCP 选项,PC0 自动获取如图 2.42 所示的网络信息。其中 IP 地址是 DHCP 服务器中名为 serverPool 的作用域定义的 IP 地址范围 192.1.1.10~192.1.1.59 中按照大小顺序选取的 IP 地址 192.1.1.10。子网掩码、默认网关地址和 DNS 服务器地址与名为 serverPool 的作用域定义的子网掩码、默认网关地址和 DNS 服务器地址相同。

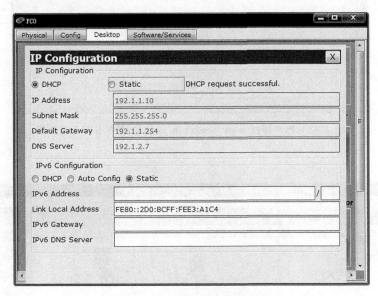

图 2.42　PC0 自动获取的网络信息

(8) 完成 PC0"Desktop(桌面)"→"Web Browser(浏览器)"操作过程,弹出如图 2.43 所示的浏览器使用界面,在 URL 栏中输入完全合格的域名 www.bank.com,单击 Go,成功访问到完全合格的域名为 www.bank.com 的 Web 服务器。

(9) 接入 3 台伪造的服务器,逻辑工作区界面如图 2.44 所示。完成 3 台伪造的服务器的 IP 地址、子网掩码和默认网关地址配置过程。完成伪造的 DHCP 服务器的作用域配置过程,配置的作用域信息如图 2.45 所示;完成伪造的 DNS 服务器的资源记录配置过程,配置的资源记录如图 2.46 所示。让 PC0 再次自动获取网络信息,获取的网络信息如图 2.47 所示,DNS 服务器地址是伪造的 DNS 服务器的 IP 地址 192.1.3.1,表明 PC0 从伪造的 DHCP 服务器获取网络信息。

(10) PC0 再次用浏览器访问完全合格的域名为 www.bank.com 的 Web 服务器,访问结果如图 2.48 所示,访问结果表明 PC0 访问的是伪造的 Web 服务器。

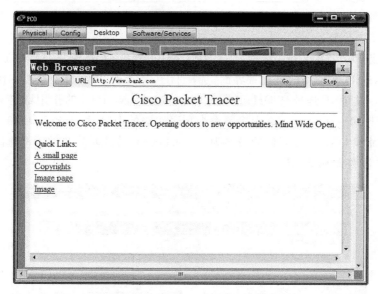

图 2.43　PC0 通过 www.bank.com 成功访问 Web 服务器界面

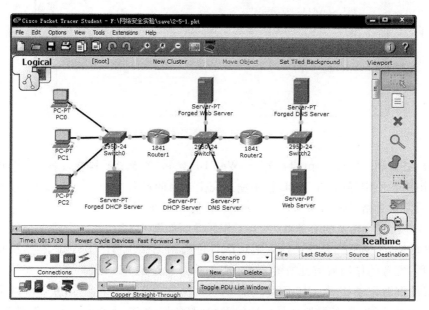

图 2.44　接入伪造的服务器后的逻辑工作区界面

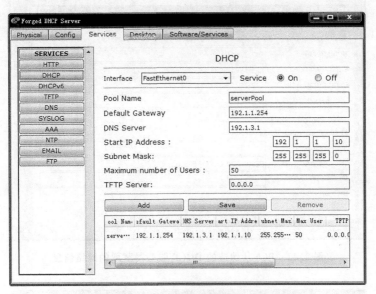

图 2.45 伪造的 DHCP 服务器作用域配置界面

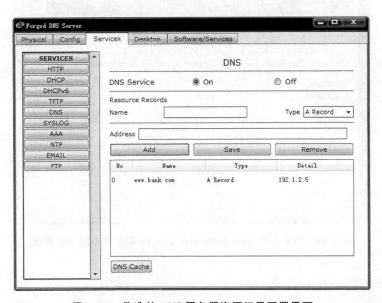

图 2.46 伪造的 DNS 服务器资源记录配置界面

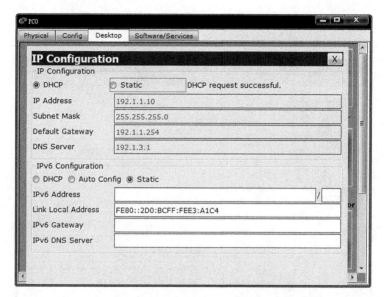

图 2.47　PC0 从伪造的 DHCP 服务器获取的网络信息

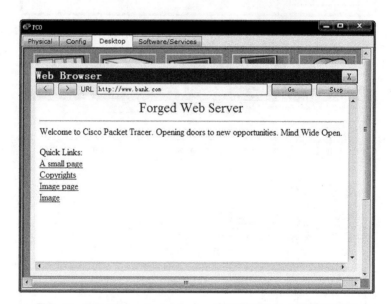

图 2.48　PC0 通过 www.bank.com 访问伪造的 Web 服务器界面

2.5.6　命令行接口配置过程

1. Router1 命令行接口配置过程

命令序列如下:

```
Router> enable
Router# configure terminal
Router(config)# interface FastEthernet0/0
```

```
Router(config-if)#no shutdown
Router(config-if)#ip address 192.1.1.254 255.255.255.0
Router(config-if)#exit
Router(config)#interface FastEthernet0/1
Router(config-if)#no shutdown
Router(config-if)#ip address 192.1.2.254 255.255.255.0
Router(config-if)#exit
Router(config)#router rip
Router(config-router)#network 192.1.1.0
Router(config-router)#network 192.1.2.0
Router(config-router)#exit
Router(config)#interface FastEthernet0/0
Router(config-if)#ip helper-address 192.1.2.2
Router(config-if)#exit
```

2. Router2 命令行接口配置过程

命令序列如下：

```
Router> enable
Router#configure terminal
Router(config)#interface FastEthernet0/0
Router(config-if)#no shutdown
Router(config-if)#ip address 192.1.2.253 255.255.255.0
Router(config-if)#exit
Router(config)#interface FastEthernet0/1
Router(config-if)#no shutdown
Router(config-if)#ip address 192.1.3.254 255.255.255.0
Router(config-if)#exit
Router(config)#router rip
Router(config-router)#network 192.1.2.0
Router(config-router)#network 192.1.3.0
Router(config-router)#exit
```

3. 命令列表

路由器命令行接口配置过程中使用的命令及功能和参数说明如表 2.3 所示。

表 2.3 命令列表

命令格式	功能和参数说明
ip helper-address *address*	一是配置 DHCP 服务器的 IP 地址，二是启动接口的 DHCP 中继功能。参数 address 给出 DHCP 服务器的 IP 地址

注：粗体是命令关键字，斜体是命令参数。

第 3 章

Internet 接入实验

接入控制的核心是身份鉴别,深刻理解身份鉴别机制是掌握许多网络安全技术的基础。通过基于本地鉴别方式和统一鉴别方式的接入控制实验,掌握身份鉴别协议的工作原理。

3.1 终端以太网接入 Internet 实验

3.1.1 实验内容

构建如图 3.1 所示的接入网络,终端 A 和终端 B 通过启动宽带连接程序完成接入 Internet 的过程。

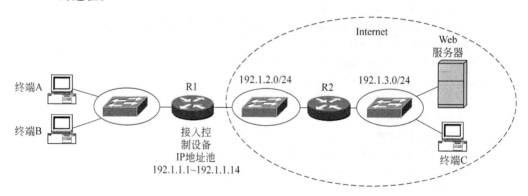

图 3.1 终端以太网接入 Internet 过程

图 3.1 所示的接入网络中,路由器 R1 作为接入控制设备,终端 A 和 B 通过以太网与路由器 R1 实现互连。路由器 R1 的一端连接作为接入网络的以太网,另一端连接 Internet。完成宽带接入前,终端 A 和终端 B 没有配置任何网络信息,也无法访问 Internet。

终端 A 和终端 B 访问 Internet 前,需要完成以下操作过程:
(1) 完成注册,获取有效的用户名和口令。
(2) 启动宽带连接程序。

成功接入 Internet 后,终端 A 和终端 B 可以访问 Internet 中的资源(如 Web 服务器),也可以和 Internet 中的其他终端进行通信。

3.1.2 实验目的

(1) 验证宽带接入网络的设计过程。
(2) 验证接入控制设备的配置过程。
(3) 验证终端宽带接入过程。
(4) 验证身份鉴别协议工作原理。
(5) 验证本地鉴别方式鉴别终端用户过程。
(6) 验证用户终端访问 Internet 过程。

3.1.3 实验原理

由于终端 A 和终端 B 通过以太网与作为接入控制设备的路由器 R1 实现互连。因此,需要通过基于以太网的点对点协议(PPP over Ethernet,PPPoE)完成接入过程。对于路由器 R1,一是需要配置注册用户;二是需要配置用于鉴别注册用户身份的鉴别协议;三是需要配置 IP 地址池。对于接入终端,需要启动宽带接入程序,并输入表明注册用户身份的有效用户名和口令。终端与路由器 R1 之间完成以下操作过程:(1)建立终端与路由器 R1 之间的点对点协议(Point to Point Protocol,PPP)会话。(2)基于 PPP 会话建立终端与路由器 R1 之间的 PPP 链路。(3)由路由器 R1 完成对终端用户的身份鉴别过程。(4)由路由器 R1 对终端分配 IP 地址,并在路由表中创建用于将路由器 R1 与终端之间的 PPP 会话和为终端分配的 IP 地址绑定在一起的路由项。

3.1.4 关键命令说明

1. 配置鉴别方式

接入控制设备鉴别用户身份可以采用本地鉴别方式和统一鉴别方式。本地鉴别方式可以直接在接入控制设备中定义注册用户;统一鉴别方式可以统一在鉴别服务器中定义注册用户。以下命令序列用于指定本地鉴别方式。

```
Router(config)#aaa new-model
Router(config)#aaa authentication ppp a1 local
```

aaa new-model 是全局模式下使用的命令,该命令的作用是启动路由器鉴别、授权和计费(Authentication,Authorization and Accounting,AAA)接入控制模型。

aaa authentication ppp a1 local 是全局模式下使用的命令,该命令的作用是指定名为 a1 的 PPP 鉴别列表,该鉴别列表中只包含本地鉴别方式(local)。因此,PPP 鉴别用户身份时,采用本地鉴别方式。

2. 定义注册用户

本地鉴别方式可以直接在接入控制设备中定义注册用户,以下命令用于定义注册用户。

```
Router(config)#username aaa1 password bbb1
```

username aaa1 password bbb1 是全局模式下使用的命令,该命令的作用是定义用户名为 aaa1、口令为 bbb1 的注册用户。每个用户通过启动宽带连接程序接入 Internet 时，必须输入某个注册用户的用户名和口令。

3. 配置 PPP

PPP 是基于点对点信道的链路层协议，以太网接入过程中，用 PPP 会话仿真点对点信道，由 PPPoE 建立 PPP 会话。终端与接入控制设备之间通过 PPP 会话连接。PPP 会话接入控制设备一端称为虚拟接入接口，因此，接入控制设备通过虚拟接入接口连接 PPP 会话。

```
Router(config)#vpdn enable
Router(config)#vpdn-group b1
Router(config-vpdn)#accept-dialin
Router(config-vpdn-acc-in)#protocol pppoe
Router(config-vpdn-acc-in)#virtual-template 1
Router(config-vpdn-acc-in)#exit
Router(config-vpdn)#exit
```

vpdn enable 是全局模式下使用的命令，该命令的作用是启动路由器虚拟专用拨号网络功能。传统的拨号接入网络是通过公共交换电话网（Public Switched Telephone Network，PSTN）建立终端与接入控制设备之间的语音信道，通过 PPP 实现对终端的接入控制过程。Cisco 将以太网作为接入网络，通过 PPP 实现对终端的接入控制过程的宽带接入方式称为虚拟专用拨号网络（Virtual Private Dialup Network，VPDN）。

vpdn-group b1 是全局模式下使用的命令，该命令的作用有两个：一是创建名为 b1 的 VPDN 组；二是进入 VPDN 组配置模式。VPDN 组配置模式下可以对该 VPDN 组配置相关参数，为某个 VPDN 组配置的参数自动作用到全局 VPDN 模板。

accept-dialin 是 VPDN 组配置模式下使用的命令，(config-vpdn)# 是 VPDN 组配置模式下的命令提示符。该命令的作用有两个：一是确定该 VPDN 是拨入网络；二是进入拨入网络配置模式。在拨入网络配置模式下可以定义允许接入的虚拟拨号接入方式及相关参数。

protocol pppoe 是拨入网络配置模式下使用的命令，(config-vpdn-acc-in)# 是拨入网络配置模式下的命令提示符。该命令的作用是指定 PPPoE 作为拨入网络使用的协议。

virtual-template 1 是拨入网络配置模式下使用的命令，该命令的作用是指定通过使用编号为 1 的虚拟模板创建虚拟接入接口。路由器为每一次虚拟拨号接入过程创建一个虚拟接入接口，该接口等同于传统拨号接入网络连接语音信道的接口，需要为该接口配置相关参数。为编号为 1 的虚拟模板配置的参数可以作用到所有与该虚拟模板关联的虚拟接入接口。

4. 配置本地 IP 地址池

本地 IP 地址池是路由器 R1 用于分配给接入终端的一组 IP 地址。以下是定义本地 IP 地址池的命令。

```
Router(config)#ip local pool c1 192.1.1.1 192.1.1.14
```

ip local pool c1 192.1.1.1 192.1.1.14 是全局模式下使用的命令,该命令的作用是定义一个名为 c1、IP 地址范围为 192.1.1.1~192.1.1.14 的本地 IP 地址池。

5. 配置虚拟模板

终端通过 PPP 会话连接接入控制设备,接入控制设备通过虚拟接入接口连接 PPP 会话,虚拟模板用于定义虚拟接入接口的相关参数。

```
Router(config)#interface virtual-template 1
Router(config-if)#ip unnumbered FastEthernet0/0
Router(config-if)#peer default ip address pool c1
Router(config-if)#ppp authentication chap a1
Router(config-if)#exit
```

interface virtual-template 1 是全局模式下使用的命令,该命令的作用有两个:一是创建编号为 1 的虚拟模板;二是进入虚拟模板配置模式。为该虚拟模板配置的参数作用于所有与该虚拟模板关联的虚拟接入接口。

ip unnumbered FastEthernet0/0 是虚拟模板配置模式下使用的命令,(config-if)# 是虚拟模板配置模式下的命令提示符。该命令的作用是在一个没有分配 IP 地址的接口上启动 IP 处理功能;如果该接口需要产生并发送报文,使用接口 FastEthernet0/0 的 IP 地址。由于需要为每一次接入过程创建虚拟接入接口,因此不可能为每一个虚拟接入接口分配 IP 地址。但对于每一个虚拟接入接口,一是需要启动虚拟接入接口输入/输出 IP 分组的功能;二是允许虚拟接入接口产生并发送控制报文,如路由消息等,这些控制报文需要用其他接口的 IP 地址作为其源 IP 地址。

peer default ip address pool c1 是虚拟模板配置模式下使用的命令,该命令的作用是将接入终端获取 IP 地址的方式指定为从名为 c1 的本地 IP 地址池中分配 IP 地址。由于采用点对点虚拟线路互连接入终端与虚拟接入接口,因此接入终端也是虚拟接入接口的另一端。

ppp authentication chap a1 是虚拟模板配置模式下使用的命令,该命令的作用有两个:一是指定挑战握手鉴别协议(Challenge Handshake Authentication Protocol,CHAP)作为鉴别接入用户的鉴别协议;二是用名为 a1 的鉴别机制列表所指定的鉴别机制鉴别接入用户。

6. 启动接口的 PPPoE 功能

以下命令序列用于在接口 FastEthernet0/0 上启动 PPPoE。

```
Router(config)#interface FastEthernet0/0
Router(config-if)#pppoe enable
Router(config-if)#exit
```

pppoe enable 是接口配置模式下使用的命令,该命令的作用是在指定以太网接口(这里是 FastEthernet0/0)上启动 PPPoE 协议。用户终端通过以太网实现宽带接入前,路由器连接作为接入网络的以太网的接口必须启动 PPPoE 协议,通过 PPPoE 协议创建用于连接接入终端的 PPP 会话。

7. 配置静态路由项

以下命令用于配置一项目的网络是 192.1.1.0/28、下一跳地址是 192.1.2.1 的静态路由项。

```
Router(config)#ip route 192.1.1.0 255.255.255.240 192.1.2.1
```

ip route 192.1.1.0 255.255.255.240 192.1.2.1 是全局模式下使用的命令，该命令的作用是配置一项静态路由项。192.1.1.0 是目的网络的网络地址。255.255.255.240 是目的网络的子网掩码。192.1.2.1 是通往目的网络的传输路径上的下一跳路由器的 IP 地址。

3.1.5 实验步骤

（1）启动 Packet Tracer，在逻辑工作区根据图 3.1 所示的宽带接入网络结构放置和连接设备。完成设备放置和连接后的逻辑工作区界面如图 3.2 所示。

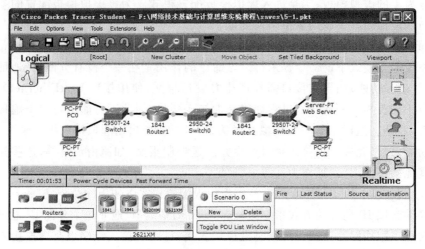

图 3.2　完成设备放置和连接后的逻辑工作区界面

（2）完成路由器接口 IP 地址和子网掩码配置过程。完成各台路由器的路由协议配置过程和静态路由项配置过程。路由器 Router1 和 Router2 的完整路由表分别如图 3.3 和图 3.4 所示。由于为接入终端分配的 IP 地址范围是 192.1.1.1～192.1.1.14，可以用 CIDR 地址块 192.1.1.0/28 表示该组 IP 地址。因此，Router2 中需要配置一项用于指明通往网络地址为 192.1.1.0/28 的网络的传输路径的静态路由项。该路由项不能由 RIP 动态生成的原因是：Router1 各个接口配置的 IP 地址和子网掩码并不能说明 Router1 直接连接网络地址为 192.1.1.0/28 的网络。

Type	Network	Port	Next Hop IP	Metric
C	1.0.0.0/8	FastEthernet0/0	---	0/0
C	192.1.2.0/24	FastEthernet0/1	---	0/0
R	192.1.3.0/24	FastEthernet0/1	192.1.2.2	120/1

图 3.3　Router1 路由表

Routing Table for Router2

Type	Network	Port	Next Hop IP	Metric
S	192.1.1.0/28	---	192.1.2.1	1/0
C	192.1.2.0/24	FastEthernet0/0	---	0/0
C	192.1.3.0/24	FastEthernet0/1	---	0/0

图 3.4 Router2 路由表

Router1 中没有用于指明通往网络地址为 192.1.1.0/28 的网络的传输路径的路由项，是因为 Router1 一旦为某个接入终端分配 IP 地址，路由表中将动态创建一项将与该终端之间的 PPP 会话和分配给该终端的 IP 地址绑定在一起的路由项。

(3) 在 CLI(命令行接口)配置方式下，在路由器 Router1 中定义两个用户名和口令分别是<aaa1,bbb1>和<aaa2,bbb2>的注册用户，并确定采用本地鉴别方式鉴别用户身份。

(4) 在 CLI(命令行接口)配置方式下，在路由器 Router1 中启动虚拟专用拨号网络功能，并配置与这次使用的虚拟拨号接入方式相对应的虚拟专用拨号网络的相关属性。

(5) 在 CLI(命令行接口)配置方式下，在路由器 Router1 中定义本地 IP 地址池，本地 IP 地址池包含由 CIDR 地址块 192.1.1.0/28 表示的一组 IP 地址。

(6) 用户终端一旦完成接入过程，接入控制设备路由器 Router1 与用户终端之间相当于建立了虚拟点对点线路，路由器 Router1 等同于创建了用于连接虚拟点对点线路的虚拟接入接口。因此，在 CLI(命令行接口)配置方式下，通过在路由器 Router1 中定义虚拟模板的方式定义建立虚拟点对点线路所需要的相关参数。

(7) 在 CLI(命令行接口)配置方式下，在路由器 Router1 连接作为接入网络的以太网的接口上启动 PPPoE 协议。

(8) 完成 PC0"Config(配置)"→"PPPoE Dialer(PPPoE 连接程序)"操作过程，弹出如图 3.5 所示的 PPPoE 连接程序界面，User Name(用户名)框中输入有效注册用户名 aaa1，Password(口令)框中输入与用户名 aaa1 对应的口令 bbb1，单击 Connect(连接)按钮，完成 PC0 PPPoE 接入过程。完成 PPPoE 接入过程后的 PPPoE 连接程序界面如图 3.5 所示。用同样的方式完成 PC1 PPPoE 接入过程。

(9) 查看如图 3.6 所示的路由器 Router1 路由表，可以发现，路由器 Router1 直接通过虚拟接入接口连接用户终端，并将连接用户终端的虚拟接入接口和分配给用户终端的 IP 地址绑定在一起。分配给用户终端的 IP 地址从 IP 地址池中选择。如果虚拟接入接口产生并发送报文，可以将 Router1 接口 FastEthernet0/0 的 IP 地址作为该报文的源 IP 地址，这种指定似乎将 Router1 接口 FastEthernet0/0 作为虚拟接入接口通往终端的传输路径上的下一跳。

3.1.6 命令行接口配置过程

1. Router1 命令行接口配置过程

命令序列如下：

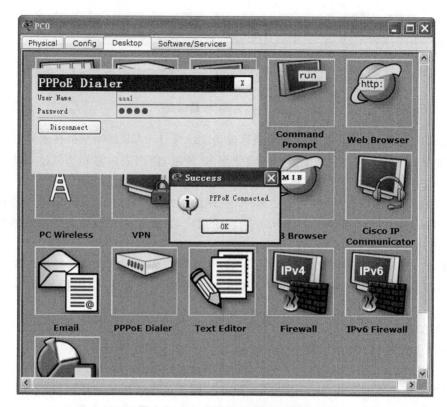

图 3.5　PC0 PPPoE 连接程序界面

图 3.6　终端接入后的 Router1 路由表

Router>enable
Router#configure terminal
Router(config)#hostname Router1
Router1(config)#interface FastEthernet0/0
Router1(config-if)#no shutdown
Router1(config-if)#ip address 1.1.1.1 255.0.0.0
Router1(config-if)#exit
Router1(config)#interface FastEthernet0/1
Router1(config-if)#no shutdown
Router1(config-if)#ip address 192.1.2.1 255.255.255.0
Router1(config-if)#exit

```
Router1(config)#router rip
Router1(config-router)#network 192.1.2.0
Router1(config-router)#exit
Router1(config)#aaa new-model
Router1(config)#aaa authentication ppp a1 local
Router1(config)#username aaa1 password bbb1
Router1(config)#username aaa2 password bbb2
Router1(config)#vpdn enable
Router1(config)#vpdn-group b1
Router1(config-vpdn)#accept-dialin
Router1(config-vpdn-acc-in)#protocol pppoe
Router1(config-vpdn-acc-in)#virtual-template 1
Router1(config-vpdn-acc-in)#exit
Router1(config-vpdn)#exit
Router1(config)#ip local pool c1 192.1.1.1 192.1.1.14
Router1(config)#interface virtual-template 1
Router1(config-if)#ip unnumbered FastEthernet0/0
Router1(config-if)#peer default ip address pool c1
Router1(config-if)#ppp authentication chap a1
Router1(config-if)#exit
Router1(config)#interface FastEthernet0/0
Router1(config-if)#pppoe enable
Router1(config-if)#exit
```

2. Router2 命令行配置过程

命令序列如下：

```
Router>enable
Router#configure terminal
Router(config)#hostname Router2
Router2(config)#interface FastEthernet0/0
Router2(config-if)#no shutdown
Router2(config-if)#ip address 192.1.2.2 255.255.255.0
Router2(config)#interface FastEthernet0/1
Router2(config-if)#no shutdown
Router2(config-if)#ip address 192.1.3.254 255.255.255.0
Router2(config)#router rip
Router2(config-router)#network 192.1.2.0
Router2(config-router)#network 192.1.3.0
Router2(config-router)#exit
Router2(config)#ip route 192.1.1.0 255.255.255.240 192.1.2.1
```

3. 命令列表

路由器命令行接口配置过程中使用的命令及功能和参数说明如表 3.1 所示。

表 3.1 命令列表

命令格式	功能和参数说明
aaa new-model	启动 Cisco 鉴别、授权和计费接入控制模型
aaa authentication ppp {**default** | *list-name*} *method*1 [*method*2...]	为 PPP 定义鉴别机制列表,鉴别机制通过参数 *method* 指定,Packet Tracer 常用的鉴别机制有 local(本地)、group radius(radius 服务器统一鉴别)等。可以为定义的鉴别机制列表分配名字,参数 *list-name* 用于为该鉴别机制列表指定名字。**default** 选项将该鉴别机制列表作为默认列表
ppp authentication {*protocol*1 [*protocol*2...]} [*list-name* | **default**]	为 PPP 指定鉴别协议和鉴别机制。参数 *protocol* 用于指定鉴别协议,pap 和 chap 是 Packet Tracer 常用的鉴别协议。参数 *list-name* 用于指定鉴别机制列表,**default** 选项指定默认鉴别机制列表
vpdn enable	启动虚拟专用拨号网络功能
vpdn-group name	创建由参数 *name* 指定的 VPDN 组,并进入 VPDN 组配置模式。VPDN 组配置模式下主要完成作用于该 VPDN 组的相关 VPDN 参数的配置过程
accept-dialin	启动拨号接入功能,并进入拨号接入配置模式
protocol {**any** | **l2f** | **l2tp** | **pppoe** | **pptp**}	指定拨号接入过程中所使用的协议
virtual-template *template-number*	为虚拟接入接口定义虚拟模板。参数 *template-number* 指定虚拟模板号
interface virtual-template *number*	创建虚拟模板,创建的虚拟模板将作用于动态创建的虚拟接入接口。参数 *number* 是虚拟模板编号
ip unnumbered *type number*	启动一个没有分配 IP 地址的接口的 IP 处理功能。如果该接口需要产生并发送报文,使用由参数 *type number* 指定的接口的 IP 地址
pppoe enable	在以太网接口启动 PPPoE 协议
ip local pool {**default** | *poolname*} [*low-ip-address* [*high-ip-address*]]	定义 IP 地址池。参数 *low-ip-address* 和 *high-ip-address* 用于确定 IP 地址池的地址范围。可以为该地址池分配名字 *poolname*;也可以通过选项 **default** 将该地址池指定为默认地址池
peer default ip address {*ip-address* | **dhcp** | **pool** [*pool-name*]}	确定虚拟接入接口另一端的 IP 地址获取方式,用参数 *ip-address* 指定 IP 地址。通过选项 **dhcp** 指定通过 DHCP 服务器获得。通过选项 **pool** 指定通过地址池获得,如果没有指定地址池名 *pool-name*,选择默认地址池
ip route *prefix mask* {*ip-address* | *interface-type interface-number*} [*distance*]	配置静态路由项。参数 *prefix* 是目的网络的网络地址。参数 *mask* 是目的网络的子网掩码。参数 *ip-address* 是下一跳 IP 地址,参数 *interface-type* 和 *interface-number* 是输出接口(下一跳 IP 地址和输出接口只需一项。除了点对点网络,一般需要配置下一跳 IP 地址)。参数 *distance* 是可选项,用于指定静态路由项的距离

注:粗体是命令关键字,斜体是命令参数。

3.2 终端 ADSL 接入 Internet 实验

3.2.1 实验内容

构建如图 3.7 所示的接入网络，终端 A 和终端 B 通过启动宽带连接程序完成接入 Internet 的过程。

图 3.7 所示的接入网络和图 3.1 所示的接入网络之间的差别在于，铺设到家庭的不是可以将终端接入以太网的双绞线缆，而是用户线(俗称电话线)，通过用户线实现家庭中的非对称数字用户线路(Asymmetric Digital Subscriber Line,ADSL)Modem 与本地局中的数字用户线接入复用器(Digital Subscriber Line Access Multiplexer,DSLAM)之间的互连。终端可以通过以太网与 ADSL Modem 实现互连。对于终端，ADSL Modem 和 DSLAM 是透明的，因此，图 3.7 中的终端 A 和终端 B 可以与图 3.1 中的终端 A 和终端 B 一样通过宽带连接程序接入 Internet。

3.2.2 实验目的

(1) 验证 ADSL Modem 与终端之间的连接过程。
(2) 验证 DSLAM 与 ADSL Modem 之间的连接过程。
(3) 验证 DSLAM 与以太网之间的连接过程。
(4) 验证终端 ADSL 接入 Internet 的过程。

3.2.3 实验原理

该实验在第 3.1 节中的终端以太网接入实验的基础上完成，主要工作在于：实现用户线互连 ADSL Modem 和 DSLAM 的过程；实现以太网互连 DSLAM 和作为接入控制设备的路由器 R1 的过程；实现以太网互连终端和 ADSL Modem 的过程。单个 DSLAM 设备可以连接多条用户线，实现多个基于用户线的 ADSL 接入网络与以太网之间的互连。

3.2.4 实验步骤

(1) 在设备类型选择框中选择 Wan Emulation(广域网仿真设备)，在设备选择框中选择 DSL-Modem。该设备有两个接口，一个是连接双绞线缆的以太网接口，另一个是连接电话线的 Modem 接口。用该设备作为图 3.7 中的 ADSL Modem。在设备类型选择框中选择广域网仿真设备，在设备选择框中选择 Generics(Cloud-PT)。该设备有两个连接电话线的 Modem 接口和一个连接双绞线缆的以太网接口，要想用该设备仿真如图 3.7 中所示的实现基于两条电话线的两个 ADSL 接入网络与以太网互连的 DSLAM，需要通过配置将两个连接电话线的 Modem 接口与以太网接口绑定在一起。

Generics(Cloud-PT)完成"Config(配置)"→"DSL"操作过程，弹出如图 3.8 所示的用于将连接电话线的 Modem 接口与以太网接口绑定在一起的 DSL 配置界面。一边指定连接电话线的 Modem 接口，另一边指定以太网接口，单击 Add(添加)按钮建立 Modem 接口与以太网接口之间的绑定。

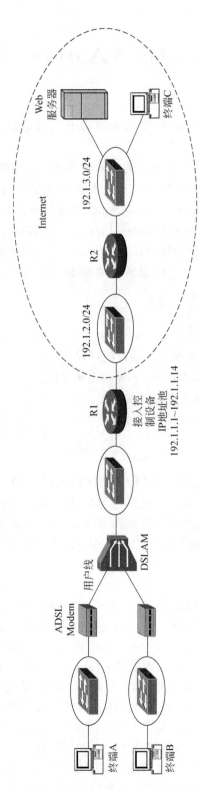

图 3.7 终端 ADSL 接入 Internet 过程

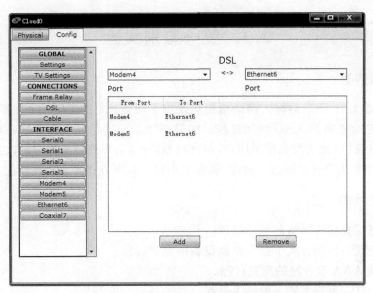

图 3.8　Cloud-PT 将 Modem 接口与以太网接口绑定在一起的界面

如果需要删除已经建立的某个连接电话线的 Modem 接口与以太网接口之间的绑定，选中该绑定项，单击 Remove(删除)按钮。

(2) 根据图 3.7 所示的接入网络结构，完成设备放置和连接过程。终端以太网接口与 DSL-Modem 以太网接口之间用 Copper Straight-Through(直连双绞线)互连，DSL-Modem Modem 接口与 Generics(Cloud-PT) Modem 接口之间用 Phone(电话线)互连。Generics(Cloud-PT) 以太网接口与交换机之间用交叉双绞线(Copper Cross-Over)互连。完成设备放置和连接后的逻辑工作区界面如图 3.9 所示。其他实验步骤与第 3.1 节中的终端以太网接入实验相同，这里不再赘述。

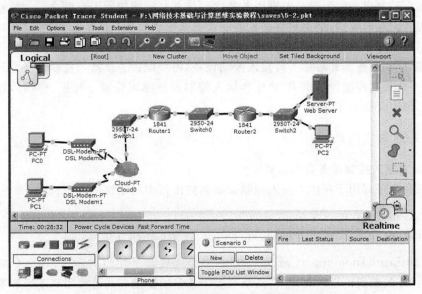

图 3.9　完成设备放置和连接后的逻辑工作区界面

3.3 统一鉴别实验

3.3.1 实验内容

要求如图 3.10 所示的接入网络结构实现以下功能:允许任何一个注册用户通过任何一台接入终端完成 Internet 访问过程。如果采用本地鉴别方式实现这一功能,需要在路由器 R1 和 R2 中定义所有注册用户,但这样做,一是会导致注册用户多次重复定义,二是可能造成注册用户管理困难。因此,通常采用统一鉴别方式实现上述功能。

3.3.2 实验目的

(1) 验证综合接入网络的设计过程。
(2) 验证统一鉴别方式下接入控制设备的配置过程。
(3) 验证 AAA 服务器的配置过程。
(4) 验证统一鉴别方式下的接入过程。

3.3.3 实验原理

统一鉴别方式下,在鉴别服务器中统一定义注册用户,图 3.10 中的 AAA 服务器就是一台鉴别服务器。当作为接入控制设备的路由器 R1 和 R2 接收到用户发送的用户名和口令等身份标识信息时,通过互联网将身份标识信息转发给鉴别服务器,由鉴别服务器判别是否是注册用户,并将判别结果回送给作为接入控制设备的路由器 R1 和 R2。只有当鉴别服务器确定是注册用户后,路由器 R1 和 R2 才继续完成 IP 地址分配和路由项建立等工作。

作为接入控制设备的路由器 R1 和 R2 为了将用户发送的身份标识信息安全地传输给鉴别服务器,需要获得鉴别服务器的 IP 地址,以及配置与鉴别服务器之间的共享密钥。每一台接入控制设备的配置与鉴别服务器之间的共享密钥的原因有两个:一是通过共享密钥实现双向身份鉴别,避免假冒接入控制设备或鉴别服务器的情况发生;二是用于加密接入控制设备与鉴别服务器之间传输的身份标识信息和鉴别结果。

同样,鉴别服务器针对每一台接入控制设备,需要配置与该接入控制设备之间的共享密钥,每一台接入控制设备由 IP 地址和接入控制设备标识符唯一标识。同时,在鉴别服务器中必须定义所有注册用户。

3.3.4 关键命令说明

1. 配置接入控制设备鉴别方式

以下命令序列用于在作为接入控制设备的路由器中指定统一鉴别机制。

```
Router(config)#aaa new-model
Router(config)#aaa authentication ppp a1 group radius
```

aaa authentication ppp a1 group radius 是全局模式下使用的命令,该命令的作用是创建名为 a1 的鉴别机制列表,鉴别机制列表中指定的鉴别方式是采用基于远程鉴别拨入用户服务(Remote Authentication Dial In User Service,RADIUS)协议的统一鉴别方式。

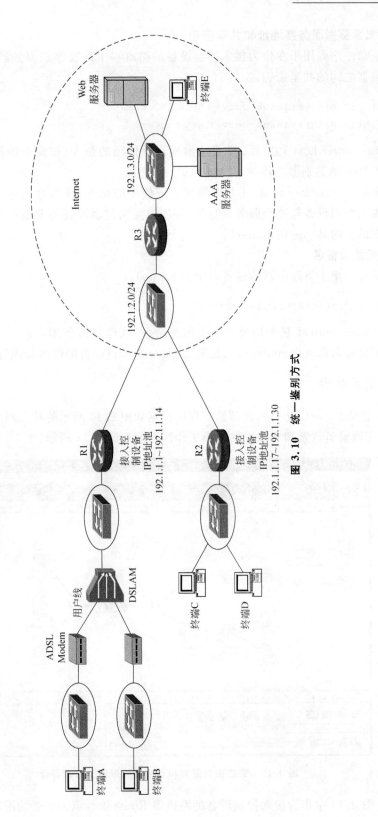

图 3.10 统一鉴别方式

2. 配置鉴别服务器地址和共享密钥

以下命令序列用于在作为接入控制设备的路由器中配置鉴别服务器的 IP 地址和与鉴别服务器之间的共享密钥。

```
Router(config)#radius-server host 192.1.3.7
Router(config)#radius-server key router1
```

radius-server host 192.1.3.7 是全局模式下使用的命令,该命令的作用是给出基于 RADIUS 协议的鉴别服务器的 IP 地址 192.1.3.7。

radius－server key router1 是全局模式下使用的命令,该命令的作用是指定用于相互鉴别接入控制设备与鉴别服务器身份,并加密接入控制设备与鉴别服务器之间传输的身份标识信息的共享密钥 router1。

3. 配置设备名

以下命令用于将路由器的设备名定为 router1。

```
Router(config)#hostname router1
```

hostname router1 是全局模式下使用的命令,该命令的作用有两个:一是将命令提示符中的设备名称改为 router1,二是定义 router1 为该设备的设备标识符。

3.3.5 实验步骤

(1) 启动 Packet Tracer,在逻辑工作区根据如图 3.10 所示的接入网络结构放置和连接设备,完成设备放置和连接后的逻辑工作区界面如图 3.11 所示。

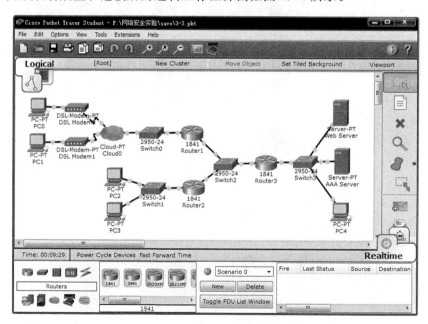

图 3.11　完成设备放置和连接后的逻辑工作区界面

(2) 图 3.11 中作为接入控制设备的路由器 Router1 和 Router2 的配置过程与第 3.1

节中的路由器 Router1 的配置过程相比,存在以下两点不同:一是图 3.11 中的 Router1 和 Router2 需要在 CLI(命令行接口)下配置 AAA Server 的 IP 地址,以及与 AAA Server 之间的共享密钥;二是图 3.11 中的 Router1 和 Router2 不需要定义注册用户,所有注册用户统一在 AAA Server 中定义。

(3) 完成 AAA Server"Services(服务)"→"AAA"操作过程,弹出如图 3.12 所示的 AAA Server 配置界面。首先,建立与各台作为接入控制设备的路由器之间的关联。建立关联过程中,ClientName(客户端名字)框中输入设备标识符,如作为接入控制设备的路由器 Router2 的设备标识符 router2。ClientIP(客户端 IP 地址)框中输入 Router1 和 Router2 向 AAA 服务器发送 RADIUS 报文时,用于输出 RADIUS 报文的接口的 IP 地址,即 Router1 和 Router2 连接互联网的接口的 IP 地址,如 Router2 连接互联网接口的 IP 地址 192.1.2.2。Secret(密钥)框中输入 Router1 和 Router2 与 AAA 服务器之间的共享密钥,如 Router2 与 AAA 服务器之间的共享密钥 router2。如图 3.12 所示的 AAA Server 配置界面中,分别建立了与 Router1 和 Router2 之间的关联。其次,定义所有的注册用户。定义注册用户过程中,Username(用户名)框中输入注册用户的用户名,如 aaa4。Password(口令)框中输入注册用户的口令,如 bbb4。如图 3.12 所示的 AAA Server 配置界面中分别定义了用户名为 aaa1~aaa4、口令为 bbb1~bbb4 的 4 个注册用户。

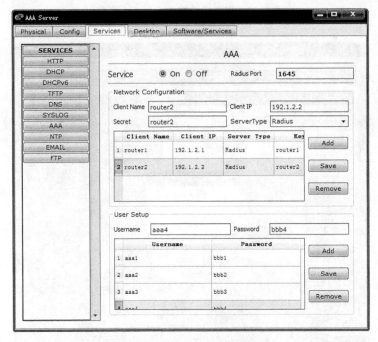

图 3.12 AAA Server 配置界面

(4) 统一鉴别方式下,任何注册用户可以通过任何一台接入终端完成接入 Internet 的过程,图 3.13 所示是注册用户<aaa1,bbb1>通过 PC0 完成接入 Internet 的过程,图 3.14 所示是注册用户<aaa2,bbb2>通过 PC2 完成接入 Internet 的过程。

(5) PC0 和 PC2 成功接入 Internet 后,路由器 Router1、Router2 和 Router3 的完整

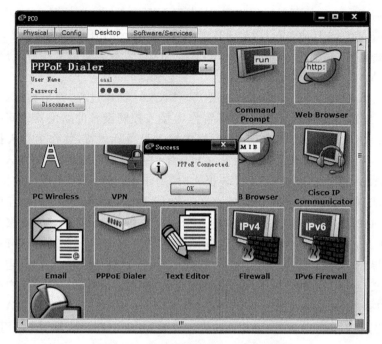

图 3.13　PC0 成功接入 Internet 界面

图 3.14　PC2 成功接入 Internet 界面

路由表分别如图 3.15、图 3.16 和图 3.17 所示。Router3 的路由表中存在两项用于分别指明通往网络 192.1.1.0/28 和网络 192.1.1.16/28 的传输路径的静态路由项。CIDR

地址块 192.1.1.0/28 是 Router1 中定义的 IP 地址池。CIDR 地址块 192.1.1.16/28 是 Router2 中定义的 IP 地址池。

Routing Table for Router1

Type	Network	Port	Next Hop IP	Metric
C	10.0.0.0/8	FastEthernet0/0	---	0/0
C	192.1.1.1/32	Virtual-Access1.1	10.1.1.1	0/0
C	192.1.2.0/24	FastEthernet0/1	---	0/0
R	192.1.3.0/24	FastEthernet0/1	192.1.2.254	120/1

图 3.15 Router1 路由表

Routing Table for Router2

Type	Network	Port	Next Hop IP	Metric
C	10.0.0.0/8	FastEthernet0/0	---	0/0
C	192.1.1.17/32	Virtual-Access1.1	10.1.1.1	0/0
C	192.1.2.0/24	FastEthernet0/1	---	0/0
R	192.1.3.0/24	FastEthernet0/1	192.1.2.254	120/1

图 3.16 Router2 路由表

Routing Table for Router3

Type	Network	Port	Next Hop IP	Metric
S	192.1.1.0/28	---	192.1.2.1	1/0
S	192.1.1.16/28	---	192.1.2.2	1/0
C	192.1.2.0/24	FastEthernet0/0	---	0/0
C	192.1.3.0/24	FastEthernet0/1	---	0/0

图 3.17 Router3 路由表

3.3.6 命令行接口配置过程

1. Router1 命令行接口配置过程

命令序列如下：

```
Router>enable
Router#configure terminal
Router(config)#interface FastEthernet0/0
Router(config-if)#no shutdown
Router(config-if)#ip address 10.1.1.1 255.0.0.0
Router(config-if)#exit
Router(config)#interface FastEthernet0/1
Router(config-if)#no shutdown
Router(config-if)#ip address 192.1.2.1 255.255.255.0
Router(config-if)#exit
Router(config)#router rip
Router(config-router)#network 192.1.2.0
Router(config-router)#exit
```

```
Router(config)#aaa new-model
Router(config)#aaa authentication ppp a1 group radius
Router(config)#radius-server host 192.1.3.7
Router(config)#radius-server key router1
Router(config)#hostname router1
router1(config)#vpdn enable
router1(config)#vpdn-group b1
router1(config-vpdn)#accept-dialin
router1(config-vpdn-acc-in)#protocol pppoe
router1(config-vpdn-acc-in)#virtual-template 1
router1(config-vpdn-acc-in)#exit
router1(config-vpdn)#exit
router1(config)#ip local pool c1 192.1.1.1 192.1.1.14
router1(config)#interface virtual-template 1
router1(config-if)#ip unnumbered FastEthernet0/0
router1(config-if)#peer default ip address pool c1
router1(config-if)#ppp authentication chap a1
router1(config-if)#exit
router1(config)#interface FastEthernet0/0
router1(config-if)#pppoe enable
router1(config-if)#exit
```

2. Router2 有关鉴别服务器和 IP 地址池的配置命令

命令序列如下：

```
Router(config)#radius-server key router2
Router(config)#hostname router2
router2(config)#ip local pool c1 192.1.1.17 192.1.1.30
```

3. Router3 命令行接口配置过程

命令序列如下：

```
Router>enable
Router#configure terminal
Router(config)#interface FastEthernet0/0
Router(config-if)#no shutdown
Router(config-if)#ip address 192.1.2.254 255.255.255.0
Router(config-if)#exit
Router(config)#interface FastEthernet0/1
Router(config-if)#no shutdown
Router(config-if)#ip address 192.1.3.254 255.255.255.0
Router(config-if)#exit
Router(config)#router rip
Router(config-router)#network 192.1.2.0
Router(config-router)#network 192.1.3.0
Router(config-router)#exit
```

```
Router(config)#ip route 192.1.1.0 255.255.255.240 192.1.2.1
Router(config)#ip route 192.1.1.16 255.255.255.240 192.1.2.2
Router(config)#exit
```

4. 命令列表

路由器命令行接口配置过程中使用的命令及功能和参数说明如表 3.2 所示。

表 3.2 命令列表

命 令 格 式	功能和参数说明
radius-server host *ip-address*	指定基于 RADIUS 协议的鉴别服务器的 IP 地址。参数 *ip-address* 用于给出鉴别服务器的 IP 地址
radius-server key *string*	指定用于相互鉴别路由器和鉴别服务器身份，及加密路由器和鉴别服务器之间传输的身份标识信息的共享密钥。参数 *string* 指定共享密钥。路由器和鉴别服务器必须配置相同的共享密钥，但不同的路由器与鉴别服务器可以配置不同的共享密钥
hostname *name*	指定设备名称。参数 *name* 是设备名称。执行该命令后，用参数 *name* 指定的设备名称作为命令提示符中的设备名称。当需要鉴别该设备身份时，参数 *name* 指定的设备名称作为该设备的设备标识符

注：粗体是命令关键字，斜体是命令参数。

第4章 以太网安全实验

以太网是目前最普及的局域网,因此,也存在大量针对以太网的攻击行为。通过以太网安全实验,可以掌握利用以太网安全技术防御黑客攻击的方法和过程。

4.1 访问控制列表实验

4.1.1 实验内容

如图 4.1 所示,交换机端口 1 的访问控制列表中静态配置终端 A 的 MAC 地址,交换机其他端口不启动安全功能,将终端 C 接入交换机端口 2。进行以下操作:先将终端 A 接入交换机端口 1,实现终端 A 与终端 C 之间的数据传输过程;再将终端 B 接入交换机端口 1,进行终端 B 与终端 C 之间的数据传输过程,发现交换机端口 1 自动关闭。重新开启交换机端口 1,再将终端 A 接入交换机端口 1,实现终端 A 与终端 C 之间的数据传输过程。

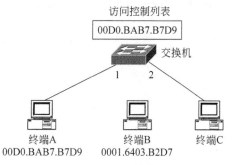

图 4.1 访问控制列表控制终端接入过程

4.1.2 实验目的

(1) 验证交换机端口静态配置访问控制列表的过程。
(2) 验证访问控制列表控制终端接入的过程。
(3) 验证关闭端口的重新开启过程。

4.1.3 实验原理

由于交换机端口 1 的访问控制列表中静态配置了终端 A 的 MAC 地址,因此当终端 A 接入交换机端口 1 且向交换机端口 1 发送 MAC 帧时,MAC 帧的源 MAC 地址与访问控制列表中的 MAC 地址相同,交换机继续转发该 MAC 帧。当终端 B 接入交换机端口 1 且向交换机端口 1 发送 MAC 帧时,由于 MAC 帧的源 MAC 地址与访问控制列表中的 MAC 地址不同,因此交换机丢弃该 MAC 帧,并关闭交换机端口 1。需要通过特殊的命令序列才能重新开启交换机端口 1。

4.1.4 关键命令说明

以下命令序列用于完成交换机端口 FastEthernet0/1 的安全功能配置过程。

```
Switch(config)#interface FastEthernet0/1
Switch(config-if)#switchport mode access
Switch(config-if)#switchport port-security
Switch(config-if)#switchport port-security maximum 1
Switch(config-if)#switchport port-security mac-address 00D0.BAB7.B7D9
Switch(config-if)#switchport port-security violation shutdown
Switch(config-if)#exit
```

switchport mode access 是接口配置模式下使用的命令，该命令的作用是将交换机端口 FastEthernet0/1 指定为接入端口。交换机端口模式可以是以下三种模式之一：access（接入端口）、trunk（共享端口）和 dynamic（动态端口）。只有接入端口和共享端口允许启动安全功能。

switchport port-security 是接口配置模式下使用的命令，该命令的作用是启动交换机端口 FastEthernet0/1 的安全功能。执行该命令前，交换机端口 FastEthernet0/1 处于接入端口模式或者共享端口模式。

switchport port-security maximum 1 是接口配置模式下使用的命令，该命令的作用是指定交换机端口 FastEthernet0/1 对应的访问控制列表中的最大 MAC 地址数，这里的最大 MAC 地址数是 1。

switchport port-security mac-address 00D0.BAB7.B7D9 是接口配置模式下使用的命令，该命令的作用是静态配置访问控制列表中的 MAC 地址。00D0.BAB7.B7D9 是十六进制表示的 48 位 MAC 地址。

switchport port-security violation shutdown 是接口配置模式下使用的命令，该命令的作用是指定交换机端口接收到源 MAC 地址不属于访问控制列表中的 MAC 地址的 MAC 帧时所采取的动作。shutdown 表示采取的动作是关闭端口。重新开启端口需要执行特殊的命令序列。

4.1.5 实验步骤

（1）完成 3 个终端 PC0、PC1 和 PC2 的网络信息配置过程。将 PC2 连接到交换机端口 FastEthernet0/2。在 CLI（命令行接口）配置方式下，完成交换机端口 FastEthernet0/1 安全功能配置过程，在访问控制列表中静态配置 PC0 的 MAC 地址。将 PC0 连接到交换机端口 FastEthernet0/1。完成设备放置和连接后的逻辑工作区界面如图 4.2 所示。

（2）启动 PC0 与 PC2 之间的 ICMP 报文交换过程。PC0 和 PC2 之间能够成功交换 ICMP 报文。

（3）删除 PC0 与交换机端口 FastEthernet0/1 之间的连接，将 PC1 连接到交换机端口 FastEthernet0/1。完成设备连接后的逻辑工作区界面如图 4.3 所示。

（4）启动 PC1 与 PC2 之间的 ICMP 报文交换过程，导致交换机端口 FastEthernet0/1 关闭。

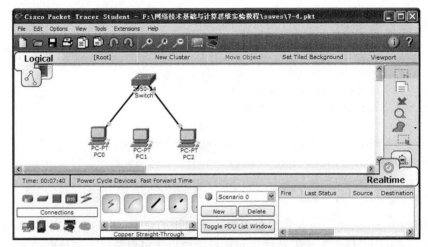

图 4.2　PC0 接入交换机端口 FastEthernet0/1 时的逻辑工作区界面

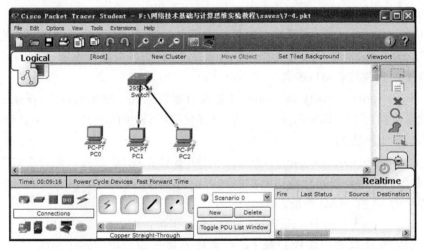

图 4.3　PC1 接入交换机端口 FastEthernet0/1 时的逻辑工作区界面

（5）通过在交换机端口 FastEthernet0/1 对应的接口配置模式下执行命令 shutdown 和 no shutdown 重新开启交换机端口 FastEthernet0/1，但只有当 PC0 接入该交换机端口时，才能正常传输 MAC 帧。

4.1.6　命令行接口配置过程

1. 交换机安全功能配置过程

命令序列如下：

```
Switch>enable
Switch#configure terminal
Switch(config)#interface FastEthernet0/1
Switch(config-if)#switchport mode access
Switch(config-if)#switchport port-security
```

```
Switch(config-if)#switchport port-security maximum 1
Switch(config-if)#switchport port-security mac-address 00D0.BAB7.B7D9
Switch(config-if)#switchport port-security violation shutdown
Switch(config-if)#exit
```

2. 重新开启交换机端口 FastEthernet0/1 的命令序列

命令序列如下：

```
Switch(config)#interface FastEthernet0/1
Switch(config-if)#shutdown
Switch(config-if)#no shutdown
Switch(config-if)#exit
```

3. 命令列表

交换机命令行接口配置过程中使用的命令及功能和参数说明如表 4.1 所示。

表 4.1 命令列表

命 令 格 式	功能和参数说明
switchport mode {**access**|**dynamic**|**trunk**}	将交换机端口模式指定为以下三种模式之一：**access**（接入端口）、**trunk**（共享端口）、根据链路另一端端口模式确定端口模式的 **dynamic**（动态端口）
switchport port-security	启动交换机端口安全功能
switchport port-security maximum *value*	设置访问控制列表中最大 MAC 地址数。参数 *value* 是最大 MAC 地址数
switchport port-security mac-address *mac-address*	静态配置访问控制列表中的 MAC 地址，MAC 地址数不能超过设置的最大 MAC 地址数。参数 *mac-address* 是十六进制表示的 48 位 MAC 地址
switchport port-security violation [**protect** | **restrict** | **shutdown**]	指定交换机接收到源 MAC 地址不属于访问控制列表中的 MAC 地址的 MAC 帧时的动作。**protect** 只是丢弃该 MAC 帧。**restrict** 是丢弃该 MAC 帧，计数丢弃的 MAC 帧数量，并在日志中记录该事件。**shutdown** 是丢弃该 MAC 帧，计数丢弃的 MAC 帧数量，在日志中记录该事件，并关闭该交换机端口

注：粗体是命令关键字，斜体是命令参数。

4.2 安全端口实验

4.2.1 实验内容

如图 4.4 所示，将交换机端口 1 设置为安全端口，自动将先学习到的两个 MAC 地址添加到访问控制列表中。交换机其他端口不启动安全功能。将终端 D 接入交换机端口 2。进行以下操作：先将终端 A 接入交换机端口 1，实现终端 A 与终端 D 之间的数据传输过程，此时终端 A 的 MAC 地址自动添加到访问控制列表中；然后将终端 B 接入交换机端口 1，实现终端 B 与终端 D 之间的数据传输过程，此时终端 B 的 MAC 地址自动添加到访问控制列表中（添加两个 MAC 地址后的访问控制列表如图 4.4 所示）；再将终端 C

接入交换机端口1,进行终端C与终端D之间的数据传输过程,由于该MAC帧的源MAC地址不在访问控制列表中,且访问控制列表中的MAC地址数已经达到最大MAC地址数2,交换机丢弃该MAC帧。如果再将终端A接入交换机端口1,依然可以实现终端A与终端D之间的数据传输过程。

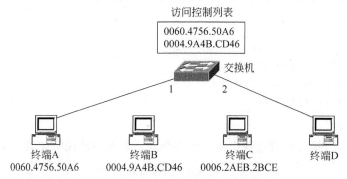

图 4.4　安全端口方式下终端接入控制过程

4.2.2　实验目的

(1) 验证交换机端口安全功能配置过程。
(2) 验证访问控制列表自动添加MAC地址的过程。
(3) 验证对违规接入终端采取的各种动作的含义。
(4) 验证安全端口方式下的终端接入控制过程。

4.2.3　实验原理

由于交换机端口1设置为安全端口,且将访问控制列表中的最大MAC地址数设置为2,因此,当分别将终端A和终端B接入交换机端口1,且向交换机端口1发送MAC帧后,访问控制列表中已经添加终端A和终端B的MAC地址。当终端C接入交换机端口1且向交换机端口1发送MAC帧时,由于MAC帧的源MAC地址不属于访问控制列表中的MAC地址,且访问控制列表中的MAC地址数已经达到最大地址数2,因此,交换机丢弃该MAC帧。

4.2.4　关键命令说明

1. 配置端口 FastEthernet0/1 安全功能的过程

以下命令用于配置交换机端口FastEthernet0/1的安全功能。

```
Switch(config)#interface FastEthernet0/1
Switch(config-if)#switchport mode access
Switch(config-if)#switchport port-security
Switch(config-if)#switchport port-security maximum 2
Switch(config-if)#switchport port-security mac-address sticky
Switch(config-if)#switchport port-security violation protect
```

```
Switch(config-if)#exit
```

switchport port-security maximum 2 是接口配置模式下使用的命令,该命令的作用是将访问控制列表的最大 MAC 地址数设置为 2。

switchport port-security mac-address sticky 是接口配置模式下使用的命令,该命令的作用是指定 sticky 作为访问控制列表中 MAC 地址的添加方式,这种添加方式自动将通过端口 FastEthernet0/1 接收到的 MAC 帧的源 MAC 地址添加到访问控制列表中,但添加的 MAC 地址数受设定的最大 MAC 地址数限制,因此,当设定的最大 MAC 地址数为 2 时,自动将最先接收到的 MAC 帧中的两个不同的源 MAC 地址添加到访问控制列表中。

switchport port-security violation protect 是接口配置模式下使用的命令,该命令的作用是指定当交换机端口接收到源 MAC 地址不属于访问控制列表中的 MAC 地址的 MAC 帧,且访问控制列表中的 MAC 地址数已经达到最大 MAC 地址数时所采取的动作。protect 表示采取的动作只是丢弃该 MAC 帧。

2. 显示访问控制列表中 MAC 地址的过程

命令序列如下:

```
Switch>enable
Switch#show port-security address
```

show port-security address 是特权模式下使用的命令,该命令的作用是显示访问控制列表中的 MAC 地址。

4.2.5 实验步骤

(1) 完成 4 个终端 PC0、PC1、PC2 和 PC3 的网络信息配置过程。将 PC3 连接到交换机端口 FastEthernet0/2。在 CLI(命令行接口)配置方式下,完成交换机端口 FastEthernet0/1 安全功能配置过程。将 PC0 连接到交换机端口 FastEthernet0/1。完成设备放置和连接后的逻辑工作区界面如图 4.5 所示。

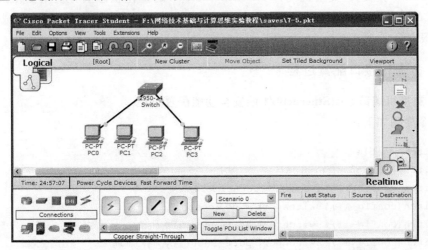

图 4.5　PC0 连接到交换机端口 FastEthernet0/1 后的逻辑工作区界面

（2）启动 PC0 与 PC3 之间的 ICMP 报文交换过程。PC0 和 PC3 之间能够成功交换 ICMP 报文。

（3）删除 PC0 与交换机端口 FastEthernet0/1 之间的连接，将 PC1 连接到交换机端口 FastEthernet0/1，启动 PC1 与 PC3 之间的 ICMP 报文交换过程。PC1 和 PC3 之间能够成功交换 ICMP 报文。

（4）查看访问控制列表中的 MAC 地址，如图 4.6 所示，访问控制列表中已经存在 PC0 和 PC1 的 MAC 地址。

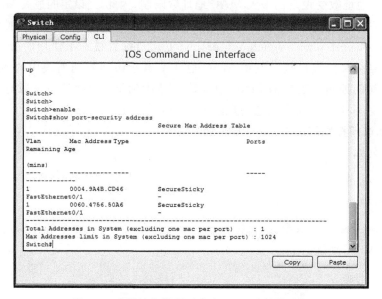

图 4.6 查看访问控制列表中 MAC 地址的过程

（5）删除 PC1 与交换机端口 FastEthernet0/1 之间的连接，将 PC2 连接到交换机端口 FastEthernet0/1，启动 PC2 与 PC3 之间的 ICMP 报文交换过程。PC2 和 PC3 之间无法交换 ICMP 报文，但交换机端口 FastEthernet0/1 的工作状态没有发生变化。如果再次将 PC0 或 PC1 连接到交换机端口 FastEthernet0/1，则依然能够与 PC3 成功交换 ICMP 报文。

4.2.6 命令行接口配置过程

1. 交换机端口 FastEthernet0/1 的安全功能配置过程

命令序列如下：

```
Switch>enable
Switch#configure terminal
Switch(config)#interface FastEthernet0/1
Switch(config-if)#switchport mode access
Switch(config-if)#switchport port-security
Switch(config-if)#switchport port-security maximum 2
Switch(config-if)#switchport port-security mac-address sticky
```

```
Switch(config-if)#switchport port-security violation protect
Switch(config-if)#exit
```

2. 显示交换机访问控制列表中 MAC 地址的过程

命令序列如下:

```
Switch>enable
Switch#show port-security address
```

3. 命令列表

交换机命令行接口配置过程中使用的命令及功能和参数说明如表 4.2 所示。

表 4.2 命令列表

命 令 格 式	功能和参数说明
switchport port-security mac-address sticky	将最先通过交换机端口学习到的 n 个 MAC 地址作为访问控制列表中的 MAC 地址。n 是访问控制列表的最大 MAC 地址数,由其他命令指定
show port-security address	显示访问控制列表中的 MAC 地址

注:粗体是命令关键字。

4.3 防 DHCP 欺骗攻击实验

4.3.1 实验内容

图 4.7 所示是黑客实施钓鱼网站的常见手段。黑客通过在网络中接入伪造的 DHCP 服务器、伪造的 DNS 服务器和伪造的 Web 服务器,使用户用正确的完全合格的域名 www.bank.com 访问黑客伪造的 Web 服务器。

如图 4.7 所示的钓鱼网站实施过程中,使用户用正确的完全合格的域名 www.bank.com 访问黑客伪造的 Web 服务器的关键是,终端从伪造的 DHCP 服务器中获取网络信息。通过接入伪造的 DHCP 服务器使终端从伪造的 DHCP 服务器中获取网络信息的过程称为 DHCP 欺骗攻击。因此,成功实施 DHCP 欺骗攻击是成功实施如图 4.7 所示的钓鱼网站的基础。

在交换机中启动防 DHCP 欺骗攻击功能,在接入伪造的 DHCP 服务器的情况下,保证终端只从 DHCP 服务器获取网络信息。

4.3.2 实验目的

(1) 验证 DHCP 服务器配置过程。
(2) 验证 DNS 服务器配置过程。
(3) 验证终端用完全合格的域名访问 Web 服务器的过程。
(4) 验证 DHCP 欺骗攻击过程。
(5) 验证钓鱼网站实施过程。
(6) 验证交换机防 DHCP 欺骗攻击功能的配置过程。

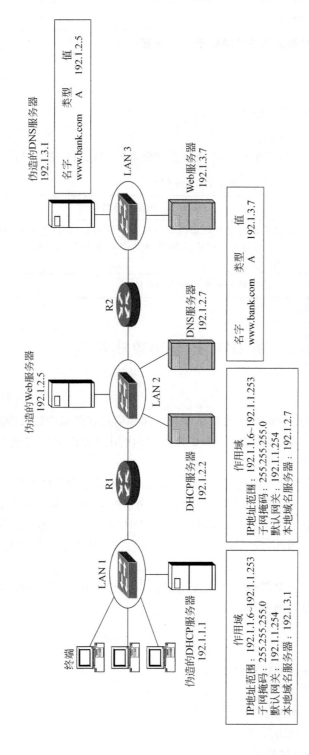

图 4.7 用于实施 DHCP 欺骗攻击的网络结构

4.3.3 实验原理

终端通过 DHCP 自动获取的网络信息中包含本地域名服务器地址，对于如图 4.7 所示的网络应用系统，DHCP 服务器中给出的本地域名服务器地址是 192.1.2.7，地址为 192.1.2.7 的域名服务器中与完全合格的域名 www.bank.com 绑定的 Web 服务器地址是 192.1.3.7。因此，终端可以用完全合格的域名 www.bank.com 访问 Web 服务器。

一旦终端连接的网络中接入伪造的 DHCP 服务器，终端很可能从伪造的 DHCP 服务器获取网络信息，得到伪造的域名服务器的 IP 地址 192.1.3.1，伪造的域名服务器中将完全合格的域名 www.bank.com 与伪造的 Web 服务器的 IP 地址 192.1.2.5 绑定在一起，导致终端用完全合格的域名 www.bank.com 访问伪造的 Web 服务器。

如果交换机启动防 DHCP 欺骗攻击的功能，只有连接在信任端口的 DHCP 服务器才能为终端提供自动配置网络信息的服务。因此，对于如图 4.7 所示的实施 DHCP 欺骗攻击的网络应用系统，连接终端的以太网中，如果只将连接路由器 R1 的交换机端口设置为信任端口，将其他交换机端口设置为非信任端口，则终端只能接收由路由器 R1 转发的 DHCP 消息，使终端只能获取 DHCP 服务器提供的网络信息。

4.3.4 关键命令说明

1. 启动防 DHCP 欺骗攻击的功能

以下命令序列用于启动交换机防 DHCP 欺骗攻击的功能。

```
Switch(config)#ip dhcp snooping
Switch(config)#ip dhcp snooping vlan 1
Switch(config)#interface FastEthernet0/4
Switch(config-if)#ip dhcp snooping trust
Switch(config-if)#exit
```

ip dhcp snooping 是全局模式下使用的命令，该命令的作用是启动 DHCP 侦听功能。DHCP 侦听功能包含两方面内容：一是通过分析经过交换机传输的 DHCP 消息，建立 DHCP 侦听信息库，侦听信息库中建立终端 MAC 地址、IP 地址与终端连接的交换机端口之间的绑定关系；二是确定只能从信任端口接收 DHCP 提供或确认消息。

ip dhcp snooping vlan 1 是全局模式下使用的命令，该命令的作用是在虚拟局域网（Virtual LAN，VLAN）1 内启动 DHCP 侦听功能。一旦在 VLAN 1 内启动 DHCP 侦听功能，默认状态下，所有属于 VLAN 1 的交换机端口都成为非信任端口，必须通过配置才能把属于 VLAN 1 的某个交换机端口设置成信任端口。值得强调的是，每一个 VLAN 必须单独启动 DHCP 侦听功能。

ip dhcp snooping trust 是接口配置模式下使用的命令，该命令的作用是将指定交换机端口（这里是 FastEthernet0/4）设置成信任端口，即允许该交换机端口接收 DHCP 提供或确认消息。

需要说明的是,交换机端口 FastEthernet0/4 是图 4.8 中交换机 Switch0 连接路由器 Router1 的端口。

2. 显示 DHCP 侦听信息库

以下命令用于显示交换机 DHCP 侦听信息库中的内容。

```
Switch# show ip dhcp snooping binding
```

show ip dhcp snooping binding 是特权模式下使用的命令,该命令的作用是显示 DHCP 侦听信息库中的内容,即 MAC 地址、IP 地址和交换机端口之间的绑定关系。

4.3.5 实验步骤

(1) 该实验在第 2.5 节中的钓鱼网站实验基础上进行。根据如图 4.7 所示的钓鱼网站实施过程完成设备放置和连接,完成设备放置和连接后的逻辑工作区界面如图 4.8 所示。

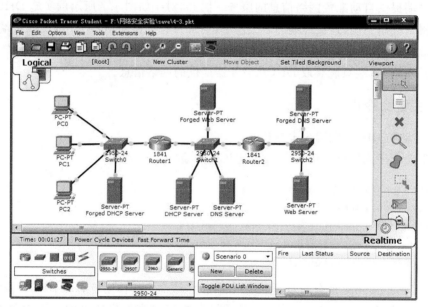

图 4.8 完成设备放置和连接后的逻辑工作区界面

(2) 在启动交换机 Switch0 防 DHCP 欺骗攻击的功能前,PC0 很可能从伪造的 DHCP 服务器获取网络信息,如图 4.9 所示,得到的 DNS 服务器地址是伪造的 DNS 服务器的 IP 地址 192.1.3.1,从而使 PC0 用完全合格的域名 www.bank.com 访问伪造的 Web 服务器,如图 4.10 所示。

(3) 在 Switch0 CLI(命令行接口)下输入用于启动交换机防 DHCP 欺骗攻击的功能的命令序列。让 PC0、PC1、PC2 再次通过 DHCP 自动获取网络信息,发现 PC0、PC1、PC2 只从 DHCP 服务器获取网络信息。如图 4.11 所示,PC0 得到的 DNS 服务器地址是正确的 DNS 服务器的 IP 地址 192.1.2.7,从而使 PC0 用完全合格的域名 www.bank.com 访问问正确的 Web 服务器,如图 4.12 所示。

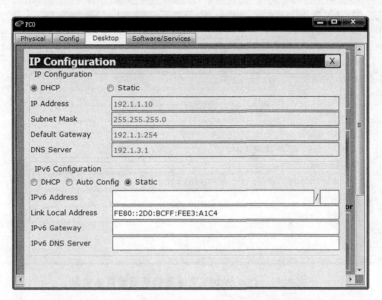

图 4.9　PC0 从伪造的 DHCP 服务器获取的网络信息

图 4.10　PC0 用完全合格的域名访问伪造的 Web 服务器

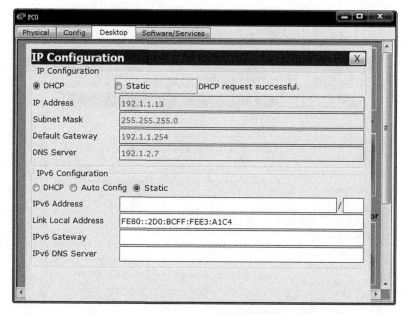

图 4.11　PC0 从 DHCP 服务器获取的网络信息

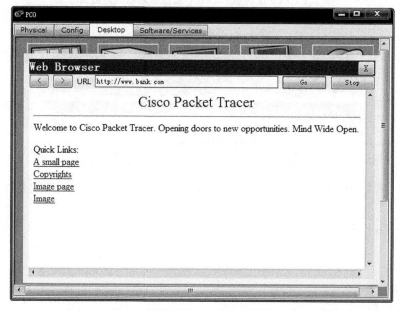

图 4.12　PC0 用完全合格的域名访问正确的 Web 服务器

（4）显示 Switch0 的 DHCP 侦听信息库，得到以下三者之间的绑定关系：一是 Switch0 连接 PC0、PC1、PC2 的交换机端口；二是 PC0、PC1、PC2 的 MAC 地址；三是 DHCP 服务器分配给 PC0、PC1、PC2 的 IP 地址。如图 4.13 所示，FastEthernet0/1 是 Switch0 连接 PC0 的端口，00:D0:BC:E3:A1:C4 是 PC0 的 MAC 地址，192.1.1.13 是 DHCP 服务器分配给 PC0 的 IP 地址。

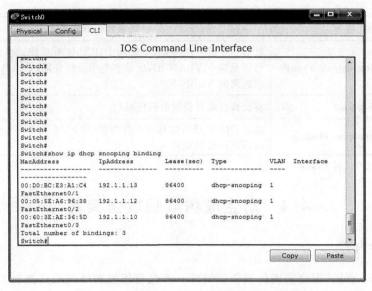

图 4.13 Switch0 DHCP 侦听信息库中的内容

4.3.6 命令行接口配置过程

1. Switch0 与实现防 DHCP 欺骗攻击功能相关的命令

命令序列如下：

```
Switch>enable
Switch#configure terminal
Switch(config)#ip dhcp snooping
Switch(config)#ip dhcp snooping vlan 1
Switch(config)#interface FastEthernet0/4
Switch(config-if)#ip dhcp snooping trust
Switch(config-if)#exit
```

2. Switch0 查看 DHCP 侦听信息库的命令

命令序列如下：

```
Switch>enable
Switch#show ip dhcp snooping binding
```

3. 命令列表

交换机命令行接口配置过程中使用的命令及功能和参数说明如表 4.3 所示。

表 4.3 命令列表

命 令 格 式	功能和参数说明
ip dhcp snooping	启动 DHCP 侦听功能

续表

命令格式	功能和参数说明
ip dhcp snooping vlan *vlan-range*	针对一个或一组 VLAN 启动 DHCP 侦听功能。参数 *vlan-range* 可以是单个 VLAN ID,或是多个用逗号分隔的 VLAN ID,或是一组连续的 VLAN ID
ip dhcp snooping trust	将交换机端口设置为信任端口
show ip dhcp snooping binding	显示 DHCP 侦听信息库中的内容,即 MAC 地址、IP 地址和交换机端口之间的绑定关系

注:粗体是命令关键字,斜体是命令参数。

4.4 防生成树欺骗攻击实验

4.4.1 实验内容

如图 4.14 所示,用交换机仿真黑客终端。首先将仿黑客终端的交换机的优先级设置为最高,使该交换机成为根交换机,导致终端 A 与终端 B 和终端 C 之间传输的数据经过该交换机;然后将交换机 S1 和 S3 连接仿黑客终端的交换机的端口设置为桥协议数据单元(Bridge Protocol Data Unit,BPDU)防护端口。如果某个交换机端口设置为 BPDU 防护端口,该端口一旦接收到 BPDU,将立即关闭该端口。因此,仿黑客终端的交换机不再成为生成树的一部分,终端之间传输的数据不再经过该交换机。

4.4.2 实验目的

(1) 验证交换机优先级对构建的生成树的影响。
(2) 验证生成树欺骗攻击过程。
(3) 验证防生成树欺骗攻击原理。
(4) 验证防生成树欺骗攻击实现过程。

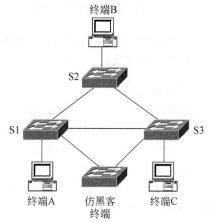

图 4.14 以太网结构

4.4.3 实验原理

将仿黑客终端的交换机的优先级设置为最高后,根据如图 4.14 所示的以太网结构构建的生成树如图 4.15(a)所示,仿黑客终端的交换机成为根交换机,终端 A 与终端 B 和终端 C 之间传输的数据经过仿黑客终端的交换机。

将交换机 S1 和 S3 连接仿黑客终端的交换机的端口设置为 BPDU 防护端口后,仿黑客终端的交换机一旦发送 BPDU,交换机 S1 和 S3 将关闭连接仿黑客终端的交换机的端口,导致仿黑客终端的交换机不再与网络相连,仿黑客终端的交换机不再成为如图 4.15(b)所示的重新构建的生成树的一部分,终端之间传输的数据不再经过仿黑客终端的交换机。

第4章 以太网安全实验

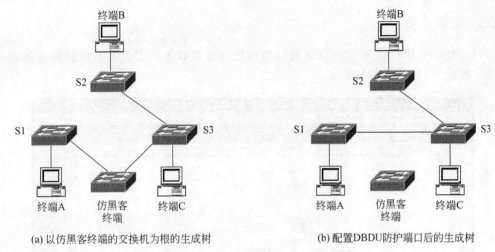

(a) 以仿黑客终端的交换机为根的生成树　　(b) 配置DBDU防护端口后的生成树

图 4.15　生成树欺骗攻击和防御过程

4.4.4　关键命令说明

1. 设置根交换机优先级

以下命令序列用于指定交换机生成树工作模式和交换机优先级。

```
Switch(config)#spanning-tree mode pvst
Switch(config)#spanning-tree vlan 1 root primary
```

spanning-tree mode pvst 是全局模式下使用的命令，该命令的作用是将交换机生成树协议的工作模式指定为基于 VLAN 的生成树(Per-Vlan Spanning Tree, PVST)模式。PVST(基于 VLAN 的生成树)模式是 Cisco 最基本的生成树工作模式，它为每一个 VLAN 构建独立的生成树。

spanning-tree vlan 1 root primary 是全局模式下使用的命令，该命令的作用是将交换机设置成基于 VLAN 1 的生成树的根网桥。该命令的实际作用是将交换机在构建基于 VLAN 1 的生成树中所具有的优先级指定为一个小于默认值的特定值。

2. 设置 BPDU 防护端口

以下命令序列用于将交换机端口 FastEthernet0/4 设置为 BPDU 防护端口。

```
Switch(config)#interface FastEthernet0/4
Switch(config-if)#spanning-tree bpduguard enable
Switch(config-if)#exit
```

spanning-tree bpduguard enable 是接口配置模式下使用的命令，该命令的作用是将交换机端口(这里是 FastEthernet0/4)设置为 BPDU 防护端口。某个端口设置为 BPDU 防护端口后，一旦通过该端口接收到 BPDU，交换机将立即关闭该端口。可以通过输入一组特殊的命令序列重新开启该端口。

4.4.5 实验步骤

（1）根据如图 4.14 所示的以太网结构放置和连接设备。完成设备放置和连接后的逻辑工作区界面如图 4.16 所示。

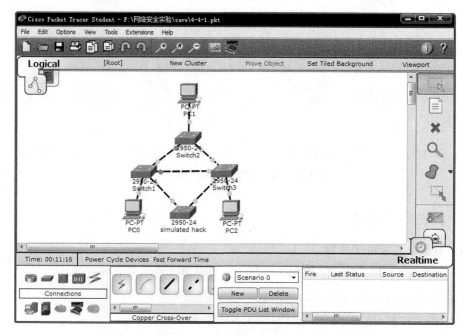

图 4.16　完成设备放置和连接后的逻辑工作区界面

（2）完成终端网络信息配置过程。通过在 CLI(命令行接口)下输入用于指定交换机生成树工作模式和交换机优先级的命令序列，将仿黑客终端的交换机(simulated hack)配置成根交换机。

（3）完成生成树构建过程后，切换到模拟操作模式，启动 PC0 至 PC1 ICMP 报文传输过程，发现 PC0 至 PC1 的 ICMP 报文经过仿黑客终端的交换机，如图 4.17 所示。

（4）通过在 CLI(命令行接口)下输入用于将交换机端口设置为 BPDU 防护端口的命令序列，将交换机 Switch1 和 Switch3 连接仿黑客终端的交换机的端口（这里是 FastEthernet0/4）设置为 BPDU 防护端口。仿黑客终端的交换机一旦向交换机 Switch1 和 Switch3 发送 BPDU，交换机 Switch1 和 Switch3 立即关闭连接仿黑客终端的交换机的端口（这里是 FastEthernet0/4），使仿黑客终端的交换机与以太网分离。

（5）仿黑客终端的交换机不再成为重新构建的生成树的组成部分。切换到模拟操作模式，启动 PC0 至 PC1 ICMP 报文传输过程，发现 PC0 至 PC1 的 ICMP 报文不再经过仿黑客终端的交换机，如图 4.18 所示。

4.4.6 命令行接口配置过程

1. 仿黑客终端交换机命令行接口配置过程

命令序列如下：

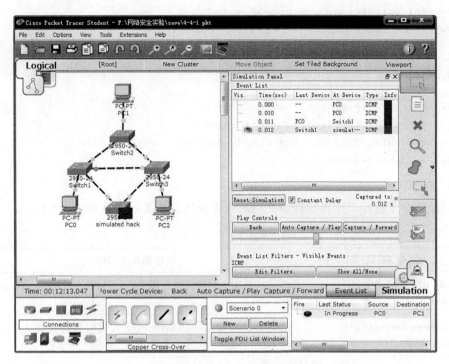

图 4.17 仿黑客终端的交换机为根交换机的生成树

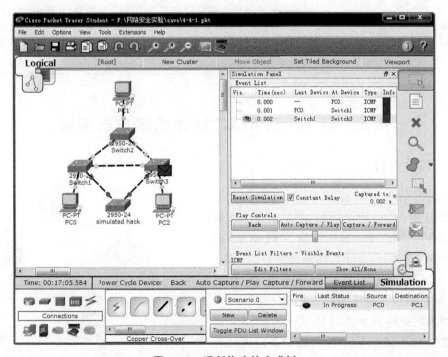

图 4.18 重新构建的生成树

```
Switch(config)#spanning-tree mode pvst
Switch(config)#spanning-tree vlan 1 root primary
```

2. Switch1 命令行接口配置过程

命令序列如下：

```
Switch(config)#spanning-tree mode pvst
Switch(config)#interface FastEthernet0/4
Switch(config-if)#spanning-tree bpduguard enable
Switch(config-if)#exit
```

3. 命令列表

交换机命令行接口配置过程中使用的命令及功能和参数说明如表 4.4 所示。

表 4.4　命令列表

命令格式	功能和参数说明
spanning-tree mode { **pvst** | **rapid-pvst** }	设置交换机生成树协议工作模式，可以选择的工作模式有 pvst 和 rapid-pvst
spanning-tree vlan *vlan-id* **priority** *priority*	设置交换机构建基于 VLAN 的生成树时具有的优先级。参数 *vlan-id* 用于指定 VLAN，参数 *priority* 用于指定优先级
spanning-tree vlan *vlan-id* **root primary**	将交换机设置成基于 VLAN 的生成树的主根交换机。参数 *vlan-id* 用于指定 VLAN
spanning-tree bpduguard { **disable**| **enable** }	enable 选项用于将端口设置为 BPDU 防护端口，disable 选项用于将端口从 BPDU 防护端口还原为普通端口。某个端口设置为 BPDU 防护端口后，一旦通过该端口接收到 BPDU，交换机将立即关闭该端口

注：粗体是命令关键字，斜体是命令参数。

4.5　VLAN 防 MAC 地址欺骗攻击实验

4.5.1　实验内容

以太网结构如图 4.19 所示，如果终端 C 将自己的 MAC 地址改为终端 A 的 MAC 地址，并向以太网广播一帧以终端 A 的 MAC 地址为源 MAC 地址、全 1 广播地址为目的 MAC 地址的 MAC 帧，终端 B 发送给终端 A 的 MAC 帧将被以太网错误地转发给终端 C。

如果将终端 A 和终端 B 划分到 VLAN 2，且使终端 C 不属于 VLAN 2，终端 C 将无法通过 MAC 地址欺骗攻击获取其他终端发送给终端 A 的 MAC 帧。

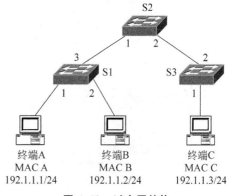

图 4.19　以太网结构

4.5.2 实验目的

(1) 验证通过 VLAN 划分分割广播域的过程。
(2) 了解每一个 VLAN 有着独立的转发表的含义。
(3) 验证 MAC 地址欺骗攻击的范围。
(4) 验证通过 VLAN 划分防御 MAC 地址欺骗攻击的过程。

4.5.3 实验原理

在没有划分 VLAN 前,交换机端口属于默认 VLAN,即 VLAN 1。一旦将终端 A 和终端 B 划分到 VLAN 2,将终端 C 划分到 VLAN 1,由于交换机中每一个 VLAN 有着独立的转发表,因此,在交换机 S1 VLAN 2 对应的转发表中生成终端 A 的 MAC 地址对应的转发项后,即使终端 C 将自己的 MAC 地址改为终端 A 的 MAC 地址,且广播一帧以终端 A 的 MAC 地址为源 MAC 地址、全 1 广播地址为目的 MAC 地址的 MAC 帧,该 MAC 帧只能影响交换机 S1 VLAN 1 对应的转发表,无法影响交换机 S1 VLAN 2 对应的转发表,如图 4.20 所示,从而使交换机 S1 不会将终端 B 发送给终端 A 的 MAC 帧错误地从端口 3 转发出去。

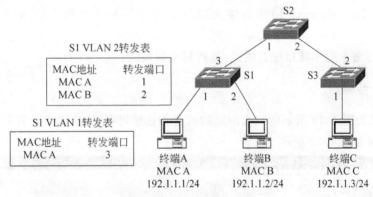

图 4.20 VLAN 划分过程

4.5.4 关键命令说明

1. 创建 VLAN

以下命令序列用于创建编号为 2 的 VLAN。

```
Switch(config)#vlan 2
Switch(config-vlan)#name vlan2
Switch(config-vlan)#exit
```

vlan 2 是全局模式下使用的命令,该命令的作用有两个:一是创建一个编号为 2 (VLAN ID=2)的 VLAN;二是进入该 VLAN 的配置模式。

name vlan2 是 VLAN 配置模式下使用的命令,(config-vlan)#是 VLAN 配置模式下的命令提示符。该命令的作用是为特定 VLAN(这里是编号为 2 的 VLAN)定义一个名字 vlan2。通常情况下，为每一个 VLAN 起一个用于标识该 VLAN 的地理范围或作用的名字，如 Computer-ROOM。

通过 exit 命令退出 VLAN 配置模式，返回到全局模式。

2. 分配接入端口

以下命令序列用于将交换机端口 FastEthernet0/1 作为接入端口分配给 VLAN 2。

```
Switch(config)#interface FastEthernet0/1
Switch(config-if)#switchport mode access
Switch(config-if)#switchport access vlan 2
Switch(config-if)#exit
```

interface FastEthernet0/1 是全局模式下使用的命令，该命令的作用是进入交换机端口 FastEthernet0/1 的接口配置模式，交换机的 24 个端口的编号分别为 FastEthernet0/1～FastEthernet0/24。

switchport mode access 是接口配置模式下使用的命令，该命令的作用是将特定交换机端口（这里是 FastEthernet0/1）指定为接入端口，接入端口是非标记端口，从该端口输入/输出的 MAC 帧不携带 VLAN ID。

switchport access vlan 2 是接口配置模式下使用的命令，该命令的作用是将指定交换机端口（这里是 FastEthernet0/1）作为接入端口分配给编号为 2 的 VLAN（VLAN ID＝2 的 VLAN）。

通过 exit 命令退出接口配置模式，返回到全局模式。

4.5.5 实验步骤

（1）根据如图 4.19 所示的以太网结构放置和连接设备，完成设备放置和连接后的逻辑工作区界面如图 4.21 所示。

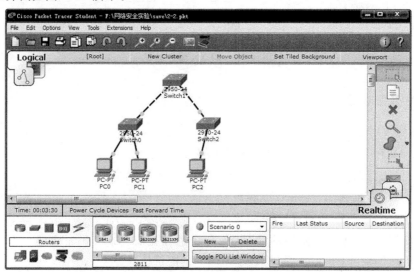

图 4.21　完成设备放置和连接后的逻辑工作区界面

(2) PC0 的以太网接口配置如图 4.22 所示,其 MAC 地址为 0006.2A2B.865A。

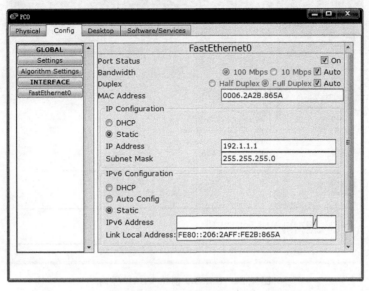

图 4.22　PC0 以太网接口信息

(3) 完成 PC0、PC1 和 PC2 之间 ICMP 报文传输过程。将 PC2 的 MAC 地址改为 PC0 的 MAC 地址 0006.2A2B.865A,完成 PC2 和 PC1 之间 ICMP 报文传输过程。查看 Switch0 的 MAC 表,如图 4.23 所示,0006. 2A2B.865A 对应的转发端口不是 Switch0 连接 PC0 的端口 FastEthernet0/1,而是 Switch0 连接 Switch1 的端口 FastEthernet0/ 3,这意味着交换机转发表将通往 PC2 的交换路径作为通往 MAC 地址为 0006.2A2B. 865A 的终端的交换路径。

图 4.23　划分 VLAN 前的 Switch0 转发表

(4) 完成交换机 Switch0 "Config(配置)"→"VLAN Database(VLAN 数据库)"操作过程,弹出如图 4.24 所示的创建 VLAN 界面。VLAN Number(VLAN 编号)框中输入新创建的 VLAN 的编号 2(VLAN ID=2),VLAN Name(VLAN 名字)框中输入新创建的 VLAN 的名字 vlan2。VLAN 编号具有全局意义,VLAN 名字只有本地意义。单击 Add(添加)按钮,完成编号为 2 的 VLAN 的创建过程。

需要指出的是,可以通过在 CLI(命令行接口)下输入第 4.5.4 节中给出的用于创建编号为 2 的 VLAN 的命令序列完成编号为 2 的 VLAN 的创建过程。

(5) 完成交换机 Switch0 "Config(配置)"→"FastEthernet0/1"操作过程,弹出如图 4.25 所示的端口 FastEthernet0/1 配置界面。端口模式单选 Access(接入端口),VLAN 单选编号为 2 的 VLAN,完成将交换机端口 FastEthernet0/1 作为接入端口分配给 VLAN 2 的过程。以同样的方式完成将交换机端口 FastEthernet0/2 作为接入端口分配给 VLAN 2 的过程。

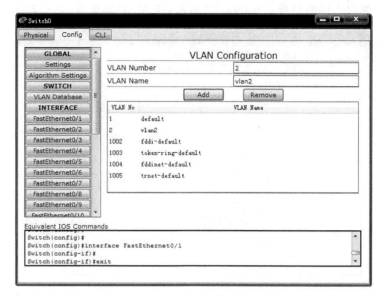

图 4.24　Switch0 创建 VLAN 界面

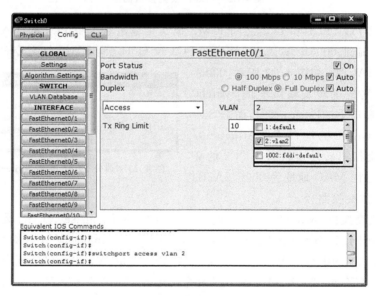

图 4.25　Switch0 配置端口 FastEthernet0/1 界面

同样,可以通过在 CLI(命令行接口)下输入第 4.5.4 节中给出的用于将交换机端口 FastEthernet0/1 作为接入端口分配给 VLAN 2 的命令序列完成将交换机端口 FastEthernet0/2 作为接入端口分配给 VLAN 2 的过程。

(6) 完成 PC0 和 PC1 之间 ICMP 报文传输过程。将 PC2 的 MAC 地址改为 PC0 的 MAC 地址 0006.2A2B.865A,进行 PC2 和 PC1 之间的 ICMP 报文传输过程,结果失败。查看 Switch0 的 MAC 表,如图 4.26 所示,VLAN 2 对应的 MAC 表中,0006.2A2B.865A 对应的转发端口是 Switch0 连接 PC0 的端口 FastEthernet0/1。VLAN 1 对应的 MAC

表中,0006.2A2B.865A 对应的转发端口是 Switch0 连接 Switch1 的端口 FastEthernet0/3。表明 VLAN 2 内终端发送给 PC0 的 MAC 帧只能到达 PC0。

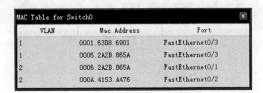

图 4.26　划分 VLAN 后的 Switch0 转发表

4.5.6　命令行接口配置过程

1. Switch0 命令行接口配置过程

命令序列如下：

```
Switch>enable
Switch#configure terminal
Switch(config)#vlan 2
Switch(config-vlan)#name vlan2
Switch(config-vlan)#exit
Switch(config)#interface FastEthernet0/1
Switch(config-if)#switchport mode access
Switch(config-if)#switchport access vlan 2
Switch(config-if)#exit
Switch(config)#interface FastEthernet0/2
Switch(config-if)#switchport mode access
Switch(config-if)#switchport access vlan 2
Switch(config-if)#exit
```

2. 命令列表

交换机命令行接口配置过程中使用的命令及功能和参数说明如表 4.5 所示。

表 4.5　命令列表

命令格式	功能和参数说明
vlan *vlan-id*	创建编号由参数 *vlan-id* 指定的 VLAN
name *name*	为 VLAN 指定便于用户理解和记忆的名字。参数 *name* 是用户为 VLAN 分配的名字
interface *port*	进入由参数 *port* 指定的交换机端口对应的接口配置模式
switchport mode｛**access** ｜ **dynamic** ｜ **trunk**｝	将交换机端口模式指定为以下三种模式之一：**access**（接入端口）、**trunk**（标记端口）、根据链路另一端端口模式确定端口模式的 **dynamic**（动态端口）
switchport access vlan *vlan-id*	将端口作为接入端口分配给由参数 *vlan-id* 指定的 VLAN

注：粗体是命令关键字，斜体是命令参数。

第 5 章

无线局域网安全实验

随着移动终端的普及,无线局域网日益成为使用最广泛的局域网。无线局域网的无线传输特性,要求 AP 和无线路由器必须对需要与其建立关联的终端进行身份鉴别,同时需要加密终端与 AP 和无线路由器之间传输的数据。因此,正确配置无线局域网的安全机制是安全使用无线局域网的前提。

5.1 WEP 和 WPA2-PSK 实验

5.1.1 实验内容

无线局域网结构如图 5.1 所示,BSS1 采用 WEP 安全机制,BSS2 采用 WPA2-PSK 安全机制。完成 AP1、终端 A 和终端 B 与实现 WEP 安全机制相关参数的配置过程。完成 AP2、终端 E 和终端 F 与实现 WPA2-PSK 安全机制相关参数的配置过程。实现各个终端之间的通信过程。

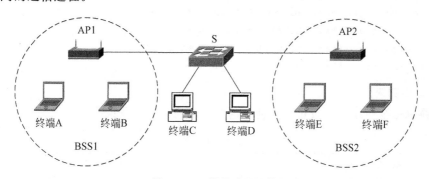

图 5.1 无线局域网结构

5.1.2 实验目的

(1) 验证 AP 和终端与实现 WEP 安全机制相关的参数的配置过程。
(2) 验证 AP 和终端与实现 WPA2-PSK 安全机制相关的参数的配置过程。
(3) 验证终端与 AP 之间建立关联的过程。
(4) 验证属于不同 BSS 的终端之间的数据传输过程。

5.1.3 实验原理

AP1 选择 WEP 安全机制,配置共享密钥。终端 A 和终端 B 同样选择 WEP 安全机制,配置与 AP1 相同的共享密钥。AP2 选择 WPA2-PSK 安全机制,配置用于导出 PSK 的密钥。终端 E 和终端 F 同样选择 WPA2-PSK 安全机制,配置与 AP2 相同的用于导出 PSK 的密钥。

Packet Tracer 6.2 中终端支持 Windows 的自动私有 IP 地址分配(Automatic Private IP Addressing,APIPA)机制,如果终端启动自动获得 IP 地址方式,但在发送 DHCP 请求消息后一直没有接收到 DHCP 服务器发送的响应消息,则 Windows 自动在微软保留的私有网络地址 169.254.0.0/255.255.0.0 中为终端随机选择一个有效 IP 地址。因此,如果扩展服务集中的所有终端均采用这一 IP 地址分配方式,则无须为终端配置 IP 地址就可实现终端之间的通信过程,安装无线网卡的终端的默认获取 IP 地址方式就是 DHCP 方式。

5.1.4 实验步骤

(1) 根据如图 5.1 所示的无线局域网结构放置和连接设备。完成设备放置和连接后的逻辑工作区界面如图 5.2 所示。

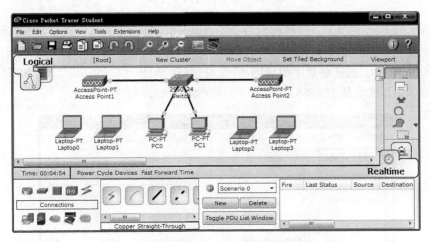

图 5.2 完成设备放置和连接后的逻辑工作区界面

(2) 默认情况下,笔记本计算机安装以太网卡,为了接入无线局域网,需要将笔记本计算机的以太网卡换成无线网卡。过程如下:单击 Laptop0,弹出 Laptop0 配置界面,选择 Physical(物理)配置选项,弹出如图 5.3 所示的安装物理模块界面。关掉主机电源,将原来安装在主机上的以太网卡拖放到左边模块栏中,然后将模块 WPC300N 拖放到主机原来安装以太网卡的位置。模块 WPC300N 是支持 2.4G 频段的 802.11、802.11b 和 802.11g 标准的无线网卡。重新打开主机电源。用同样的方式,将其他笔记本计算机的以太网卡换成无线网卡。

(3) 完成 Access Point1 "Config(配置)" → "Port 1(无线端口)" 操作过程,弹出如

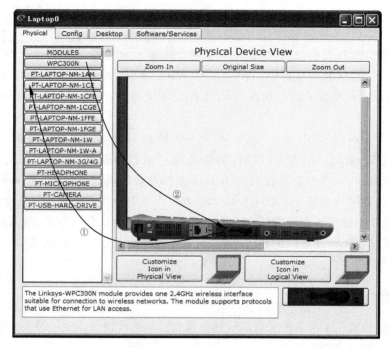

图 5.3 安装无线网卡过程

图 5.4 所示的 Port 1(无线端口)配置界面。Authentication(鉴别机制栏)中勾选 WEP，Encryption Type(加密类型)选择 40/64-Bits(10 Hex digits)，在 WEP Key(WEP 密钥)框中输入由 10 个十六进制数字组成的 40 位密钥(这里是 0123456789)。在 SSID 框中输入指定的 SSID(这里是 123456)。Port Status(端口状态)勾选 On。

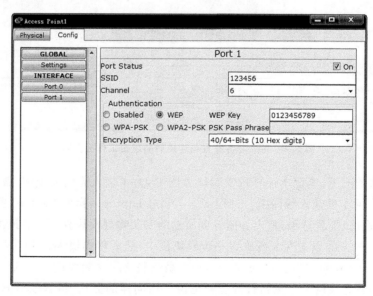

图 5.4 AP 与实现 WEP 安全机制相关参数的配置过程

(4) 完成 Laptop0 "Config(配置)"→"Wireless0(无线网卡)"操作过程,弹出如图5.5所示的 Wireless0(无线网卡)配置界面。在 Authentication(鉴别机制)栏中选择 WEP,Encryption Type(加密类型)选择 40/64-Bits(10 Hex digits),在 WEP Key(WEP 密钥)框中输入与 Access Point1 相同的由 10 个十六进制数字组成的 40 位密钥(这里是0123456789)。在 SSID 框中输入与 Access Point1 相同的 SSID(这里是 123456)。Port Status(端口状态)勾选 On。以同样的方式完成 Laptop1 与实现 WEP 安全机制相关参数的配置过程。完成 Access Point1、Laptop0 和 Laptop1 与实现 WEP 安全机制相关参数的配置过程后,Laptop0 和 Laptop1 与 Access Point1 之间成功建立关联,如图 5.9 所示。

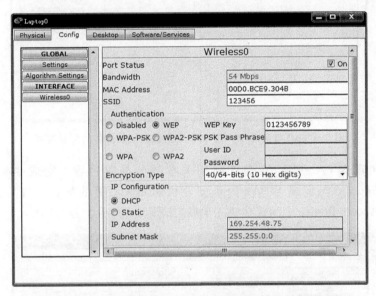

图 5.5　Laptop0 与实现 WEP 安全机制相关参数的配置过程

(5) 终端一旦选择 DHCP 方式,启动自动私有 IP 地址分配(APIPA)机制,在没有 DHCP 服务器为其配置网络信息的前提下,由终端自动在私有网络地址 169.254.0.0/255.255.0.0 中随机选择一个有效 IP 地址作为其 IP 地址,Laptop0 自动选择的 IP 地址如图 5.5 所示,DHCP 方式是安装无线网卡的笔记本计算机默认的获取网络信息方式。

(6) 完成 Access Point2 "Config(配置)"→"Port 1(无线端口)"操作过程,弹出如图 5.6 所示的 Port 1(无线端口)配置界面。在 Authentication(鉴别机制)栏中选择 WPA2-PSK,Encryption Type(加密类型)选择 AES,导出 PSK 的 Pass Phrase(密钥)框中输入由 8~63 个字符组成的密钥(这里是 asdfghjk)。在 SSID 框中输入指定的 SSID(这里是 123456)。Port Status(端口状态)勾选 On。

(7) 完成 Laptop2 "Config(配置)"→"Wireless0(无线网卡)"操作过程,弹出如图 5.7 所示的 Wireless0(无线网卡)配置界面。在 Authentication(鉴别机制)栏中选择 WPA2-PSK,Encryption Type(加密类型)选择 AES,在导出 PSK 的 Pass Phrase(密钥)框中输入与 Access Point2 相同的由 8~63 个字符组成的密钥(这里是 asdfghjk)。在 SSID 框中输入指定的 SSID(这里是 123456)。Port Status(端口状态)勾选 On。以同样的方式完成

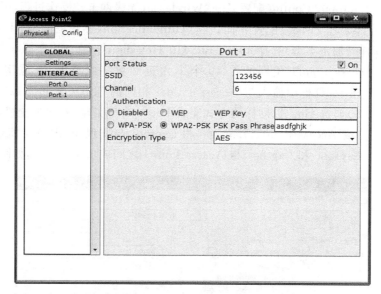

图 5.6　AP 与实现 WPA2-PSK 安全机制相关参数的配置过程

Laptop3 与实现 WPA2-PSK 安全机制相关参数的配置过程。完成 Access Point2、Laptop2 和 Laptop3 与实现 WPA2-PSK 安全机制相关参数的配置过程后，Laptop2 和 Laptop3 与 Access Point2 之间成功建立关联，如图 5.8 所示。

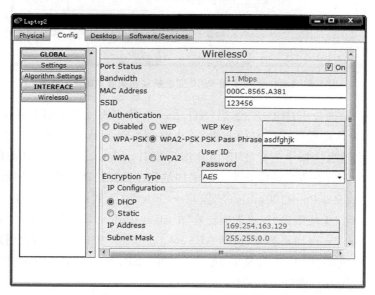

图 5.7　Laptop2 与实现 WPA2-PSK 安全机制相关参数的配置过程

（8）完成 PC0"Desktop（桌面）"→"IP Configuration（IP 配置）"操作过程，弹出如图 5.8 所示的 PC0 网络信息配置界面，选择 DHCP，由 PC0 自动在私有网络地址 169.254.0.0/255.255.0.0 中随机选择一个有效 IP 地址作为其 IP 地址，PC0 自动选择的 IP 地址如图 5.9 所示。以同样的方式完成 PC1 获取网络信息过程。

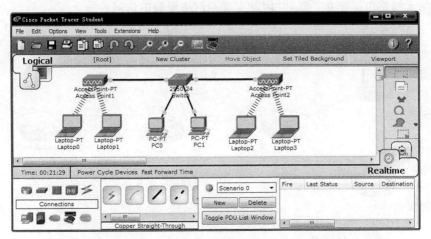

图 5.8 笔记本计算机与 AP 之间成功建立关联后的逻辑工作区界面

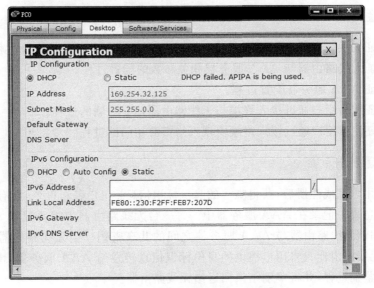

图 5.9 PC0 自动获取网络信息过程

(9) 通过简单报文工具启动各个终端之间的 ICMP 报文传输过程,验证各个终端之间的连通性。

5.2 WPA2 实验

5.2.1 实验内容

采用 WPA2 安全机制的无线局域网结构如图 5.10 所示。由于 WPA2 采用基于用户的身份鉴别机制和统一鉴别方式,因此需要配置 AAA 服务器,并将所有注册用户的身份标识信息统一记录在 AAA 服务器中。任何一个注册用户可以通过任何一台接入终端与对应的无线路由器建立关联,并因此实现对网络资源的访问。

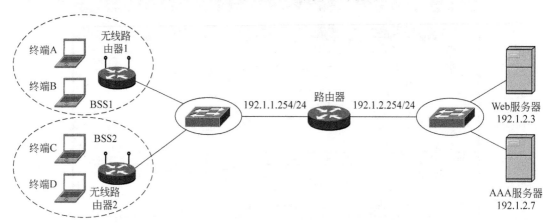

图 5.10 无线局域网结构

5.2.2 实验目的

(1) 验证无线路由器和终端与实现 WPA2 安全机制相关参数的配置过程。
(2) 验证无线路由器与 AAA 服务器相关参数的配置过程。
(3) 验证 AAA 服务器配置过程。
(4) 验证注册用户通过接入终端与无线路由器建立关联的过程。
(5) 验证注册用户通过接入终端实现网络资源访问的过程。

5.2.3 实验原理

每一个用户完成注册后,获得唯一的身份标识信息:用户名和口令,所有注册用户的身份标识信息统一记录在 AAA 服务器中。每一台无线路由器中需要配置 AAA 服务器的 IP 地址和该无线路由器与 AAA 服务器之间的共享密钥。当无线路由器需要鉴别用户身份时,无线路由器只将用户提供的身份标识信息转发给 AAA 服务器,由 AAA 服务器完成身份鉴别过程,并将鉴别结果回送给无线路由器。

5.2.4 实验步骤

(1) 无线局域网中,终端与无线路由器之间没有物理连接过程,但终端必须位于无线路由器的有效通信范围内,因此,无线局域网需要在物理工作区中确定终端与无线路由器之间的距离。如图 5.11 所示,选择物理工作区,单击 NAVIGATION(导航)菜单,选择 Home City(家园城市),单击 Jump to Selected Location(跳转到选择位置)按钮,物理工作区中出现家园城市界面。

(2) 在设备类型选择框中选择 Wireless Devices(无线设备),在设备选择框中选择无线路由器(WRT300N)。将无线路由器拖放到物理工作区中,可以看到无线路由器的有效通信范围,如图 5.12 所示。将笔记本计算机放置在无线路由器的有效通信范围内,无线设备选择无线路由器而不是 AP 的原因是 Packet Tracer 中只有无线路由器支持

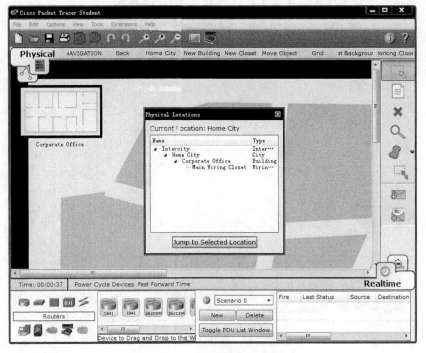

图 5.11　导航到家园城市过程

WPA2。在物理工作区中根据如图 5.10 所示的无线局域网结构放置和连接设备。完成设备放置和连接后的物理工作区界面如图 5.12 所示。

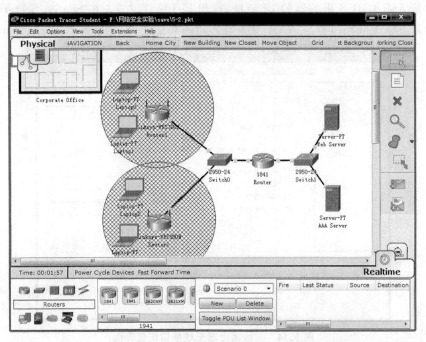

图 5.12　完成设备放置和连接后的物理工作区界面

(3) 切换到逻辑工作区。逻辑工作区界面如图 5.13 所示。

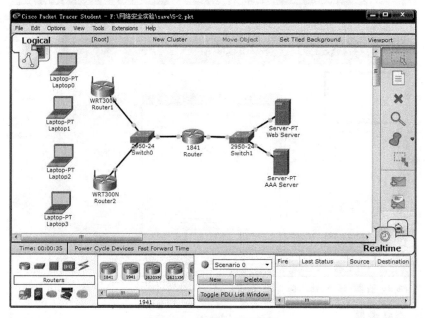

图 5.13 逻辑工作区界面

(4) 完成无线路由器 Router1 "Config(配置)"→"Wireless(无线接口)"操作过程,弹出如图 5.14 所示的 Wireless(无线接口)配置界面。在 Authentication(鉴别机制)栏中选择 WPA2。在 RADIUS Server Settings(RADIUS 服务器配置)栏下的 IP Address(IP 地址)框中输入 RADIUS 服务器的 IP 地址,这里是 192.1.2.7。在 Shared Secret(共享密钥)框中输入该无线路由器与 AAA 服务器之间的共享密钥,这里是 router1。Encryption

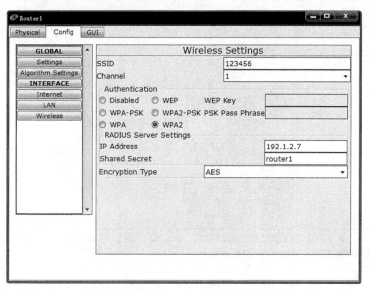

图 5.14 无线路由器无线接口配置界面

Type(加密类型)选择 AES。在 SSID 框中输入指定的 SSID,这里是 123456。以同样的方式完成无线路由器 Router2 无线接口配置过程。

(5) 完成无线路由器 Router1"Config(配置)"→"Internet(Internet 接口)"操作过程,弹出如图 5.15 所示的 Internet(Internet 接口)配置界面。在 IP Configuration(IP 配置)栏中选择 Static(静态)IP 地址配置方式。在 Default Gateway(默认网关地址)框中输入路由器 Router 连接交换机 Switch0 的接口的 IP 地址,这里是 192.1.1.254。在 IP Address(IP 地址)框中输入无线路由器 Router1 Internet 接口的 IP 地址,这里是 192.1.1.1。在 Subnet Mask(子网掩码)框中输入无线路由器 Router1 Internet 接口的子网掩码,这里是 255.255.255.0。以同样的方式完成无线路由器 Router2 Internet 接口配置过程。

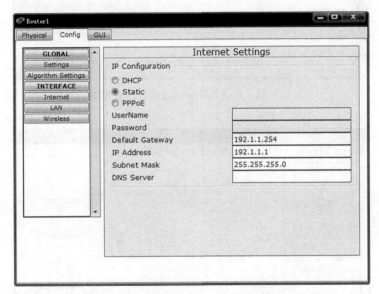

图 5.15 无线路由器 Router1 Internet 接口配置界面

(6) 完成 AAA Server"Desktop(桌面)"→"IP Configuration(IP 配置)"操作过程,弹出如图 5.16 所示的 AAA Server 网络信息配置界面,配置的 IP 地址必须与无线路由器 Router1、Router2 中配置的 RADIUS 服务器地址相同。

(7) 完成 AAA Server"Services(服务)"→"AAA"操作过程,弹出如图 5.17 所示的 AAA Server 配置界面。首先建立与无线路由器 Router1 和 Router2 之间的关联。建立关联过程中,在 Client Name(客户端名字)框中输入设备标识符,如无线路由器 Router2 的设备标识符为 Router2。在客户端 Client IP(IP 地址)框中输入无线路由器 Router1 和 Router2 向 AAA 服务器发送 RADIUS 报文时,用于输出 RADIUS 报文的接口的 IP 地址,即 Router1 和 Router2 Internet 接口的 IP 地址,如无线路由器 Router2 Internet 接口的 IP 地址 192.1.1.2。在 Secret(密钥)框中输入 Router1 和 Router2 与 AAA 服务器之间的共享密钥,如 Router2 与 AAA 服务器之间的共享密钥 router2。如图 5.17 所示的 AAA Server 配置界面中,分别建立了与无线路由器 Router1 和 Router2 之间的关联。

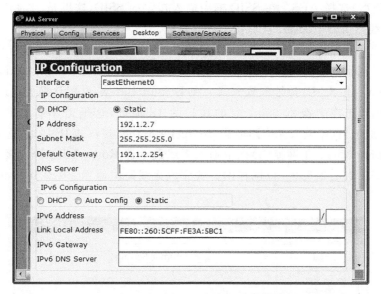

图 5.16　AAA Server 网络信息配置界面

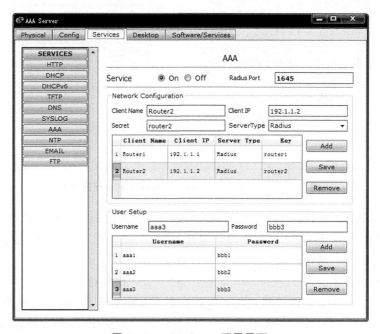

图 5.17　AAA Server 配置界面

然后定义所有的注册用户。定义注册用户过程中,在 Username(用户名)框中输入注册用户的用户名,如 aaa4。在 Password(口令)框中输入注册用户的口令,如 bbb4。如图 5.17 所示的 AAA Server 配置界面中,分别定义了用户名为 aaa1~aaa4、口令为 bbb1~bbb4 的 4 个注册用户。

(8) 完成 Laptop0 "Config(配置)"→"Wireless0(无线网卡)"操作过程,弹出如

图 5.18 所示的 Wireless0（无线网卡）配置界面。在 Authentication（鉴别机制）栏中选择 WPA2。在 User ID（用户名）框中输入某个注册用户的用户名，这里是 aaa1。在 Password（口令）框中输入用户名 aaa1 对应的口令 bbb1。Encryption Type（加密类型）选择 AES。在 SSID 框中输入指定的 SSID，这里是 123456。Port Status（端口状态）勾选 On。以同样的方式完成 Laptop1、Laptop2 和 Laptop3 与实现 WPA2 安全机制相关参数的配置过程。完成 Laptop0、Laptop1、Laptop2 和 Laptop3 与实现 WPA2 安全机制相关参数的配置过程后，Laptop0 和 Laptop1 与无线路由器 Router1 之间成功建立关联，Laptop2 和 Laptop3 与无线路由器 Router2 之间成功建立关联，如图 5.18 所示。

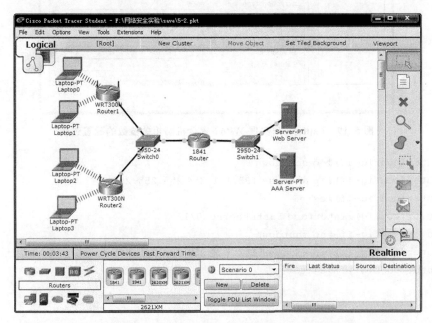

图 5.18 笔记本计算机与无线路由器之间成功建立关联后的逻辑工作区界面

笔记本计算机一旦选择 DHCP 方式，由已经与其建立关联的无线路由器为其分配网络信息，无线路由器 Router1 为 Laptop0 分配的网络信息如图 5.19 所示。DHCP 方式是安装无线网卡的笔记本计算机默认的获取网络信息方式。

（9）通过简单报文工具，启动 Laptop0、Laptop1、Laptop2 和 Laptop3 与 Web 服务器之间的 ICMP 报文传输过程，验证 Laptop0、Laptop1、Laptop2 和 Laptop3 与 Web 服务器之间的连通性。需要说明的是，只能由笔记本计算机发起向 Web 服务器传输 ICMP 报文的过程，不能由 Web 服务器发起向笔记本计算机传输 ICMP 报文的过程。

5.2.5 命令行接口配置过程

以下是路由器 Router 的命令行接口配置过程。

```
Router>enable
Router#configure terminal
Router(config)#interface FastEthernet0/0
```

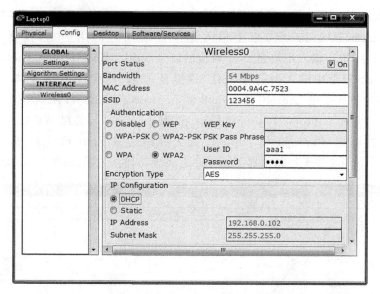

图 5.19 Laptop0 与实现 WPA2 安全机制相关参数的配置过程

```
Router(config-if)#no shutdown
Router(config-if)#ip address 192.1.1.254 255.255.255.0
Router(config-if)#exit
Router(config)#interface FastEthernet0/1
Router(config-if)#no shutdown
Router(config-if)#ip address 192.1.2.254 255.255.255.0
Router(config-if)#exit
```

第 6 章 互连网安全实验

防路由项欺骗攻击和策略路由是保证 IP 分组沿着正确和安全的传输路径传输的安全技术。流量管制是防止拒绝服务攻击的有效手段。端口地址转换（Port Address Translation，PAT）和网络地址转换（Network Address Translation，NAT）使内部网络对于外部网络是不可见的。热备份路由器协议（Hot Standby Router Protocol，HSRP）用于实现默认网关的容错和负载均衡。

6.1 OSPF 路由项欺骗攻击和防御实验

防御路由项欺骗攻击的方法是实现路由消息源端鉴别，使每一台路由器只接收和处理授权路由器发送的路由消息。确定路由消息是否是授权路由器发送的依据是：发送路由消息的路由器是否和接收路由消息的路由器拥有相同的共享密钥。Packet Tracer 不支持路由信息协议（Routing Information Protocol，RIP）的路由消息源端鉴别功能，但支持开放最短路径优先（Open Shortest Path First，OSPF）的路由消息源端鉴别功能，因此，通过完成 OSPF 路由项欺骗攻击和防御实验验证路由器防路由项欺骗攻击功能的实现过程。

6.1.1 实验内容

构建如图 6.1 所示的由 3 台路由器互连 4 个网络的互连网，通过 OSPF 生成终端 A 至终端 B 的 IP 传输路径，实现 IP 分组终端 A 至终端 B 的传输过程。然后在网络地址为 192.1.2.0/24 的以太网上接入入侵路由器，由入侵路由器伪造与网络 192.1.4.0/24 直接连接的路由项，用伪造的路由项改变终端 A 至终端 B 的 IP 传输路径，使终端 A 传输给终端 B 的 IP 分组被路由器 R1 错误地转发给入侵路由器。

启动路由器 R1、R2 和 R3 的路由消息源端鉴别功能，要求路由器 R1、R2 和 R3 发送的路由消息携带消息鉴别码（Message Authentication Code，MAC），配置相应路由器接口之间的共享密钥。使路由器 R1 不再接收和处理入侵路由器发送的路由消息，从而使路由器 R1 的路由表恢复正常。

6.1.2 实验目的

（1）验证路由器 OSPF 配置过程。
（2）验证 OSPF 建立动态路由项过程。

网络安全实验教程

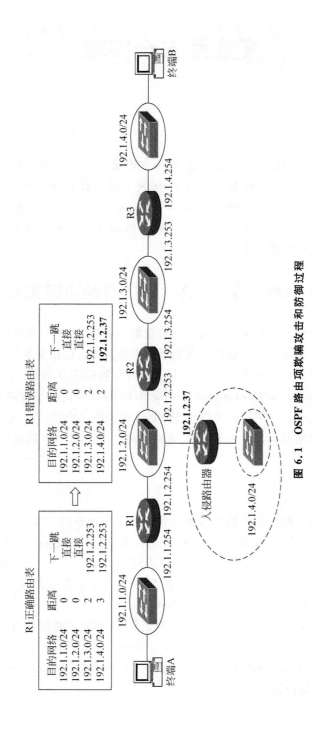

图 6.1 OSPF 路由项欺骗攻击和防御过程

(3) 验证 OSPF 路由项欺骗攻击过程。

(4) 验证 OSPF 源端鉴别功能的配置过程。

(5) 验证 OSPF 防路由项欺骗攻击功能的实现过程。

6.1.3 实验原理

路由项欺骗攻击过程如图 6.1 所示，入侵路由器伪造了和网络 192.1.4.0/24 直接连接的链路状态信息，导致路由器 R1 通过 OSPF 生成的动态路由项发生错误，如图 6.1 中 R1 错误路由表所示。解决路由项欺骗攻击问题的关键有三点：一是对建立邻接关系的路由器的身份进行鉴别，只和授权路由器建立邻接关系；二是对相互交换的链路状态信息进行完整性检测，只接收和处理完整性检测通过的链路状态信息；三是通过链路状态信息中携带的序号确定该链路状态信息不是黑客截获后重放的链路状态信息。实现上述功能的基础是在相邻路由器中配置相同的共享密钥，相互交换的链路状态信息和 Hello 报文携带由共享密钥加密的序号和由共享密钥生成的 MAC(消息鉴别码)，通过消息鉴别码实现路由消息的源端鉴别和完整性检测，全部过程如图 6.2 所示。

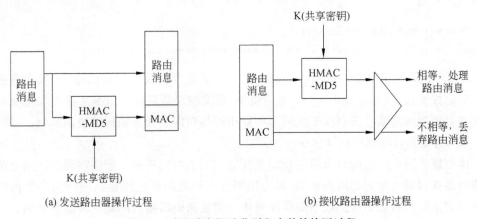

图 6.2 路由消息源端鉴别和完整性检测过程

6.1.4 关键命令说明

1. OSPF 配置过程

以下命令序列用于完成 OSPF 配置过程。

```
Router(config)#router ospf 11
Router(config-router)#network 192.1.1.0 0.0.0.255 area 1
Router(config-router)#network 192.1.2.0 0.0.0.255 area 1
Router(config-router)#exit
```

router ospf 11 是全局模式下使用的命令，该命令的作用有两个：一是启动进程编号为 11 的 OSPF 进程；二是进入 OSPF 配置模式。同一台路由器中可以启动多个进程编号不同的 OSPF 进程，这些 OSPF 进程是相互独立的。

network 192.1.1.0 0.0.0.255 area 1 是 OSPF 配置模式下使用的命令，(config-router)♯是 OSPF 配置模式下的命令提示符。该命令的作用是指定参与创建 OSPF 动态路由项的路由器接口和路由器直接连接的网络。192.1.1.0 是 CIDR 地址块起始地址,0.0.0.255 表明网络前缀位数是 24 位。与子网掩码相反,这里将从高位到低位连续 0 的位数作为网络前缀的位数。路由器中所有 IP 地址属于 CIDR 地址块 192.1.1.0/24 的接口参与 OSPF 创建动态路由项过程,这些接口将发送和接收 OSPF 路由消息。路由器直接连接的网络中所有网络地址属于 CIDR 地址块 192.1.1.0/24 的网络参与 OSPF 创建动态路由项过程,其他路由器将通过 OSPF 生成用于指明通往这些网络的传输路径的路由项。1 是区域编号,OSPF 可以把一个大的自治系统划分为多个区域,不同区域分配不同的区域编号,同一区域内启动 OSPF 的网络有着相同的区域编号。由主干区域将这些区域连接在一起,主干区域的编号固定为 0。

2. 源端鉴别与完整性检测功能配置过程

(1) 指定区域使用的鉴别机制

同一区域内的 OSPF 进程使用相同的鉴别机制,以下命令序列用于指定区域 1 内使用的鉴别机制。

```
Router(config)#router ospf 11
Router(config-router)#area 1 authentication message-digest
```

area 1 authentication message-digest 是 OSPF 配置模式下使用的命令,该命令的作用是指定报文摘要(message-digest)鉴别机制,报文摘要鉴别机制用报文摘要实现源端鉴别和完整性检测功能。所有属于区域 1 的路由器接口需要配置相同的鉴别机制。

(2) 指定接口鉴别机制和密钥

所有属于同一区域的路由器接口需要配置相同的鉴别机制。连接在同一网络上的不同路由器接口需要配置相同的密钥,因为相邻路由器之间通过连接在同一网络上的路由器接口交换链路状态信息。以下命令序列用于指定路由器接口的鉴别机制和密钥。

```
Router(config)#interface FastEthernet0/1
Router(config-if)#ip ospf authentication message-digest
Router(config-if)#ip ospf message-digest-key 1 md5 222222
Router(config-if)#exit
```

ip ospf authentication message-digest 是接口配置模式下使用的命令,该命令的作用有两个:一是确定对通过该接口发送的路由消息添加根据报文摘要鉴别机制生成的鉴别信息;二是确定对通过该接口接收到的路由消息根据报文摘要鉴别机制进行源端鉴别和完整性检测。

ip ospf message-digest-key 1 md5 222222 是接口配置模式下使用的命令,该命令的作用有两个:一是指定密钥编号为 1 的密钥是 222222;二是启用密钥编号为 1 的密钥 222222 作为报文摘要鉴别机制使用的密钥。1 是密钥编号,同一接口可以配置多个密钥,这些密钥用密钥编号区分,但同时只能启用一个密钥。相邻路由器实现互连的两个接口必须配置相同的密钥,即两个接口配置的密钥编号相同的密钥必须是相同的。

6.1.5 实验步骤

（1）在如图6.1所示的互连网结构中去掉入侵路由器，根据去掉入侵路由器后的互连网结构放置和连接设备，完成设备放置和连接后的逻辑工作区界面如图6.3所示。

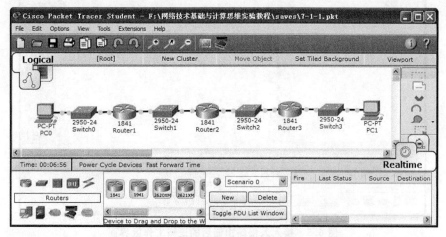

图6.3 完成设备放置和连接后的逻辑工作区界面

（2）根据如图6.1所示的各个路由器接口的网络信息完成路由器接口IP地址和子网掩码配置过程。CLI（命令行接口）配置方式下，完成路由器OSPF配置过程。完成上述配置过程后，路由器Router1生成如图6.4所示的路由表。OSPF创建的动态路由项<192.1.4.0/24,192.1.2.253>表明，路由器Router1通往网络192.1.4.0/24的传输路径上的下一跳是路由器Router2连接网络192.1.2.0/24的接口。

Type	Network	Port	Next Hop IP	Metric
C	192.1.1.0/24	FastEthernet0/0	----	0/0
C	192.1.2.0/24	FastEthernet0/1	----	0/0
O	192.1.3.0/24	FastEthernet0/1	192.1.2.253	110/2
O	192.1.4.0/24	FastEthernet0/1	192.1.2.253	110/3

图6.4 路由器Router1路由表

（3）通过启动PC0与PC1之间的ICMP报文传输过程，验证PC0与PC1之间存在IP传输路径。

（4）如图6.5所示，用路由器Router作为入侵路由器，Router其中一个接口连接网络192.1.2.0/24，分配IP地址192.1.2.37和子网掩码255.255.255.0。Router的另一个接口分配IP地址192.1.4.37和子网掩码255.255.255.0，以此将该接口伪造成与网络192.1.4.0/24直接连接的接口。在CLI（命令行接口）配置方式下，完成路由器Router OSPF配置过程，路由器Router发送表明与网络192.1.4.0/24直接连接的路由消息。该路由消息将路由器Router1的路由表改变为如图6.6所示的错误路由表，错误路由表中的路由项<192.1.4.0/24,192.1.2.37>表明，路由器Router1通往网络192.1.4.0/

24 的传输路径上的下一跳是路由器 Router 连接网络 192.1.2.0/24 的接口。

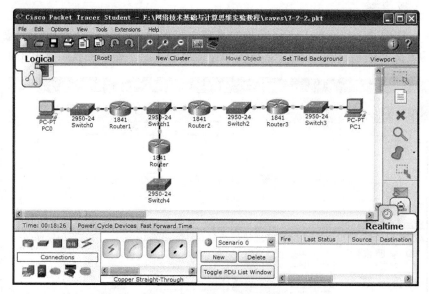

图 6.5　接入入侵路由器后的逻辑工作区界面

Routing Table for Router1

Type	Network	Port	Next Hop IP	Metric
C	192.1.1.0/24	FastEthernet0/0	---	0/0
C	192.1.2.0/24	FastEthernet0/1	---	0/0
O	192.1.3.0/24	FastEthernet0/1	192.1.2.253	110/2
O	192.1.4.0/24	FastEthernet0/1	192.1.2.37	110/2

图 6.6　接入入侵路由器后的路由器 Router1 路由表

(5) 进入模拟操作模式，启动 PC0 至 PC1 的 IP 分组传输过程，发现路由器 Router1 将该 IP 分组转发给路由器 Router，导致该 IP 分组无法到达 PC1。

(6) CLI(命令行接口)配置方式下，完成路由器 Router1、Router2 和 Router3 与源端鉴别和完整性检测功能相关的配置过程，为相邻路由器实现互连的接口配置相同的密钥。完成上述配置过程后，路由器 Router1 的路由表如图 6.7 所示。路由器 Router1 通往网络 192.1.4.0/24 的传输路径上的下一跳重新变为路由器 Router2 连接网络 192.1.2.0/24 的接口。

Routing Table for Router1

Type	Network	Port	Next Hop IP	Metric
C	192.1.1.0/24	FastEthernet0/0	---	0/0
C	192.1.2.0/24	FastEthernet0/1	---	0/0
O	192.1.3.0/24	FastEthernet0/1	192.1.2.253	110/2
O	192.1.4.0/24	FastEthernet0/1	192.1.2.253	110/3

图 6.7　完成源端鉴别与完整性检测功能配置过程后的路由器 Router1 路由表

6.1.6 命令行接口配置过程

1. Router1 命令行接口配置过程

（1）接口和 OSPF 配置过程

命令序列如下：

```
Router>enable
Router#configure terminal
Router(config)#interface FastEthernet0/0
Router(config-if)#no shutdown
Router(config-if)#ip address 192.1.1.254 255.255.255.0
Router(config-if)#exit
Router(config)#interface FastEthernet0/1
Router(config-if)#no shutdown
Router(config-if)#ip address 192.1.2.254 255.255.255.0
Router(config-if)#exit
Router(config)#router ospf 11
Router(config-router)#network 192.1.1.0 0.0.0.255 area 1
Router(config-router)#network 192.1.2.0 0.0.0.255 area 1
Router(config-router)#exit
```

（2）源端鉴别与完整性检测功能配置过程

命令序列如下：

```
Router(config)#router ospf 11
Router(config-router)#area 1 authentication message-digest
Router(config-router)#exit
Router(config)#interface FastEthernet0/1
Router(config-if)#ip ospf authentication message-digest
Router(config-if)#ip ospf message-digest-key 1 md5 222222
Router(config-if)#exit
```

2. Router2 命令行接口配置过程

（1）接口和 OSPF 配置过程

命令序列如下：

```
Router>enable
Router#configure terminal
Router(config)#interface FastEthernet0/0
Router(config-if)#no shutdown
Router(config-if)#ip address 192.1.2.253 255.255.255.0
Router(config-if)#exit
Router(config)#interface FastEthernet0/1
Router(config-if)#no shutdown
```

```
Router(config-if)#ip address 192.1.3.254 255.255.255.0
Router(config-if)#exit
Router(config)#router ospf 22
Router(config-router)#network 192.1.2.0 0.0.0.255 area 1
Router(config-router)#network 192.1.3.0 0.0.0.255 area 1
Router(config-router)#exit
```

(2) 源端鉴别与完整性检测功能配置过程

命令序列如下:

```
Router(config)#router ospf 22
Router(config-router)#area 1 authentication message-digest
Router(config-router)#exit
Router(config)#interface FastEthernet0/0
Router(config-if)#ip ospf authentication message-digest
Router(config-if)#ip ospf message-digest-key 1 md5 222222
Router(config-if)#exit
Router(config)#interface FastEthernet0/1
Router(config-if)#ip ospf authentication message-digest
Router(config-if)#ip ospf message-digest-key 1 md5 333333
Router(config-if)#exit
```

Router3 的命令接口配置过程与 Router1 的命令行接口配置过程相似,不再赘述。

3. Router 命令行接口配置过程

命令序列如下:

```
Router>enable
Router#configure terminal
Router(config)#interface FastEthernet0/0
Router(config-if)#no shutdown
Router(config-if)#ip address 192.1.2.37 255.255.255.0
Router(config-if)#exit
Router(config)#interface FastEthernet0/1
Router(config-if)#no shutdown
Router(config-if)#ip address 192.1.4.37 255.255.255.0
Router(config-if)#exit
Router(config)#router ospf 77
Router(config-router)#network 192.1.2.0 0.0.0.255 area 1
Router(config-router)#network 192.1.4.0 0.0.0.255 area 1
Router(config-router)#exit
```

4. 命令列表

路由器命令行接口配置过程中使用的命令及功能和参数说明如表 6.1 所示。

表 6.1 命令列表

命令格式	功能和参数说明
router ospf *process-id*	一是启动以参数 *process-id* 为进程编号的 OSPF 进程，二是进入 OSPF 配置模式
network *ip-address wildcard-mask* **area** *area-id*	指定参与以参数 *area-id* 为区域编号的 OSPF 创建动态路由项过程的路由器接口和路由器直接连接的网络。参数 *ip-address* 是 CIDR 地址块的起始地址，参数 *wildcard-mask* 是子网掩码的反码，这两个参数确定 CIDR 地址块，所有 IP 地址属于该 CIDR 地址块的路由器接口和直接连接的网络中网络地址属于该 CIDR 地址块的网络参与区域编号为 *area-id* 的 OSPF 创建动态路由项的过程
area *area-id* **authentication**〔**message-digest**〕	指定属于区域编号为 *area-id* 的路由器接口所采用的源端鉴别和完整性检测机制
ip ospf authentication〔**message-digest** | **null**〕	指定路由器接口所采用的源端鉴别和完整性检测机制。**null** 选项用于终止路由器接口已经启动的源端鉴别和完整性检测功能
ip ospf message-digest-key *key-id* **md5** *key*	指定路由器接口基于报文摘要的源端鉴别和完整性检测机制下使用的密钥。参数 *key-id* 是密钥编号，参数 *key* 是密钥

注：粗体是命令关键字，斜体是命令参数。

6.2 策略路由项实验

6.2.1 实验内容

互连网结构如图 6.8 所示，根据最短路径原则，RIP 生成的路由器 R1 通往网络 NET2 的传输路径是 R1→R5→R4→NET2。如果基于安全原因，不允许目的终端是终端 C 的 IP 分组经过路由器 R5，需要在路由器 R1 中配置静态路由项，静态路由项将通往终端 C 的传输路径上的下一跳设置成路由器 R2，由于静态路由项的优先级高于 RIP 生成的动态路由项，因此，路由器 R1 将目的 IP 地址为 IP C 的 IP 分组转发给路由器 R2。由于 Packet Tracer 中的路由器不支持策略路由功能，因此，用静态路由项仿真策略路由过程。

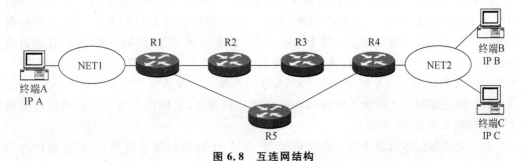

图 6.8 互连网结构

6.2.2 实验目的

(1) 验证 RIP 生成动态路由项的过程。
(2) 验证最长前缀匹配过程。
(3) 验证静态路由项改变 IP 分组传输路径的过程。
(4) 验证基于安全理由规避特定路由器的过程。

6.2.3 实验原理

为特殊目的终端选择 IP 分组传输路径的关键是路由表,当如图 6.8 所示的互连网中的各台路由器完成每一个接口的 IP 地址、子网掩码和 RIP 配置后,即可生成完整路由表。路由器 R1 生成的完整路由表如图 6.9(a)所示,由直连路由项和 RIP 生成的动态路由项组成。用类型 C 表示直连路由项,用类型 R 表示 RIP 生成的动态路由项。如果在路由器 R1 的路由表中添加一项目的网络是 IP C/32,下一跳是路由器 R2 的静态路由项,路由器 R1 完整路由表如图 6.9(b)所示,用类型 S 表示静态路由项。当路由器 R1 接收到目的 IP 地址是 IP C 的 IP 分组时,由于 IP C 属于 NET2,因此,该 IP 分组分别与目的网络是 NET2 和目的网络是 IP C/32 的两项路由项匹配。由于 IP C/32 的网络前缀位数是 32,大于 NET2 的网络前缀位数,因此,根据最长前缀匹配原则,最终用于转发该 IP 分组的路由项是目的网络为 IP C/32 的路由项,路由器 R1 将该 IP 分组传输给下一跳路由器 R2。

图 6.9　路由器 R1 路由表

6.2.4 实验步骤

(1) 由于如图 6.8 所示的路由器 R1 需要三个以太网接口,默认状态下,Cisco 2811 只有两个以太网接口,因此,需要添加一个以太网接口。添加过程如下:单击路由器 Router1,在弹出的配置界面中选择 Physical(物理)配置选项,关闭路由器电源,在左边模块栏中选中模块 NM-1FE-TX,然后将其拖放到路由器的空插槽中,全部过程如图 6.10 所示。模块 NM-1FE-TX 提供单个 100BASE-TX 接口。重新打开路由器电源。

(2) 根据如图 6.8 所示互连网结构放置和连接设备,完成设备放置和连接后的逻辑工作区界面如图 6.11 所示。

(3) 完成各台路由器中每一个接口的 IP 地址、子网掩码配置过程,完成各台路由器 RIP 配置过程。各台路由器生成完整路由表。路由器 Router1 的完整路由表如图 6.12 所示。通往网络 192.1.5.0/24 的传输路径上的下一跳是路由器 Router5(192.1.6.253 是路由器 Router5 连接路由器 Router1 的接口的 IP 地址)。

第6章 互连网安全实验

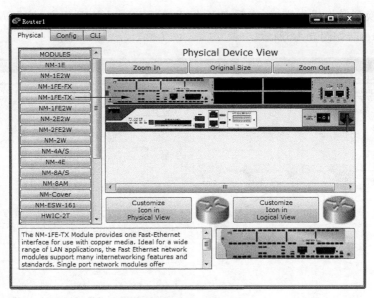

图 6.10　添加接口过程

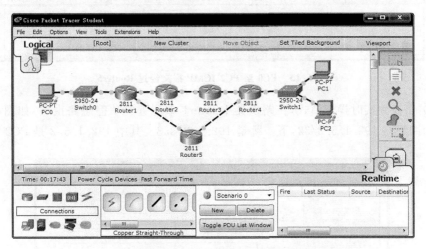

图 6.11　完成设备放置和连接后的逻辑工作区界面

Type	Network	Port	Next Hop IP	Metric
C	192.1.1.0/24	FastEthernet0/0	----	0/0
C	192.1.2.0/24	FastEthernet0/1	----	0/0
R	192.1.3.0/24	FastEthernet0/1	192.1.2.253	120/1
R	192.1.4.0/24	FastEthernet0/1	192.1.2.253	120/2
R	192.1.4.0/24	FastEthernet1/0	192.1.6.253	120/2
R	192.1.5.0/24	FastEthernet1/0	192.1.6.253	120/2
C	192.1.6.0/24	FastEthernet1/0	----	0/0
R	192.1.7.0/24	FastEthernet1/0	192.1.6.253	120/1

图 6.12　路由器 Router1 路由表一

（4）切换到模拟操作模式，查看 PC0 发送给 PC2 的 ICMP 报文，该 ICMP 报文经过路由器 Router5，如图 6.13 所示。

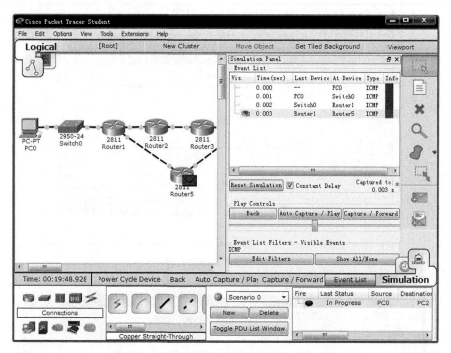

图 6.13　PC0 至 PC2 ICMP 报文经过 Router5

（5）切换到实时操作模式，在路由器 Router1 中配置一项静态路由项，如图 6.14 所示，目的网络是 192.1.5.2/32，下一跳是 192.1.2.253。其中 192.1.5.2 是 PC2 的 IP 地

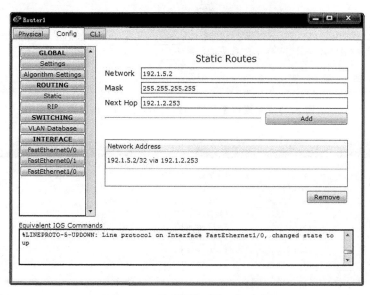

图 6.14　静态路由项配置界面

址，前缀长度等于 32 的子网掩码表示目的网络只包含单个 IP 地址。192.1.2.253 是路由器 Router2 连接路由器 Router1 的接口的 IP 地址。配置静态路由项后的路由器 Router1 的路由表如图 6.15 所示。

图 6.15　路由器 Router1 路由表二

（6）切换到模拟操作模式，查看 PC0 发送给 PC2 的 ICMP 报文，路由器 Router1 将该 ICMP 报文转发给路由器 Router2，如图 6.16 所示。查看 PC0 发送给 PC1 的 ICMP 报文，路由器 Router1 将该 ICMP 报文转发给路由器 Router5，如图 6.17 所示。

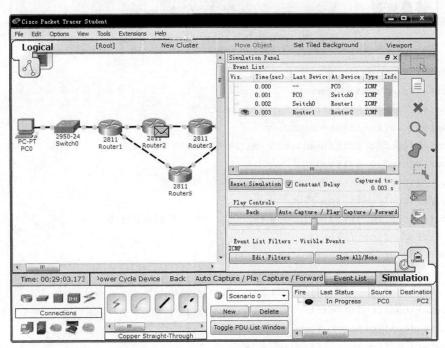

图 6.16　PC0 至 PC2 ICMP 报文经过 Router2

6.2.5　命令行接口配置过程

1. 路由器 Router1 命令行接口配置过程

命令序列如下：

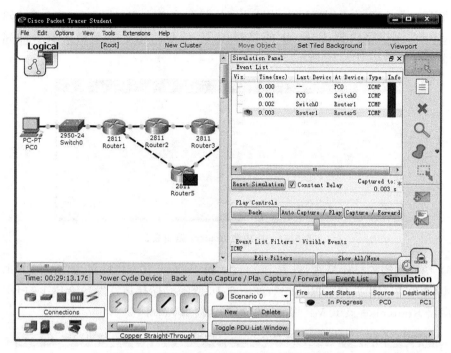

图 6.17　PC0 至 PC1 ICMP 报文经过 Router5

Router>enable
Router#configure terminal
Router(config)#interface FastEthernet0/0
Router(config-if)#no shutdown
Router(config-if)#ip address 192.1.1.254 255.255.255.0
Router(config-if)#exit
Router(config)#interface FastEthernet0/1
Router(config-if)#no shutdown
Router(config-if)#ip address 192.1.2.254 255.255.255.0
Router(config-if)#exit
Router(config)#interface FastEthernet1/0
Router(config-if)#no shutdown
Router(config-if)#ip address 192.1.6.254 255.255.255.0
Router(config-if)#exit
Router(config)#router rip
Router(config-router)#network 192.1.1.0
Router(config-router)#network 192.1.2.0
Router(config-router)#network 192.1.6.0
Router(config-router)#exit
Router(config)#ip route 192.1.5.2 255.255.255.255 192.1.2.253

2. 路由器 Router2 命令行接口配置过程

命令序列如下：

```
Router>enable
Router#configure terminal
Router(config)#interface FastEthernet0/0
Router(config-if)#no shutdown
Router(config-if)#ip address 192.1.2.253 255.255.255.0
Router(config-if)#exit
Router(config)#interface FastEthernet0/1
Router(config-if)#no shutdown
Router(config-if)#ip address 192.1.3.254 255.255.255.0
Router(config-if)#exit
Router(config)#router rip
Router(config-router)#network 192.1.2.0
Router(config-router)#network 192.1.3.0
Router(config-router)#exit
```

3. 路由器 Router5 命令行接口配置过程

命令序列如下：

```
Router>enable
Router#configure terminal
Router(config)#interface FastEthernet0/0
Router(config-if)#no shutdown
Router(config-if)#ip address 192.1.6.253 255.255.255.0
Router(config-if)#exit
Router(config)#interface FastEthernet0/1
Router(config-if)#no shutdown
Router(config-if)#ip address 192.1.7.254 255.255.255.0
Router(config-if)#exit
Router(config)#router rip
Router(config-router)#network 192.1.6.0
Router(config-router)#network 192.1.7.0
Router(config-router)#exit
```

6.3 流量管制实验

6.3.1 实验内容

邮件已经成为病毒传播的主要渠道，感染病毒的终端通过发送大量包含病毒的邮件使病毒得到快速传播。黑客通过向 Web 服务器发送大量报文，导致 Web 服务器连接网络的链路过载，从而使 Web 服务器无法正常提供服务。

为了解决上述问题，需要限制某个网络发送给邮件服务器和 Web 服务器的流量，以此阻止病毒扩散过程和对 Web 服务器实施的拒绝服务攻击。

对于如图 6.18 所示的互连网结构，分别在路由器 R1 接口 2 和路由器 R2 接口 1 配置流量管制器,对网络 192.1.1.0/24 和网络 192.1.3.0/24 中的终端发送给邮件服务器和 Web 服务器的流量进行管制。

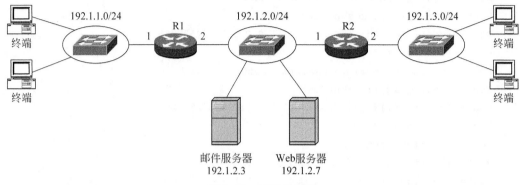

图 6.18 互连网结构

6.3.2 实验目的

(1) 验证流量管制器的配置过程。
(2) 验证通过流量管制阻止病毒快速传播的过程。
(3) 验证通过流量管制阻止拒绝服务攻击的过程。
(4) 验证流量管制的工作原理。

6.3.3 实验原理

实施流量管制的前提有两个:一是分类信息流,从图 6.18 中的路由器 R1 接口 2 和路由器 R2 接口 1 输出的信息流中分离出网络 192.1.1.0/24 和网络 192.1.3.0/24 中的终端发送给邮件服务器和 Web 服务器的流量;二是限定这些流量的平均传输速率。

通过规则从 IP 分组流中鉴别出一组 IP 分组,规则由一组属性值组成,如果某个 IP 分组携带的信息和构成规则的一组属性值匹配,意味着该 IP 分组和该规则匹配。构成规则的属性值通常由下述字段组成:

(1) 源 IP 地址,用于匹配 IP 分组 IP 首部中的源 IP 地址字段值。
(2) 目的 IP 地址,用于匹配 IP 分组 IP 首部中的目的 IP 地址字段值。
(3) 源和目的端口号,用于匹配作为 IP 分组净荷的传输层报文首部中源和目的端口号字段值。
(4) 协议类型,用于匹配 IP 分组首部中的协议字段值。

例如分离出网络 192.1.1.0/24 中的终端发送给邮件服务器的流量的规则如下:

(1) 协议类型=TCP。
(2) 源 IP 地址=192.1.1.0/24。
(3) 源端口号:任意。
(4) 目的 IP 地址=193.1.2.3/32。
(5) 目的端口号=25。

限制流量平均传输速率采用如图 6.19 所示的令牌桶算法。如果授予每一个令牌 P 字节的传输能力,且令牌生成器生成令牌的速率是 R 个令牌/s,则平均传输速率$=P\times 8\times R$。

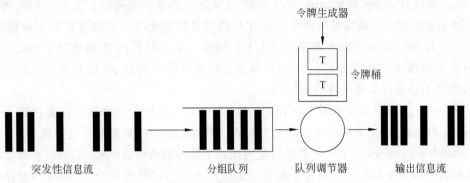

图 6.19 令牌桶算法操作过程

如果授予每一个令牌的传输能力是不变的,可以通过改变令牌生成器生成令牌的速率改变平均速率。假定授予每一个令牌 P 字节的传输能力,如果设定的平均传输速率是 V_{bps},则生成令牌的速率$=V/(P\times 8)$。

6.3.4 关键命令说明

1. 分类信息流

以下命令序列用于分离出网络 192.1.1.0/24 中的终端发送给邮件服务器的信息流。

```
Router(config)#access-list 101 permit tcp 192.1.1.0 0.0.0.255 host 192.1.2.3 eq smtp
Router(config)#access-list 101 deny ip any any
Router(config)#class-map email
Router(config-cmap)#match access-group 101
Router(config-cmap)#exit
```

access-list 101 permit tcp 192.1.1.0 0.0.0.255 host 192.1.2.3 eq smtp 是全局模式下使用的命令,该命令的作用是指定用于分离出网络 192.1.1.0/24 中的终端发送给邮件服务器的信息流的规则。101 是规则编号,所有属于同一规则集的规则有着相同的编号。permit 是规则指定的动作,表示与该规则匹配的 IP 分组是分离出的信息流。tcp 是 IP 分组首部中的协议类型,表示 IP 分组净荷是 TCP 报文。192.1.1.0 0.0.0.255 表示源 IP 地址属于 CIDR 地址块 192.1.1.0/24,即源 IP 地址属于 IP 地址范围 192.1.1.1～192.1.1.254。host 192.1.2.3 表示目的 IP 地址是唯一的 IP 地址 192.1.2.3。host 192.1.2.3 可以用 IP 地址 192.1.2.3 和反掩码 0.0.0.0 表示。eq 是操作符,表示等于。smtp 是 smtp 对应的著名端口号 25,目的 IP 地址后给出的端口号是目的端口号,因此 eq smtp 表示目的端口号等于 25。源 IP 地址后没有指定端口号,表示源端口号可以是任意值。与该规则匹配的 IP 分组是符合以下条件的 IP 分组:源 IP 地址属于 IP 地址范围 192.1.1.1～192.1.1.254,目的 IP 地址等于 192.1.2.3,IP 分组首部协议字段值等于

TCP，且净荷是目的端口号等于 25 的 TCP 报文。

access-list 101 deny ip any any 是全局模式下使用的命令，由于该命令与前一条命令有着相同的规则编号，因此与前一条命令一同作用。该命令的作用是拒绝所有 IP 分组，any 表示所有 IP 地址，因此，any 可以用 IP 地址 0.0.0.0 和反掩码 255.255.255.255 代替。两条有着相同规则编号的命令一同作用的结果是只允许分离出符合以下条件的 IP 分组：源 IP 地址属于 IP 地址范围 192.1.1.1～192.1.1.254，目的 IP 地址等于 192.1.2.3，IP 分组首部协议字段值等于 TCP，且净荷是目的端口号等于 25 的 TCP 报文。其他所有 IP 分组都不是符合分离条件的 IP 分组。

class-map email 是全局模式下使用的命令，该命令的作用有两个：一是创建一个名为 email 的类映射；二是进入类映射配置模式。类映射的作用是指定流量类别。

match access-group 101 是类映射配置模式下使用的命令，(config-cmap)# 是类映射配置模式下的命令提示符。该命令的作用是为类映射指定匹配标准，即用该匹配标准分离出该类映射对应的信息流。101 是规则编号，表明用编号为 101 的一组规则分离出该类映射对应的信息流。

2. 定义流量管制器

以下命令序列用于定义流量管制器。定义流量管制器既需要通过类映射指定流量类别，也需要为该类流量设置平均传输速率。

命令序列如下：

```
Router(config)#policy-map r1
Router(config-pmap)#class email
Router(config-pmap-c)#shape average 16000
Router(config-pmap-c)#set ip dscp 37
Router(config-pmap-c)#exit
Router(config-pmap)#exit
```

policy-map r1 是全局模式下使用的命令，该命令的作用有两个：一是创建一个名为 r1 的策略映射；二是进入策略映射配置模式。策略映射实际上就是作用于路由器接口的流量管制器。

class email 是策略映射配置模式下使用的命令，(config-pmap)# 是策略映射配置模式下的命令提示符。该命令的作用有两个：一是为该策略映射指定流量类别，email 是类映射名，表示用名为 email 的类映射指定流量类别；二是进入策略映射类配置模式。

shape average 16000 是策略映射类配置模式下使用的命令，(config-pmap-c)# 是策略映射类配置模式下的命令提示符。该命令的作用是为该类流量指定平均传输速率。16000 是平均传输速率，单位是 bps。

set ip dscp 37 是策略映射类配置模式下使用的命令。该命令的作用是将属于该类信息流的 IP 分组首部中的 dscp 字段设置为 37（6 位二进制数是 100101）。

单个策略映射可以为多种不同类别的流量指定平均传输速率，因此，可以在策略映射中用不同的类映射名指定每一类流量，为每一类流量指定平均传输速率。

3. 流量管制器作用于路由器接口

以下命令序列用于将名为 r1 的策略映射作用到路由器接口 FastEthernet0/1 的输出方向。

```
Router(config)#interface FastEthernet0/1
Router(config-if)#service-policy output r1
Router(config-if)#exit
```

service-policy output r1 是接口配置模式下使用的命令，该命令的作用是将名为 r1 的策略映射作用到指定路由器接口（这里是接口 FastEthernet0/1）的输出方向。用 output 表示输出方向。

6.3.5 实验步骤

（1）根据如图 6.18 所示的互连网结构放置和连接设备，完成设备放置和连接后的逻辑工作区界面如图 6.20 所示。

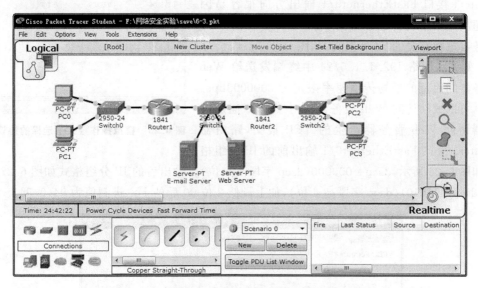

图 6.20 完成设备放置和连接后的逻辑工作区界面

（2）完成路由器 Router1、Router2 各个接口的 IP 地址和子网掩码配置过程与 RIP 配置过程后，路由器 Router1、Router2 分别生成如图 6.21 和 6.22 所示的路由表。

Type	Network	Port	Next Hop IP	Metric
C	192.1.1.0/24	FastEthernet0/0	---	0/0
C	192.1.2.0/24	FastEthernet0/1	---	0/0
R	192.1.3.0/24	FastEthernet0/1	192.1.2.253	120/1

图 6.21 Router1 路由表

（3）完成各个终端的网络信息配置过程。

Routing Table for Router2

Type	Network	Port	Next Hop IP	Metric
R	192.1.1.0/24	FastEthernet0/0	192.1.2.254	120/1
C	192.1.2.0/24	FastEthernet0/0	---	0/0
C	192.1.3.0/24	FastEthernet0/1	---	0/0

图 6.22　Router2 路由表

(4) 命令行接口(CLI)配置方式下,完成路由器 Router1、Router2 流量管制器配置过程,将网络 192.1.1.0/24 中终端发送给 Web 服务器的流量的平均传输速率限定为 16000bps。切换到模拟操作模式,协议选项选择 TCP 和 HTTP,如图 6.23 所示。当 PC0 通过浏览器访问 Web 服务器时,发送的 TCP 报文如图 6.24 所示,属于名为 www 的类映射指定的流量类别。由于为该类流量限定的平均传输速率较小,路由器 Router1 接口 FastEthernet0/1 输出方向很容易因为超出流量平均传输速率而丢弃与 PC0 访问 Web 服务器过程有关的 TCP 报文,如图 6.25 所示。

图 6.23　模拟操作模式下选择的协议

(5) 将网络 192.1.1.0/24 中终端发送给 Web 服务器的流量的平均传输速率限定为 2000000bps。PC0 可以成功访问 Web 服务器。对于 PC0 通过浏览器访问 Web 服务器产生的 TCP 报文,路由器 Router1 接口 FastEthernet0/1 输出前的 IP 分组格式如图 6.26 所示,dscp=000000(dscp 字段高 6 位)。输出后的 IP 分组格式如图 6.27 所示,dscp=100101(dscp 字段高 6 位),加上最低 2 位 00 后的十六进制值为 94(0x94)。

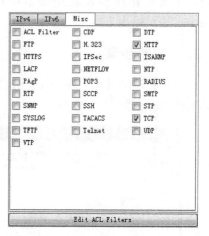

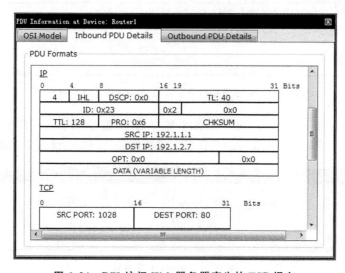

图 6.24　PC0 访问 Web 服务器产生的 TCP 报文

第 6 章 互连网安全实验

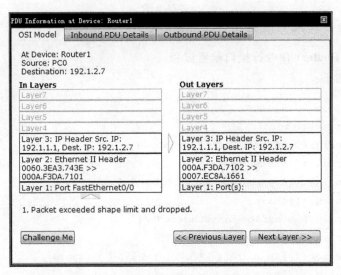

图 6.25 因为超出平均传输速率而丢弃的 TCP 报文

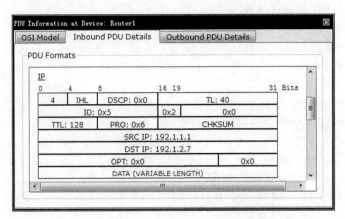

图 6.26 输出前的 IP 分组首部

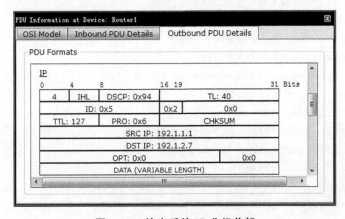

图 6.27 输出后的 IP 分组首部

6.3.6 命令行接口配置过程

1. 路由器 Router1 命令行接口配置过程

命令序列如下:

```
Router>enable
Router#configure terminal
Router(config)#interface FastEthernet0/0
Router(config-if)#no shutdown
Router(config-if)#ip address 192.1.1.254 255.255.255.0
Router(config-if)#exit
Router(config)#interface FastEthernet0/1
Router(config-if)#no shutdown
Router(config-if)#ip address 192.1.2.254 255.255.255.0
Router(config-if)#exit
Router(config)#router rip
Router(config-router)#network 192.1.1.0
Router(config-router)#network 192.1.2.0
Router(config-router)#exit
Router(config)#access-list 101 permit tcp 192.1.1.0 0.0.0.255 host 192.1.2.3 eq smtp
Router(config)#access-list 101 deny ip any any
Router(config)#access-list 102 permit tcp 192.1.1.0 0.0.0.255 host 192.1.2.7 eq www
Router(config)#access-list 102 deny ip any any
Router(config)#class-map email
Router(config-cmap)#match access-group 101
Router(config-cmap)#exit
Router(config)#class-map www
Router(config-cmap)#match access-group 102
Router(config-cmap)#exit
Router(config)#policy-map r1
Router(config-pmap)#class email
Router(config-pmap-c)#shape average 16000
Router(config-pmap-c)#exit
Router(config-pmap)#class www
Router(config-pmap-c)#shape average 2000000
Router(config-pmap-c)#set ip dscp 37
Router(config-pmap-c)#exit
Router(config-pmap)#exit
Router(config)#interface FastEthernet0/1
Router(config-if)#service-policy output r1
Router(config-if)#exit
```

2. 路由器 Router2 命令行接口配置过程

命令序列如下：

```
Router>enable
Router#configure terminal
Router(config)#interface FastEthernet0/0
Router(config-if)#no shutdown
Router(config-if)#ip address 192.1.2.253 255.255.255.0
Router(config-if)#exit
Router(config)#interface FastEthernet0/1
Router(config-if)#no shutdown
Router(config-if)#ip address 192.1.3.254 255.255.255.0
Router(config-if)#exit
Router(config)#router rip
Router(config-router)#network 192.1.2.0
Router(config-router)#network 192.1.3.0
Router(config-router)#exit
Router(config)#access-list 101 permit tcp 192.1.3.0 0.0.0.255 host 192.1.2.3 eq smtp
Router(config)#access-list 101 deny ip any any
Router(config)#access-list 102 permit tcp 192.1.3.0 0.0.0.255 host 192.1.2.7 eq www
Router(config)#access-list 102 deny ip any any
Router(config)#class-map email
Router(config-cmap)#match access-group 101
Router(config-cmap)#exit
Router(config)#class-map www
Router(config-cmap)#match access-group 102
Router(config-cmap)#exit
Router(config)#policy-map r2
Router(config-pmap)#class email
Router(config-pmap-c)#shape average 16000
Router(config-pmap-c)#exit
Router(config-pmap)#class www
Router(config-pmap-c)#shape average 2000000
Router(config-pmap-c)#set ip dscp 37
Router(config-pmap-c)#exit
Router(config-pmap)#exit
Router(config)#interface FastEthernet0/0
Router(config-if)#service-policy output r2
Router(config-if)#exit
```

3. 命令列表

路由器命令行接口配置过程中使用的命令及功能和参数说明如表 6.2 所示。

表 6.2 命令列表

命令格式	功能和参数说明
class-map *class-map-name*	一是创建名为 class-map-name 的类映射；二是进入类映射配置模式
match access-group {*access-group*| **name** *access-group-name*}	为类映射指定匹配标准，即用该匹配标准分离出该类映射对应的信息流。参数 *access-group* 用于指定分类规则编号。参数 *access-group-name* 用于指定分类规则名
policy-map *policy-map-name*	一是创建名为 *policy-map-name* 的策略映射；二是进入策略映射配置模式
class *class-name*	一是用名为 class-name 的类映射指定流量类别；二是进入策略映射类配置模式
shape average *mean-rate*	指定该类流量的平均传输速率，参数 *mean-rate* 是平均传输速率，单位为 bps
set ip dscp *ip-dscp-value*	将属于该类流量的 IP 分组首部中的 dscp 字段值中的高 6 位设置为参数 *ip-dscp-value* 指定的值
service-policy {**input**| **output**} *policy-map-name*	将名为 *policy-map-name* 的策略映射作用到接口的输出或输入方向。**input** 为输入方向，**output** 为输出方向

注：粗体是命令关键字，斜体是命令参数。

6.4 PAT 实验

6.4.1 实验内容

内部网络连接 Internet 过程如图 6.28 所示，其中 192.168.1.0/24 和 192.168.2.0/24 是私有 IP 地址，对 Internet 是透明的。193.7.1.0/24 是全球 IP 地址，Internet 中的路由器需要建立用于指明通往网络 193.7.1.0/24 的传输路径的路由项。连接在网络 192.168.1.0/24 和 192.168.2.0/24 中的终端需要通过动态 PAT 实现对 Internet 的访问过程。Internet 中的终端需要通过静态 PAT 实现对内部网络中 Web 服务器 1 和 Web 服务器 2 的访问过程。

6.4.2 实验目的

(1) 验证过滤内部网络路由项的过程。
(2) 理解"内部网络对于 Internet 是透明的"的含义。
(3) 验证动态 PAT 实现过程。
(4) 验证静态 PAT 实现过程。
(5) 验证动态 PAT 配置过程。
(6) 验证静态 PAT 配置过程。
(7) 验证 PAT 的安全性。

6.4.3 实验原理

需要在路由器 R1 定义连接内部网络的接口和连接外部网络的接口，连接内部网络

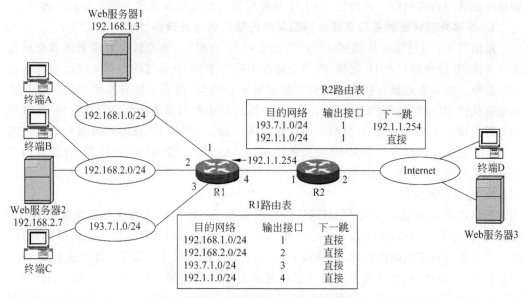

图 6.28 内部网络连接 Internet 过程

的接口是接口 1 和接口 2。连接外部网络的接口是接口 4。定义需要转换的内部网络私有 IP 地址范围，这里是 192.168.1.0/24 和 192.168.2.0/24。

1. 连接内部网络的接口至连接外部网络的接口的地址转换过程

当路由器 R1 通过连接内部网络的接口接收到某个 IP 分组，根据该 IP 分组的目的 IP 地址检索路由表。如果确定该 IP 分组需要通过连接外部网络的接口输出，且 IP 分组的源 IP 地址属于需要转换的内部网络私有 IP 地址范围。在地址转换表检索内部私有地址等于该 IP 分组的源 IP 地址、内部本地标识符等于该 IP 分组的内部本地标识符的地址转换项。如果在地址转换表中找到匹配的地址转换项，用该地址转换项中的内部全球地址取代该 IP 分组的源 IP 地址，用该地址转换项中的内部全球标识符取代该 IP 分组的内部本地标识符。如果没有在地址转换表中找到匹配的地址转换项，创建一项地址转换项。用该 IP 分组的源 IP 地址作为地址转换项中的内部私有地址，用该 IP 分组的内部本地标识符作为地址转换项中的内部本地标识符，用连接外部网络的接口的 IP 地址作为地址转换项中的内部全球地址，分配一个唯一的内部全球标识符，作为地址转换项中的内部全球标识符。然后，用该地址转换项中的内部全球 IP 地址取代该 IP 分组的源 IP 地址，用该地址转换项中的内部全球标识符取代该 IP 分组的内部本地标识符。

如果 IP 分组的净荷是 ICMP 报文，则该 IP 分组的内部本地标识符是 ICMP 报文中的序号。如果 IP 分组的净荷是 TCP 或 UDP 报文，则该 IP 分组的内部本地标识符是 TCP 或 UDP 报文中的源端口号。

在动态 PAT 下，由内部网络终端发送的与访问外部网络相关的第一个 IP 分组创建对应的地址转换项。因此，在动态 PAT 下只能由内部网络终端发起访问外部网络的过程。在动态 PAT 下创建的地址转换项称为动态地址转换项。

在静态 PAT 下，事先配置地址转换项，因此，外部网络终端可以通过事先配置的地址转换项访问内部网络。在静态 PAT 下事先配置的地址转换项称为静态地址转换项。

2. 连接外部网络的接口至连接内部网络的接口的地址转换过程

路由器 R1 通过连接外部网络的接口接收到 IP 分组,在地址转换表检索内部全球地址等于该 IP 分组的目的 IP 地址、内部全球标识符等于该 IP 分组的内部全球标识符的地址转换项。如果在地址转换表中找到匹配的地址转换项,用该地址转换项中的内部私有地址取代该 IP 分组的目的 IP 地址,用该地址转换项中的内部本地标识符取代该 IP 分组的内部全球标识符。如果 IP 分组的净荷是 ICMP 报文,则该 IP 分组的内部全球标识符是 ICMP 报文中的序号。如果 IP 分组的净荷是 TCP 或 UDP 报文,则该 IP 分组的内部全球标识符是 TCP 或 UDP 报文中的目的端口号。

3. 地址转换实例

当终端 B 向终端 D 发送 ICMP 报文时,路由器 R1 通过接口 2 接收到封装该 ICMP 报文的 IP 分组,且确定通过接口 4 输出该 IP 分组。由于接口 2 是连接内部网络的接口,接口 4 是连接外部网络的接口,且终端 B 的 IP 地址 192.168.2.1 属于 CIDR 地址块 192.168.2.0/24,因此,在地址转换表中检索内部私有地址等于该 IP 分组的源 IP 地址 192.168.2.1、内部本地标识符等于 ICMP 报文中的序号 2 的地址转换项。如果没有找到匹配的地址转换项,则创建一项地址转换项,如表 6.3 中灰色底纹的地址转换项。用该 IP 分组的源 IP 地址 192.168.2.1 作为地址转换项中的内部私有地址,用 ICMP 报文中的序号 2 作为地址转换项中的内部本地标识符,用路由器 R1 接口 4 的 IP 地址 192.1.1.254 作为地址转换项中的内部全球地址。由于地址转换表中已经存在作为内部全球标识符的序号 2,因此,分配一个唯一的序号 1024 作为内部全球标识符。然后,用该地址转换项中的内部全球 IP 地址 192.1.1.254 取代该 IP 分组的源 IP 地址 192.168.2.1,用该地址转换项中的内部全球标识符 1024 取代 ICMP 报文中的序号 2。地址转换过程如图 6.29 所示。

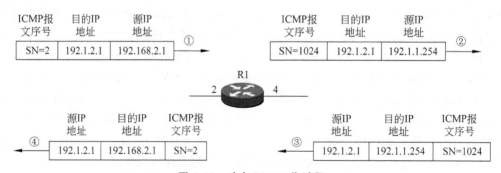

图 6.29 动态 PAT 工作过程

当终端 D 向终端 B 回送 ICMP 报文时,路由器 R1 通过接口 4 接收到封装该 ICMP 报文的 IP 分组,由于接口 4 是连接外部网络的接口,因此,路由器 R1 在地址转换表中检索内部全球地址等于该 IP 分组的目的 IP 地址 192.1.1.254、内部全球标识符等于 ICMP 报文中的序号 1024 的地址转换项。找到匹配的地址转换项后,用该地址转换项中的内部私有地址 192.168.2.1 取代该 IP 分组的目的 IP 地址 192.1.1.254,用该地址转换项中的内部本地标识符 2 取代 ICMP 报文中的序号 1024。地址转换过程如图 6.29 所示。

表 6.3 地址转换表

协议	内部私有地址	内部本地标识符	内部全球地址	内部全球标识符
ICMP	192.168.1.1	2(序号)	192.1.1.254	2(序号)
ICMP	192.168.2.1	2(序号)	192.1.1.254	1024(序号)
TCP	192.168.1.3	80(端口号)	192.1.1.254	80(端口号)
TCP	192.168.2.7	80(端口号)	192.1.1.254	8080(端口号)

6.4.4 关键命令说明

1. 指定需要转换的内部网络私有 IP 地址范围

以下命令序列将需要转换的内部网络私有 IP 地址范围指定为 192.168.1.0/24 和 192.168.2.0/24。

```
Router(config)#access-list 1 permit 192.168.1.0 0.0.0.255
Router(config)#access-list 1 permit 192.168.2.0 0.0.0.255
Router(config)#access-list 1 deny any
```

access-list 1 permit 192.168.1.0 0.0.0.255 是全局模式下使用的命令,该命令的作用是指定 IP 地址范围 192.168.1.0/24,其中 192.168.1.0 是 CIDR 地址块 192.168.1.0/24 的起始 IP 地址,0.0.0.255 是表示 24 位网络前缀的子网掩码 255.255.255.0 的反码。1 是规则编号,相同编号的一组规则一起作用。permit 表示指定 IP 地址范围。

access-list 1 deny any 是全局模式下使用的命令,该命令的作用是否定 IP 地址范围,deny 表示否定,any 表示所有 IP 地址。

上述三条有着相同编号的规则一起作用,指定 IP 地址范围仅仅是 192.168.1.0/24 和 192.168.2.0/24。

2. 配置动态 PAT

以下命令序列用于指定动态 PAT 规则。

```
Router(config)#ip nat inside source list 1 interface FastEthernet1/1 overload
```

ip nat inside source list 1 interface FastEthernet1/1 overload 是全局模式下使用的命令,该命令的作用是指定动态 PAT 规则:如果通过连接内部网络的接口接收到某个 IP 分组,且该 IP 分组通过连接外部网络的接口输出,同时该 IP 分组的源 IP 地址属于编号为 1 的规则集指定的需要转换的内部网络私有 IP 地址范围。对该 IP 分组实施连接内部网络的接口至连接外部网络的接口的地址转换过程。内部全球地址是接口 FastEthernet1/1 的 IP 地址。动态 PAT 要求由内部网络中的终端发起访问外部网络的过程,即地址转换项由内部网络终端发送的与本次访问外部网络过程相关的第一个 IP 分组创建。

3. 配置静态 PAT

以下命令序列用于配置静态地址转换项。

```
Router(config)#ip nat inside source static tcp 192.168.1.3 80 192.1.1.254 80
Router(config)#ip nat inside source static tcp 192.168.2.7 80 192.1.1.254 8080
```

ip nat inside source static tcp 192.168.1.3 80 192.1.1.254 80 是全局模式下使用的命令,该命令的作用是在地址转换表中事先创建一项地址转换项(静态地址转换项),该项地址转换项中的各个字段值如下:协议＝TCP、内部私有地址＝192.168.1.3、内部本地标识符＝80、内部全球地址＝192.1.1.254、内部全球标识符＝80。

ip nat inside source static tcp 192.168.2.7 80 192.1.1.254 8080 是全局模式下使用的命令,该命令的作用是在地址转换表中事先创建一项地址转换项(静态地址转换项),该项地址转换项中的各个字段值如下:协议＝TCP、内部私有地址＝192.168.2.7、内部本地标识符＝80、内部全球地址＝192.1.1.254、内部全球标识符＝8080。

值得指出的是,当路由器通过连接外部网络的接口接收到IP分组时,路由器在地址转换表中检索内部全球地址等于该IP分组的目的IP地址、内部全球标识符等于该IP分组的内部全球标识符的地址转换项。由于这些需要进行连接外部网络的接口至连接内部网络的接口地址转换过程的IP分组有着相同的目的IP地址,即路由器连接外部网络的接口的IP地址,因此,对于这些IP分组,确定地址转换项的唯一依据是内部全球标识符,所以在相同协议下,多项不同的静态地址转换项必须有不同的内部全球标识符,故上述命令序列配置的两项静态地址转换项不能有相同的内部全球标识符,一项取值80,另一项取值8080。

4. 指定连接内部网络和连接外部网络的接口

以下命令序列用于将接口 FastEthernet0/0 指定为连接内部网络的接口,将接口 FastEthernet1/1 指定为连接外部网络的接口。

```
Router(config)#interface FastEthernet0/0
Router(config-if)#ip nat inside
Router(config-if)#exit
Router(config)#interface FastEthernet1/1
Router(config-if)#ip nat outside
Router(config-if)#exit
```

ip nat inside 是接口配置模式下使用的命令,该命令的作用是将某个接口(这里是FastEthernet0/0)指定为连接内部网络的接口。

ip nat outside 是接口配置模式下使用的命令,该命令的作用是将某个接口(这里是FastEthernet1/1)指定为连接外部网络的接口。

6.4.5 实验步骤

(1) 根据如图6.28所示的内部网络与Internet的互连结构放置和连接设备,完成设备放置和连接后的逻辑工作区界面如图6.30所示。

(2) 完成路由器 Router1、Router2 各个接口的 IP 地址和子网掩码配置过程。完成路由器 Router1、Router2 的 RIP 配置过程。需要指出的是,在完成路由器 Router1 的 RIP 配置过程时,直接连接的网络中不包括内部网络 192.168.1.0/24 和 192.168.2.0/24。完成

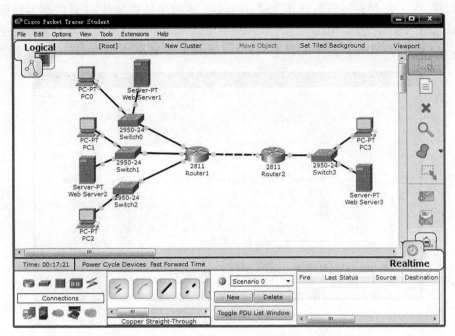

图 6.30 放置和连接设备后的逻辑工作区界面

上述配置过程后,路由器 Router1、Router2 分别生成如图 6.31 和 6.32 所示的路由表。对于路由器 Router2,内部网络 192.168.1.0/24 和 192.168.2.0/24 是不可见的。

图 6.31 路由器 Router1 路由表

图 6.32 路由器 Router2 路由表

(3) 完成各个终端和服务器的网络信息配置过程。

(4) CLI(命令行接口)配置方式下,完成路由器 Router1 动态 PAT 和静态 PAT 配置过程。启动 PC0 和 PC1 与 PC3 之间的 ICMP 报文传输过程。启动 PC0 和 PC1 通过浏览器访问 Web Server3 的过程。完成上述传输过程后,路由器 Router1 的网络地址转换表(NAT Table)如图 6.33 所示。Inside Local 列中给出表 6.3 中的内部私有地址和内部本地标识符,如 192.168.1.1:2,其中 192.168.1.1 是内部私有地址,2 是内部本地标识符(ICMP 报文中的序号)。Inside Global 列中给出表 6.3 中的内部全球地址和内部全球标识符,如 192.1.1.254:2,其中 192.1.1.254 是内部全球地址,2 是内部全球标识符。

Protocol	Inside Global	Inside Local	Outside Local	Outside Global
icmp	192.1.1.254:2	192.168.1.1:2	192.1.2.1:2	192.1.2.1:2
icmp	192.1.1.254:3	192.168.1.1:3	192.1.2.1:3	192.1.2.1:3
icmp	192.1.1.254:4	192.168.1.1:4	192.1.2.1:4	192.1.2.1:4
icmp	192.1.1.254:5	192.168.1.1:5	192.1.2.1:5	192.1.2.1:5
icmp	192.1.1.254:1024	192.168.2.1:2	192.1.2.1:2	192.1.2.1:1024
tcp	192.1.1.254:1025	192.168.1.1:1025	192.1.2.3:80	192.1.2.3:80
tcp	192.1.1.254:1026	192.168.1.1:1026	192.1.2.3:80	192.1.2.3:80
tcp	192.1.1.254:80	192.168.1.3:80	---	---
tcp	192.1.1.254:80	192.168.1.3:80	192.1.2.1:1025	192.1.2.1:1025
tcp	192.1.1.254:80	192.168.1.3:80	192.1.2.1:1027	192.1.2.1:1027
tcp	192.1.1.254:1024	192.168.2.1:1025	192.1.2.3:80	192.1.2.3:80
tcp	192.1.1.254:8080	192.168.2.7:80	---	---
tcp	192.1.1.254:8080	192.168.2.7:80	192.1.2.1:1026	192.1.2.1:1026
tcp	192.1.1.254:8080	192.168.2.7:80	192.1.2.1:1028	192.1.2.1:1028
tcp	192.1.1.254:8080	192.168.2.7:80	192.1.2.1:1029	192.1.2.1:1029

图 6.33　路由器 Router1 地址转换表

(5) 由于配置了静态地址转换项,允许 PC3 通过 Router1 连接外部网络的接口的 IP 地址 192.1.1.254 访问内部网络中的 Web Server1 和 Web Server 2。配置静态地址转换项时,用内部全球标识符 80 唯一标识 Web Server1,用内部全球标识符 8080 唯一标识 Web Server2。因此,当在 PC3 浏览器地址栏中输入 192.1.1.254 时(80 端口号是默认端口号),PC3 访问到 Web Server1,如图 6.34 所示。当在 PC3 浏览器地址栏中输入 192.1.1.254:8080 时,PC3 访问到 Web Server2,如图 6.35 所示。

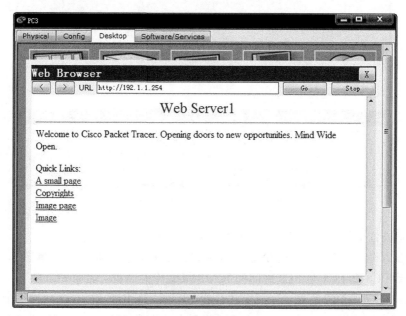

图 6.34　PC2 访问 Web Server1 界面

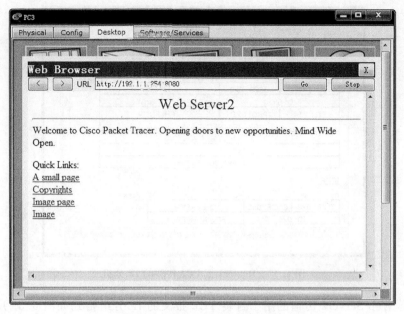

图 6.35 PC3 访问 Web Server2 界面

(6) 切换到模拟操作模式,启动 PC0 至 PC3 ICMP 报文传输过程,PC0 至 Router1 传输的用于封装 ICMP 报文的 IP 分组格式如图 6.36 所示,源 IP 地址是 PC0 的私有 IP 地址 192.168.1.1。Router1 至 PC3 传输的用于封装 ICMP 报文的 IP 分组格式如图 6.37 所示,源 IP 地址是 Router1 连接外部网络的接口的全球 IP 地址 192.1.1.254。

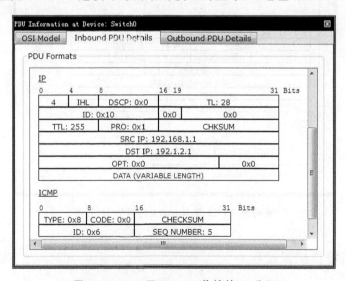

图 6.36 PC0 至 Router1 传输的 IP 分组

(7) 启动 PC3 通过浏览器访问 Web Server2 的过程,PC3 至 Router1 传输的用于封装 TCP 报文的 IP 分组格式如图 6.38 所示,目的 IP 地址是 Router1 连接外部网络的接口的全球 IP 地址 192.1.1.254,TCP 报文的目的端口号是 8080(内部全球标识符)。

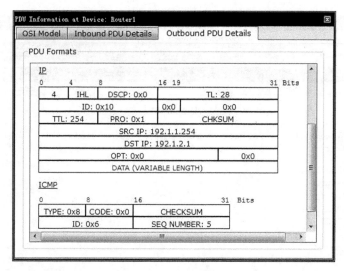

图 6.37 Router1 至 PC3 传输的 IP 分组

Router1 至 Web Server2 传输的用于封装 TCP 报文的 IP 分组格式如图 6.39 所示,目的 IP 地址是 Web Server2 的私有 IP 地址 192.168.2.7,TCP 报文的目的端口号是 80(内部本地标识符)。

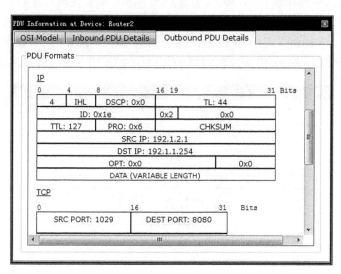

图 6.38 PC3 至 Router1 传输的 IP 分组

6.4.6 命令行接口配置过程

1. 路由器 Router1 命令行接口配置过程

命令序列如下:

```
Router>enable
Router#configure terminal
```

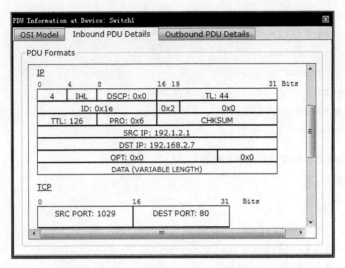

图 6.39 Router1 至 Web Server2 传输的 IP 分组

```
Router(config)#interface FastEthernet0/0
Router(config-if)#no shutdown
Router(config-if)#ip address 192.168.1.254 255.255.255.0
Router(config-if)#exit
Router(config)#interface FastEthernet0/1
Router(config-if)#no shutdown
Router(config-if)#ip address 192.168.2.254 255.255.255.0
Router(config-if)#exit
Router(config)#interface FastEthernet1/0
Router(config-if)#no shutdown
Router(config-if)#ip address 193.7.1.254 255.255.255.0
Router(config-if)#exit
Router(config)#interface FastEthernet1/1
Router(config-if)#no shutdown
Router(config-if)#ip address 192.1.1.254 255.255.255.0
Router(config-if)#exit
Router(config)#access-list 1 permit 192.168.1.0 0.0.0.255
Router(config)#access-list 1 permit 192.168.2.0 0.0.0.255
Router(config)#access-list 1 deny any
Router(config)#ip nat inside source list 1 interface FastEthernet1/1 overload
Router(config)#ip nat inside source static tcp 192.168.1.3 80 192.1.1.254 80
Router(config)#ip nat inside source static tcp 192.168.2.7 80 192.1.1.254 8080
Router(config)#interface FastEthernet0/0
Router(config-if)#ip nat inside
Router(config-if)#exit
Router(config)#interface FastEthernet0/1
Router(config-if)#ip nat inside
Router(config-if)#exit
```

```
Router(config)#interface FastEthernet1/1
Router(config-if)#ip nat outside
Router(config-if)#exit
Router(config)#router rip
Router(config-router)#network 192.1.1.0
Router(config-router)#network 193.7.1.0
Router(config-router)#exit
```

2. 路由器 Router2 命令行接口配置过程

命令序列如下:

```
Router>enable
Router#configure terminal
Router(config)#interface FastEthernet0/0
Router(config-if)#no shutdown
Router(config-if)#ip address 192.1.1.253 255.255.255.0
Router(config-if)#exit
Router(config)#interface FastEthernet0/1
Router(config-if)#no shutdown
Router(config-if)#ip address 192.1.2.254 255.255.255.0
Router(config-if)#exit
Router(config)#router rip
Router(config-router)#network 192.1.1.0
Router(config-router)#network 192.1.2.0
Router(config-router)#exit
```

3. 命令列表

路由器命令行接口配置过程中使用的命令及功能和参数说明如表 6.4 所示。

表 6.4 命令列表

命令格式	功能和参数说明
access-list *access-list-number* permit *source* [*source-wildcard*]	指定允许进行地址转换的私有地址范围,参数 *access-list-number* 是规则集编号,取值范围为 1~99,参数 *source* 和 *source-wildcard* 用于指定 CIDR 地址块,参数 *source-wildcard* 使用子网掩码反码的形式。相同规则集编号的一组规则一起作用
access-list *access-list-number* deny *source* [*source-wildcard*]	否定 IP 地址范围。参数 *access-list-number* 是规则集编号,取值范围为 1~99,参数 *source* 和 *source-wildcard* 用于指定 CIDR 地址块,参数 *source-wildcard* 使用子网掩码反码的形式。相同规则集编号的一组规则一起作用
ip nat inside source list *access-list-number* interface *type number* overload	将允许进行地址转换的私有地址范围与某个全球 IP 地址绑定在一起。参数 *access-list-number* 是用于指定允许进行地址转换的私有地址范围的规则集编号,参数 *type number* 用于指定路由器接口,该接口的 IP 地址作为用于实现地址转换的全球 IP 地址

续表

命令格式	功能和参数说明
ip nat inside source static tcp *local-ip local-port global-ip global-port*	创建静态地址转换项,参数 *local-ip* 和 *local-port* 用于指定内部私有地址和内部本地标识符,这里用端口号作为内部本地标识符。参数 *global-ip* 和 *global-port* 用于指定内部全球地址和内部全球标识符,同样,这里用端口号作为内部全球标识符
ip nat inside	指定连接内部网络的路由器接口
ip nat outside	指定连接外部网络(也称公共网络)的路由器接口

注:粗体是命令关键字,斜体是命令参数。

6.5 NAT 实验

6.5.1 实验内容

内部网络与外部网络互连过程如图 6.40 所示,内部网络 1 和内部网络 2 分配相同的私有 IP 地址 192.168.1.0/24。通过动态 NAT 实现内部网络中的终端访问外部网络的过程,通过静态 NAT 实现外部网络中的终端和其他内部网络中的终端访问某个内部网络中的 Web 服务器的过程。不同内部网络中的终端之间不能通信,外部网络中的终端不能发起与内部网络中的终端之间的通信过程。

6.5.2 实验目的

(1) 理解"内部网络对于外部网络是透明的"的含义。
(2) 验证动态 NAT 实现过程。
(3) 验证静态 NAT 实现过程。
(4) 验证动态 NAT 配置过程。
(5) 验证静态 NAT 配置过程。
(6) 验证 NAT 的安全性。

6.5.3 实验原理

对于外部网络和内部网络 2 中的终端,内部网络 1 中的终端和 Web 服务器被动态 NAT 和静态 NAT 映射到全球 IP 地址块 192.1.3.0/28,因此,路由器 R2 和 R3 中需要创建项目的网络为 192.1.3.0/28,下一跳是路由器 R1 连接外部网络的接口的 IP 地址 192.1.1.254 的静态路由项,如图 6.40 中的路由器 R3 路由表。同样,对于外部网络和内部网络 1 中的终端,内部网络 2 中的终端和 Web 服务器被动态 NAT 和静态 NAT 映射到全球 IP 地址块 192.1.3.16/28,因此,路由器 R1 和 R3 中需要创建项目的网络为 192.1.3.16/28,下一跳是路由器 R2 连接外部网络的接口的 IP 地址 192.1.1.253 的静态路由项,如图 6.40 中的路由器 R3 路由表。

在动态 NAT 下,内部网络中的终端发起访问外部网络或其他内部网络中的 Web 服务器时,动态创建一项用于建立内部网络私有 IP 地址与全球 IP 地址之间映射的地址转

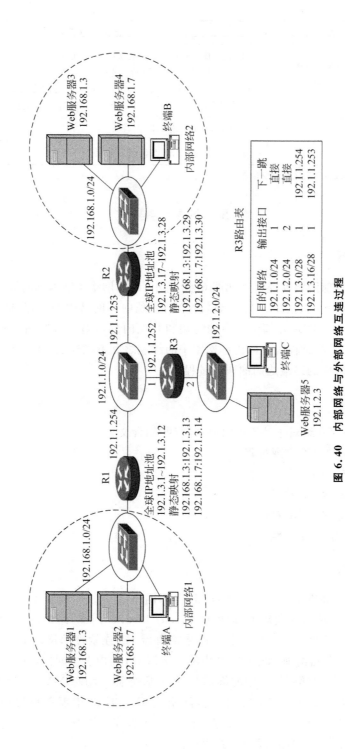

图 6.40 内部网络与外部网络互连过程

换项。在静态 NAT 下,通过配置事先创建用于建立内部网络私有 IP 地址与全球 IP 地址之间映射的地址转换项。只有事先创建用于建立内部网络 1 中 Web 服务器 1 的私有 IP 地址 192.168.1.3 与全球 IP 地址 192.1.3.13 之间映射的地址转换项后,外部网络中的终端和内部网络 2 中的终端才可以通过全球 IP 地址 192.1.3.13 访问内部网络 1 中的 Web 服务器 1。

6.5.4 关键命令说明

1. 配置动态 NAT

以下命令序列用于建立私有 IP 地址 192.168.1.0/24 与全球 IP 地址池 192.1.3.1～192.1.3.12 之间的映射。

```
Router(config)#access-list 1 permit 192.168.1.0 0.0.0.255
Router(config)#access-list 1 deny any
Router(config)#ip nat pool a1 192.1.3.1 192.1.3.12 netmask 255.255.255.240
Router(config)#ip nat inside source list 1 pool a1
```

access-list 1 permit 192.168.1.0 0.0.0.255 和 access-list 1 deny any 一起作用,将允许进行 NAT 操作的私有 IP 地址范围指定为 192.168.1.0/24。

ip nat pool a1 192.1.3.1 192.1.3.12 netmask 255.255.255.240 是全局模式下使用的命令,该命令的作用是定义全球 IP 地址池,a1 是全球 IP 地址池名。全球 IP 地址池是由起始地址和结束地址指定的一组连续 IP 地址。192.1.3.1 是该组连续 IP 地址的起始地址,192.1.3.12 是该组连续 IP 地址的结束地址。255.255.255.240 是该组连续 IP 地址的子网掩码。

ip nat inside source list 1 pool a1 是全局模式下使用的命令,该命令的作用是将编号为 1 的规则集指定的私有 IP 地址范围与名为 a1 的全球 IP 地址池绑定在一起。

执行上述命令后,如果路由器通过连接内部网络的接口接收到某个 IP 分组,且该 IP 分组满足下述条件:

(1) IP 分组源 IP 地址属于 CIDR 地址块 192.168.1.0/24。

(2) 确定 IP 分组通过连接外部网络的接口输出。

则路由器对其进行 NAT 操作,从全球 IP 地址池中选择一个未分配的全球 IP 地址,创建一项地址转换项,IP 分组的源 IP 地址作为地址转换项中的 Inside Local(内部私有地址),从全球 IP 地址池中选择的全球 IP 地址作为 Inside Global(内部全球地址),用内部全球地址取代 IP 分组的源 IP 地址。

当路由器通过连接外部网络的接口接收到某个 IP 分组,首先用该 IP 分组的目的 IP 地址检索地址转换表,如果找到内部全球地址与该 IP 分组的目的 IP 地址相同的地址转换项,则用该地址转换项中的内部私有地址取代 IP 分组的目的 IP 地址。

2. 配置静态 NAT

命令序列如下:

```
Router(config)#ip nat inside source static 192.168.1.3 192.1.3.13
```

ip nat inside source static 192.168.1.3 192.1.3.13 是全局模式下使用的命令,该命令的作用是创建静态地址转换项<192.168.1.3(Inside Local),192.1.3.13(Inside Global)>。

路由器执行该命令后,对于通过连接内部网络的接口接收到的源 IP 地址为 192.168.1.3 的 IP 分组,用内部全球地址 192.1.3.13 取代源 IP 地址 192.168.1.3。对于通过连接外部网络的接口接收到的目的 IP 地址为 192.1.3.13 的 IP 分组,用内部私有地址 192.168.1.3 取代目的 IP 地址 192.1.3.13。

6.5.5 实验步骤

(1) 根据如图 6.40 所示的内部网络与外部网络的互连结构放置和连接设备,完成设备放置和连接后的逻辑工作区界面如图 6.41 所示。

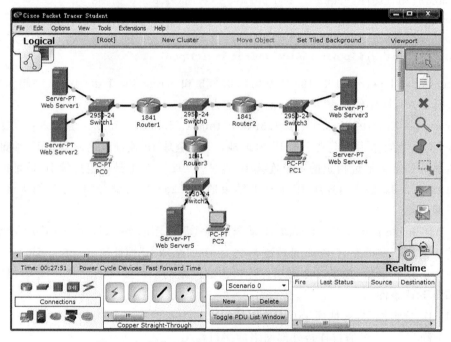

图 6.41 完成设备放置和连接后的逻辑工作区界面

(2) 完成路由器 Router1、Router2、Router3 各个接口的 IP 地址和子网掩码配置过程。完成路由器 Router1、Router2、Router3 的 RIP 配置过程。需要指出的是,完成路由器 Router1、Router2 的 RIP 配置过程时,直接连接的网络中不包括内部网络 192.168.1.0/24。完成路由器 Router1、Router2、Router3 静态路由项配置过程,静态路由项中的目的网络是路由器 Router1、Router2 配置的全球 IP 地址池。完成上述配置过程后,路由器 Router1、Router2、Router3 分别生成如图 6.42、图 6.43 和图 6.44 所示的路由表。对于路由器 Router1,路由器 Router2 连接的内部网络 192.168.1.0/24 是不可见的。对于路由器 Router3,路由器 Router1 和 Router2 连接的内部网络 192.168.1.0/24 都是不可见的。192.1.3.0/28 是路由器 Router1 配置的全球 IP 地址池。192.1.3.16/28 是路由器

Router2 配置的全球 IP 地址池。因此,这两个目的网络的下一跳分别是路由器 Router1 和 Router2 连接外部网络的接口的 IP 地址。

```
Routing Table for Router1
 Type      Network          Port           Next Hop IP       Metric
 C       192.1.1.0/24    FastEthernet0/1   ---               0/0
 R       192.1.2.0/24    FastEthernet0/1   192.1.1.252       120/1
 S       192.1.3.16/28   ----              192.1.1.253       1/0
 C       192.168.1.0/24  FastEthernet0/0   ---               0/0
```

图 6.42　路由器 Router1 路由表

```
Routing Table for Router2
 Type      Network          Port           Next Hop IP       Metric
 C       192.1.1.0/24    FastEthernet0/0   ---               0/0
 R       192.1.2.0/24    FastEthernet0/0   192.1.1.252       120/1
 S       192.1.3.0/28    ----              192.1.1.254       1/0
 C       192.168.1.0/24  FastEthernet0/1   ---               0/0
```

图 6.43　路由器 Router2 路由表

```
Routing Table for Router3
 Type      Network          Port           Next Hop IP       Metric
 C       192.1.1.0/24    FastEthernet0/0   ---               0/0
 C       192.1.2.0/24    FastEthernet0/1   ---               0/0
 S       192.1.3.0/28    ----              192.1.1.254       1/0
 S       192.1.3.16/28   ----              192.1.1.253       1/0
```

图 6.44　路由器 Router3 路由表

(3) 完成各个终端和服务器的网络信息配置过程。

(4) 在 CLI(命令行接口)配置方式下,完成以下功能的配置过程。路由器 Router1 和 Router2 中创建全球 IP 地址池的过程;建立全球 IP 地址池与需要转换的私有 IP 地址范围之间的映射;Router1 中建立全球 IP 地址 192.1.3.13 和 192.1.3.14 与 Web Server1 和 Web Server2 的私有 IP 地址 192.168.1.3 和 192.168.1.7 之间的静态映射;Router2 中建立全球 IP 地址 192.1.3.29 和 192.1.3.30 与 Web Server3 和 Web Server4 的私有 IP 地址 192.168.1.3 和 192.168.1.7 之间的静态映射。

(5) PC0 用全球 IP 地址 192.1.3.29 访问私有 IP 地址为 192.168.1.3 的 Web Server3 的界面如图 6.45 所示。PC0 用全球 IP 地址 192.1.3.30 访问私有 IP 地址为 192.168.1.7 的 Web Server4 的界面如图 6.46 所示。同样,PC1 可以用全球 IP 地址 192.1.3.13 访问私有 IP 地址为 192.168.1.3 的 Web Server1,用全球 IP 地址 192.1.3.14 访问私有 IP 地址为 192.168.1.7 的 Web Server2。需要指出的是,与 PAT 不同,NAT 用不同的全球 IP 地址映射不同的内部服务器。

(6) PC0 用全球 IP 地址 192.1.3.29 和 192.1.3.30 分别访问私有 IP 地址为 192.168.1.3 和 192.168.1.7 的 Web Server3 和 Web Server4 后,路由器 Router1 的 NAT 表如图 6.47 所示。地址转换项<192.1.3.1:1025(Inside Global),192.168.1.1:

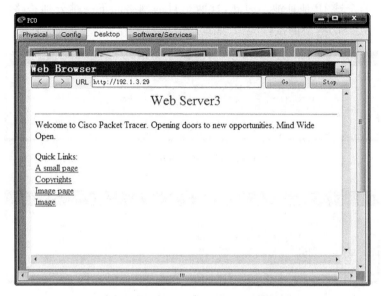

图 6.45　PC0 访问 Web Server3 的界面

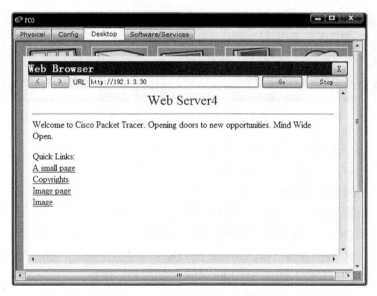

图 6.46　PC0 访问 Web Server4 的界面

1025(Inside Local)＞用于建立内部网络私有 IP 地址 192.168.1.1 与全球 IP 地址池中的全球 IP 地址 192.1.3.1 之间的映射。路由器 Router1 如果从连接内部网络的接口接收到源 IP 地址为 192.168.1.1，且需要通过连接外部网络的接口输出的 IP 分组，则将该 IP 分组的源 IP 地址改为 192.1.3.1。反之，路由器 Router1 如果从连接外部网络的接口接收到目的 IP 地址为 192.1.3.1 的 IP 分组，则将该 IP 分组的目的 IP 地址改为 192.168.1.1。

　　路由器 Router2 的 NAT 表如图 6.48 所示。地址转换项＜192.1.3.29(Inside Global)，192.168.1.3(Inside Local)＞用于静态建立内部网络私有 IP 地址 192.168.1.3

与全球 IP 地址 192.1.3.29 之间的映射。路由器 Router2 如果从连接内部网络的接口接收到源 IP 地址为 192.168.1.3，且需要通过连接外部网络的接口输出的 IP 分组，则将该 IP 分组的源 IP 地址改为 192.1.3.29。反之，路由器 Router2 如果从连接外部网络的接口接收到目的 IP 地址为 192.1.3.29 的 IP 分组，则将该 IP 分组的目的 IP 地址改为 192.168.1.3。

图 6.47 路由器 Router1 地址转换表

图 6.48 路由器 Router2 地址转换表

（7）PC0 通过浏览器访问 Web Server3 产生的 IP 分组分别由路由器 Router1 和 Router2 完成 NAT 过程。PC0 至路由器 Router1 的 IP 分组格式如图 6.49 所示，该 IP 分组的源 IP 地址是 PC0 私有 IP 地址 192.168.1.1，目的 IP 地址是在浏览器地址栏中输入的全球 IP 地址 192.1.3.29。路由器 Router1 至路由器 Router2 的 IP 分组格式如图 6.50 所示，该 IP 分组的源 IP 地址是路由器 Router1 全球 IP 地址池中的其中一个全球 IP 地址 192.1.3.1，目的 IP 地址依然是全球 IP 地址 192.1.3.29，由路由器 Router1 完成该 IP 分组的源 IP 地址从私有 IP 地址 192.168.1.1 到全球 IP 地址 192.1.3.1 的转

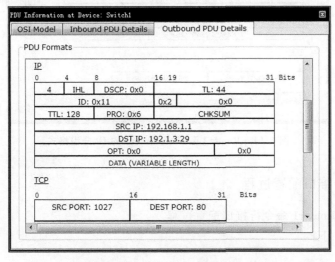

图 6.49 PC0 至 Router1 的 IP 分组格式

换过程。路由器 Router2 至 Web Server3 的 IP 分组格式如图 6.51 所示,该 IP 分组的源 IP 地址是全球 IP 地址 192.1.3.1,目的 IP 地址是 Web Server3 的私有 IP 地址 192.168.1.3,由路由器 Router2 完成该 IP 分组的目的 IP 地址从全球 IP 地址 192.1.3.29 到私有 IP 地址 192.168.1.3 的转换过程。

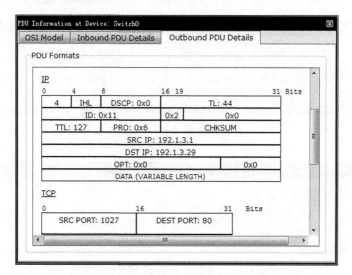

图 6.50　Router1 至 Router2 的 IP 分组格式

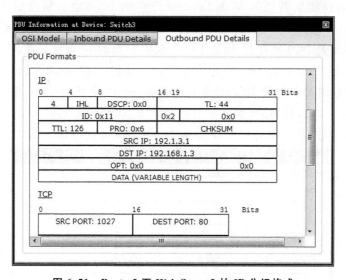

图 6.51　Router2 至 Web Server3 的 IP 分组格式

6.5.6　命令行接口配置过程

1. 路由器 Router1 命令行接口配置过程

命令序列如下:

```
Router>enable
```

```
Router#configure terminal
Router(config)#interface FastEthernet0/0
Router(config-if)#no shutdown
Router(config-if)#ip address 192.168.1.254 255.255.255.0
Router(config-if)#exit
Router(config)#interface FastEthernet0/1
Router(config-if)#no shutdown
Router(config-if)#ip address 192.1.1.254 255.255.255.0
Router(config-if)#exit
Router(config)#router rip
Router(config-router)#network 192.1.1.0
Router(config-router)#exit
Router(config)#ip route 192.1.3.16 255.255.255.240 192.1.1.253
Router(config)#access-list 1 permit 192.168.1.0 0.0.0.255
Router(config)#access-list 1 deny any
Router(config)#ip nat pool a1 192.1.3.1 192.1.3.12 netmask 255.255.255.240
Router(config)#ip nat inside source list 1 pool a1
Router(config)#ip nat inside source static 192.168.1.3 192.1.3.13
Router(config)#ip nat inside source static 192.168.1.7 192.1.3.14
Router(config)#interface FastEthernet0/0
Router(config-if)#ip nat inside
Router(config-if)#exit
Router(config)#interface FastEthernet0/1
Router(config-if)#ip nat outside
Router(config-if)#exit
```

2. 路由器 Router2 命令行接口配置过程

命令序列如下：

```
Router>enable
Router#configure terminal
Router(config)#interface FastEthernet0/0
Router(config-if)#no shutdown
Router(config-if)#ip address 192.1.1.253 255.255.255.0
Router(config-if)#exit
Router(config)#interface FastEthernet0/1
Router(config-if)#no shutdown
Router(config-if)#ip address 192.168.1.254 255.255.255.0
Router(config-if)#exit
Router(config)#router rip
Router(config-router)#network 192.1.1.0
Router(config-router)#exit
Router(config)#ip route 192.1.3.0 255.255.255.240 192.1.1.254
Router(config)#access-list 1 permit 192.168.1.0 0.0.0.255
Router(config)#access-list 1 deny any
Router(config)#ip nat pool b1 192.1.3.17 192.1.3.28 netmask 255.255.255.240
```

```
Router(config)#ip nat inside source list 1 pool b1
Router(config)#ip nat inside source static 192.168.1.3 192.1.3.29
Router(config)#ip nat inside source static 192.168.1.7 192.1.3.30
Router(config)#interface FastEthernet0/1
Router(config-if)#ip nat inside
Router(config-if)#exit
Router(config)#interface FastEthernet0/0
Router(config-if)#ip nat outside
Router(config-if)#exit
```

3. 路由器 Router3 命令行接口配置过程

命令序列如下：

```
Router>enable
Router#configure terminal
Router(config)#interface FastEthernet0/0
Router(config-if)#no shutdown
Router(config-if)#ip address 192.1.1.252 255.255.255.0
Router(config-if)#exit
Router(config)#interface FastEthernet0/1
Router(config-if)#no shutdown
Router(config-if)#ip address 192.1.2.254 255.255.255.0
Router(config-if)#exit
Router(config)#router rip
Router(config-router)#network 192.1.1.0
Router(config-router)#network 192.1.2.0
Router(config-router)#exit
Router(config)#ip route 192.1.3.0 255.255.255.240 192.1.1.254
Router(config)#ip route 192.1.3.16 255.255.255.240 192.1.1.253
```

4. 命令列表

路由器命令行接口配置过程中使用的命令及功能和参数说明如表 6.5 所示。

表 6.5 命令列表

命 令 格 式	功能和参数说明
ip nat pool *name start-ip end-ip* **netmask** *netmask*	定义全球 IP 地址池，参数 *name* 是全球 IP 地址池名，参数 *start-ip* 是起始地址，参数 *end-ip* 是结束地址，参数 *netmask* 是定义的一组全球 IP 地址的子网掩码
ip nat inside source list *access-list-number* **pool** *name*	将允许进行地址转换的私有地址范围与某个全球 IP 地址池绑定在一起。参数 *access-list-number* 是用于指定允许进行地址转换的私有地址范围的规则集编号，参数 *name* 是已经定义的全球 IP 地址池的名字
ip nat inside source static *local-ip global-ip*	创建用于建立私有地址与全球地址之间映射的静态地址转换项，参数 *local-ip* 是私有 IP 地址，参数 *global-ip* 是全球 IP 地址

注：粗体是命令关键字，斜体是命令参数。

6.6 HSRP 实验

热备份路由器协议(Hot Standby Router Protocol,HSRP)是一种与虚拟路由器冗余协议(Virtual Router Redundancy Protocol,VRRP)有着相似功能的协议,用于实现默认网关的容错和负载均衡。HSRP 是 Cisco 的私有协议。

6.6.1 实验内容

HSRP 实现过程如图 6.52 所示。

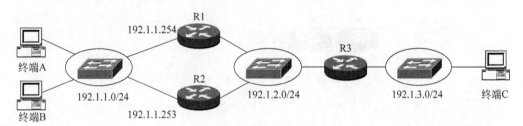

图 6.52　HSRP 实现过程

路由器 R1 和 R2 组成一个热备份组,每一个热备份组可以模拟成单台虚拟路由器。每一台虚拟路由器拥有虚拟 IP 地址和虚拟 MAC 地址。在一个热备份组中,只有一台路由器作为活动路由器,其余路由器作为备份路由器。只有活动路由器转发 IP 分组。当活动路由器失效后,热备份组在备份路由器中选择其中一台备份路由器作为活动路由器。

对于终端 A 和终端 B,每一个热备份组作为单台虚拟路由器,因此,除非热备份组中的所有路由器都失效,否则不会影响终端 A 和终端 B 与终端 C 之间的通信过程。

为了实现负载均衡,可以将路由器 R1 和 R2 组成两个热备份组,其中一个热备份组将路由器 R1 作为活动路由器,另一个热备份组将路由器 R2 作为活动路由器,终端 A 将其中一个热备份组对应的虚拟路由器作为默认网关,终端 B 将另一个热备份组对应的虚拟路由器作为默认网关,这样既实现了设备冗余,又实现了负载均衡。

6.6.2 实验目的

(1) 理解设备冗余的含义。
(2) 掌握 HSRP 工作过程。
(3) 掌握 HSRP 配置过程。
(4) 理解负载均衡的含义。
(5) 掌握负载均衡实现过程。

6.6.3 实验原理

为了实现负载均衡,采用如图 6.53 所示的 HSRP 工作环境。创建两个组编号分别为 1 和 2 的热备份组,并将路由器 R1 和 R2 的接口 1 分配给这两个热备份组,为组编号为1的热备份组分配虚拟IP地址192.1.1.250,同时为路由器R2配置较高的优先级,使路由器R2成为组编号为1的热备份组中的活动路由器。为组编号为2的热备份组分配虚拟IP地址192.1.1.251,同时为路由器R1配置较高的优先级,使路由器R1成为组编号为2的热备份组中的活动路由器。将终端A的默认网关地址配置成组编号为1的热备份组对应的虚拟IP地址192.1.1.250,将终端B的默认网关地址配置成组编号为2的热备份组对应的虚拟IP地址192.1.1.251。在没有发生错误的情况下,终端B将路由器R1作为默认网关,终端A将路由器R2作为默认网关。一旦某台路由器发生故障,另一台路由器将自动作为所有终端的默认网关。因此,图6.53所示的HSRP工作环境既实现了容错,又实现了负载均衡。

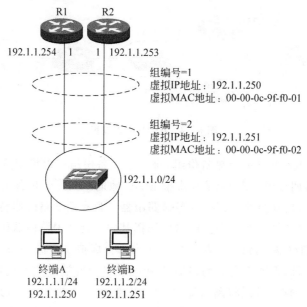

图6.53 容错和负载均衡的实现过程

6.6.4 关键命令说明

1. 加入热备份组与分配虚拟IP地址

以下命令序列用于将路由器接口FastEthernet0/0加入组编号为1的热备份组,为该热备份组分配虚拟IP地址192.1.1.250,并为路由器接口FastEthernet0/0分配在组编号为1的热备份组中的优先级。

```
Router(config)#interface FastEthernet0/0
Router(config-if)#standby 1 ip 192.1.1.250
Router(config-if)#standby 1 priority 60
Router(config-if)#exit
```

standby 1 ip 192.1.1.250是接口配置模式下使用的命令,该命令的作用有两个:一是将该接口(这里是接口FastEthernet0/0)加入组编号为1的热备份组;二是为组编号为

1 的热备份组分配虚拟 IP 地址 192.1.1.250。

standby 1 priority 60 是接口配置模式下使用的命令,该命令的作用是将该接口(这里是接口 FastEthernet0/0)在组编号为 1 的热备份组中的优先级设置为 60。优先级越高,该接口所在的路由器越有可能成为该热备份组的活动路由器。优先级取值范围是 1~255。

2. 配置允许抢占方式

以下命令序列不仅将路由器接口 FastEthernet0/0 加入组编号为 1 的热备份组,为该热备份组分配虚拟 IP 地址 192.1.1.250,并为路由器接口 FastEthernet0/0 分配在组编号为 1 的热备份组中的优先级,同时将路由器接口 FastEthernet0/0 配置成允许抢占方式。

```
Router(config)#interface FastEthernet0/0
Router(config-if)#standby 1 ip 192.1.1.250
Router(config-if)#standby 1 priority 100
Router(config-if)#standby 1 preempt
Router(config-if)#exit
```

standby 1 preempt 是接口配置模式下使用的命令,该命令的作用是将该接口(这里是接口 FastEthernet0/0)在组编号为 1 的热备份组中的工作方式配置成允许抢占方式。该接口一旦配置成允许抢占方式,当该接口的优先级大于组编号为 1 的热备份组中活动路由器的优先级时,该接口所在的路由器立即成为活动路由器。

6.6.5 实验步骤

(1) 根据如图 6.52 所示的互连网结构放置和连接设备,完成设备放置和连接后的逻辑工作区界面如图 6.54 所示。

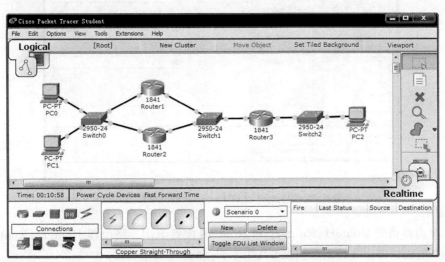

图 6.54 完成设备放置和连接后的逻辑工作区界面

(2) 为路由器 Router1、Router2 和 Router3 的各个接口配置 IP 地址和子网掩码。Router1 接口 FastEthernet0/0 的 MAC 地址、IP 地址和子网掩码如图 6.55 所示。Router2 接口 FastEthernet0/0 的 MAC 地址、IP 地址和子网掩码如图 6.56 所示。这两

个接口将分别加入组编号为 1 和 2 的热备份组。

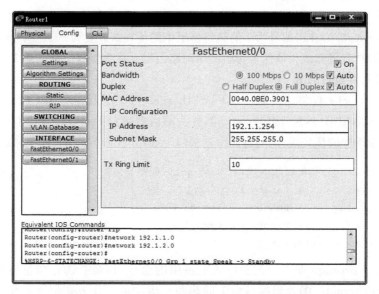

图 6.55 Router1 接口 FastEthernet0/0 配置界面

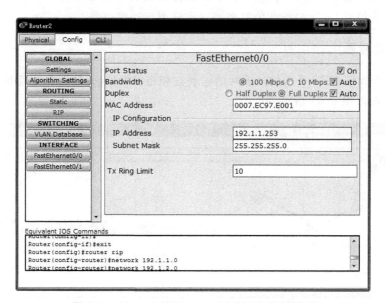

图 6.56 Router2 接口 FastEthernet0/0 配置界面

（3）为路由器 Router1、Router2 和 Router3 配置 RIP。路由器 Router1、Router2 和 Router3 生成的路由表分别如图 6.57、图 6.58 和图 6.59 所示。

（4）在 CLI（命令行接口）配置方式下，完成以下功能配置过程。将 Router1 和 Router2 的接口 FastEthernet0/0 加入组编号为 1 的热备份组，为该热备份组配置虚拟 IP 地址 192.1.1.250，并使 Router2 成为组编号为 1 的热备份组的活动路由器；将 Router1 和 Router2 的接口 FastEthernet0/0 加入组编号为 2 的热备份组，为该热备份组配置虚拟

Routing Table for Router1

Type	Network	Port	Next Hop IP	Metric
C	192.1.1.0/24	FastEthernet0/0	---	0/0
C	192.1.2.0/24	FastEthernet0/1	---	0/0
R	192.1.3.0/24	FastEthernet0/1	192.1.2.252	120/1

图 6.57　路由器 Router1 路由表

Routing Table for Router2

Type	Network	Port	Next Hop IP	Metric
C	192.1.1.0/24	FastEthernet0/0	---	0/0
C	192.1.2.0/24	FastEthernet0/1	---	0/0
R	192.1.3.0/24	FastEthernet0/1	192.1.2.252	120/1

图 6.58　路由器 Router2 路由表

Routing Table for Router3

Type	Network	Port	Next Hop IP	Metric
R	192.1.1.0/24	FastEthernet0/0	192.1.2.254	120/1
R	192.1.1.0/24	FastEthernet0/0	192.1.2.253	120/1
C	192.1.2.0/24	FastEthernet0/0	---	0/0
C	192.1.3.0/24	FastEthernet0/1	---	0/0

图 6.59　路由器 Router3 路由表

IP 地址 192.1.1.251，并使 Router1 成为组编号为 2 的热备份组的活动路由器。

(5) PC0 将组编号为 1 的热备份组对应的虚拟路由器作为默认网关，因此，将 192.1.1.250 作为默认网关地址。PC0 配置的网络信息如图 6.60 所示。虚拟 IP 地址 192.1.1.250 对应的 MAC 地址是虚拟 MAC 地址 0000.0c9f.f001，如图 6.61 所示。

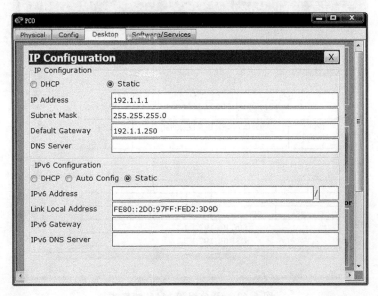

图 6.60　PC0 配置的网络信息

图 6.61　虚拟 IP 地址 192.1.1.250 对应的 MAC 地址

(6) 切换到模拟操作模式,启动 PC0 至 PC2 ICMP 报文传输过程。在 PC0 连接的以太网内,封装 ICMP 报文的 IP 分组格式和封装该 IP 分组的 MAC 帧格式如图 6.62 所示,MAC 帧的目的 MAC 地址是虚拟 IP 地址 192.1.1.250 对应的虚拟 MAC 地址 0000.0c9f.f001。PC0 至 PC2 ICMP 报文传输路径经过 Router2,如图 6.63 所示。一旦删除 Router2 连接交换机 Switch0 的物理链路,在无须修改 PC0 配置的网络信息的情况下,PC0 至 PC2 ICMP 报文传输路径自动改为经过 Router1,如图 6.64 所示。

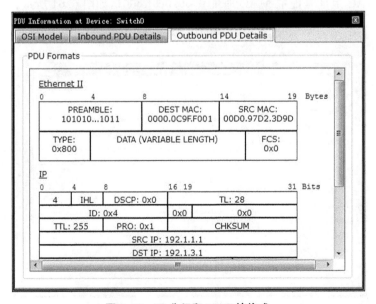

图 6.62　IP 分组和 MAC 帧格式

第6章 互连网安全实验

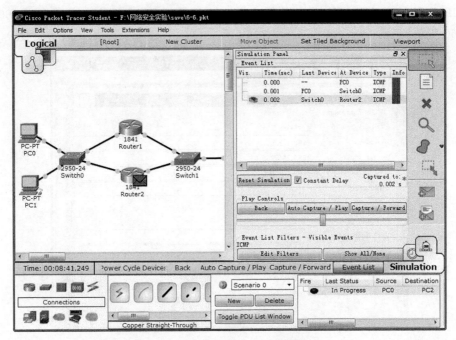

图 6.63 PC0 至 PC2 传输路径

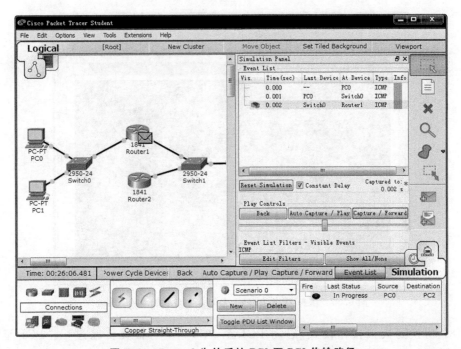

图 6.64 Router2 失效后的 PC0 至 PC2 传输路径

(7) 切换到实时操作模式,PC1 将组编号为 2 的热备份组对应的虚拟路由器作为默认网关,因此,将 192.1.1.251 作为默认网关地址。PC1 配置的网络信息如图 6.65 所示。

虚拟 IP 地址 192.1.1.251 对应的 MAC 地址是虚拟 MAC 地址 0000.0c9f.f002，如图 6.66 所示。

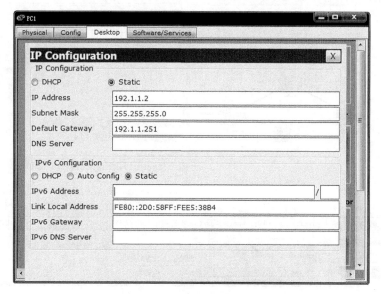

图 6.65　PC1 配置的网络信息

图 6.66　虚拟 IP 地址 192.1.1.251 对应的 MAC 地址

(8) 切换到模拟操作模式，启动 PC1 至 PC2 ICMP 报文传输过程。PC1 至 PC2 ICMP 报文传输路径经过 Router1，如图 6.67 所示。一旦删除 Router1 连接交换机 Switch0 的物理链路，在无须修改 PC1 配置的网络信息的情况下，PC1 至 PC2 ICMP 报文传输路径自动改为经过 Router2，如图 6.68 所示。

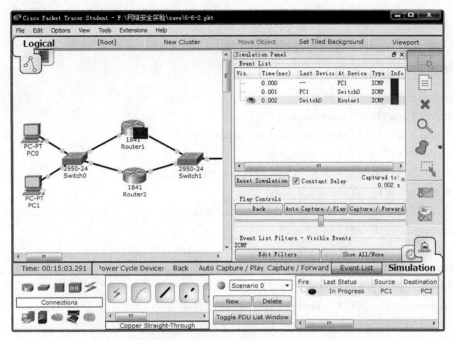

图 6.67　PC1 至 PC2 传输路径

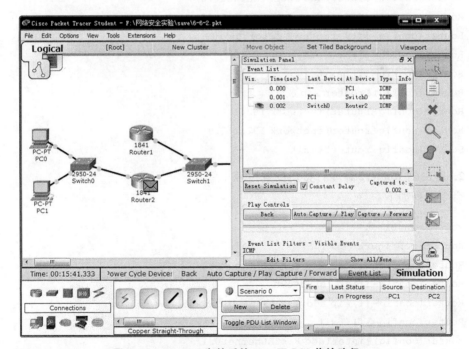

图 6.68　Router1 失效后的 PC1 至 PC2 传输路径

6.6.6 命令行接口配置过程

1. 路由器 Router1 命令行接口配置过程
命令序列如下：

Router>enable
Router#configure terminal
Router(config)#interface FastEthernet0/0
Router(config-if)#no shutdown
Router(config-if)#ip address 192.1.1.254 255.255.255.0
Router(config-if)#exit
Router(config)#interface FastEthernet0/1
Router(config-if)#no shutdown
Router(config-if)#ip address 192.1.2.254 255.255.255.0
Router(config-if)#exit
Router(config)#interface FastEthernet0/0
Router(config-if)#standby 1 ip 192.1.1.250
Router(config-if)#standby 1 priority 60
Router(config-if)#exit
Router(config)#interface FastEthernet0/0
Router(config-if)#standby 2 ip 192.1.1.251
Router(config-if)#standby 2 priority 100
Router(config-if)#standby 2 preempt
Router(config-if)#exit
Router(config)#router rip
Router(config-router)#network 192.1.1.0
Router(config-router)#network 192.1.2.0
Router(config-router)#exit

2. 路由器 Router2 命令行接口配置过程
命令序列如下：

Router>enable
Router#configure terminal
Router(config)#interface FastEthernet0/0
Router(config-if)#no shutdown
Router(config-if)#ip address 192.1.1.253 255.255.255.0
Router(config-if)#exit
Router(config)#interface FastEthernet0/1
Router(config-if)#no shutdown
Router(config-if)#ip address 192.1.2.253 255.255.255.0
Router(config-if)#exit
Router(config)#interface FastEthernet0/0

```
Router(config-if)#standby 1 ip 192.1.1.250
Router(config-if)#standby 1 priority 100
Router(config-if)#standby 1 preempt
Router(config-if)#exit
Router(config)#interface FastEthernet0/0
Router(config-if)#standby 2 ip 192.1.1.251
Router(config-if)#standby 2 priority 60
Router(config-if)#exit
Router(config)#router rip
Router(config-router)#network 192.1.1.0
Router(config-router)#network 192.1.2.0
Router(config-router)#exit
```

3. 路由器 Router3 命令行接口配置过程

命令序列如下：

```
Router>enable
Router#configure terminal
Router(config)#interface FastEthernet0/0
Router(config-if)#no shutdown
Router(config-if)#ip address 192.1.2.252 255.255.255.0
Router(config-if)#exit
Router(config)#interface FastEthernet0/1
Router(config-if)#no shutdown
Router(config-if)#ip address 192.1.3.254 255.255.255.0
Router(config-if)#exit
Router(config)#router rip
Router(config-router)#network 192.1.2.0
Router(config-router)#network 192.1.3.0
Router(config-router)#exit
```

4. 命令列表

路由器命令行接口配置过程中使用的命令及功能和参数说明如表 6.6 所示。

表 6.6 命令列表

命 令 格 式	功能和参数说明
standby［*group-number*］**ip** *ip-address*	将指定接口加入到组编号由参数 *group-number* 指定的热备份组中，并为该热备份组分配由参数 *ip-address* 指定的虚拟 IP 地址
standby［*group-number*］**priority** *priority*	为某个接口分配在指定热备份组中的优先级，热备份组的组编号由参数 *group-number* 指定，优先级由参数 *priority* 指定
standby［*group-number*］**preempt**	将某个接口在指定热备份组中的工作方式指定为允许抢占方式。热备份组的组编号由参数 *group-number* 指定

注：粗体是命令关键字，斜体是命令参数。

第 7 章 虚拟专用网络实验

虚拟专用网络(Virtual Private Network,VPN)主要解决四个问题：一是通过在内部网络各个子网之间建立点对点 IP 隧道,解决由互联网互联的内部网络各个子网之间的通信问题；二是通过在点对点 IP 隧道两端之间建立安全关联,解决内部网络各个子网之间的安全通信问题；三是通过 VPN 接入技术解决远程终端访问内部网络资源的问题；四是通过安全插口层(Secure Socket Layer,SSL)VPN 网关解决远程终端访问内部网络资源的问题。

7.1 点对点 IP 隧道实验

7.1.1 实验内容

VPN 物理结构如图 7.1(a)所示。路由器 R4、R5 和 R6 构成公共网络,边缘路由器 R1、R2 和 R3 一端连接内部子网,另一端连接公共网络。由于公共网络无法传输以私有 IP 地址(私有 IP 地址也称为本地 IP 地址)为源和目的 IP 地址的 IP 分组,因此,由公共网络互连的多个分配私有 IP 地址的内部子网之间无法直接进行通信。为了实现被公共网络分隔的多个内部子网之间的通信过程,需要建立以边缘路由器连接公共网络的接口为两端的点对点 IP 隧道,并为点对点 IP 隧道的两端分配私有 IP 地址。因此将图 7.1(a)所示的物理结构转变为图 7.1(b)所示的逻辑结构,点对点 IP 隧道成为互连边缘路由器的虚拟点对点链路,边缘路由器之间能够通过点对点 IP 隧道直接传输以私有 IP 地址为源和目的 IP 地址的 IP 分组。点对点 IP 隧道经过公共网络,因此需要通过隧道技术完成以私有 IP 地址为源和目的 IP 地址的 IP 分组经过公共网络传输的过程。

7.1.2 实验目的

(1) 掌握 VPN 设计过程。
(2) 掌握点对点 IP 隧道配置过程。
(3) 掌握公共网络路由项建立过程。
(4) 掌握内部网络路由项建立过程。
(5) 验证公共网络隧道两端之间的传输路径的建立过程。
(6) 验证基于隧道实现的内部子网之间 IP 分组传输过程。

第 7 章　虚拟专用网络实验

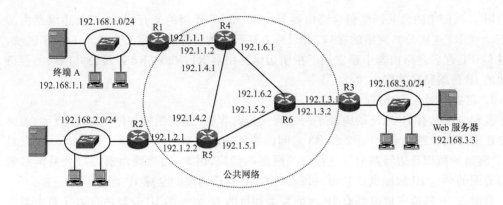

(a) 网络物理结构

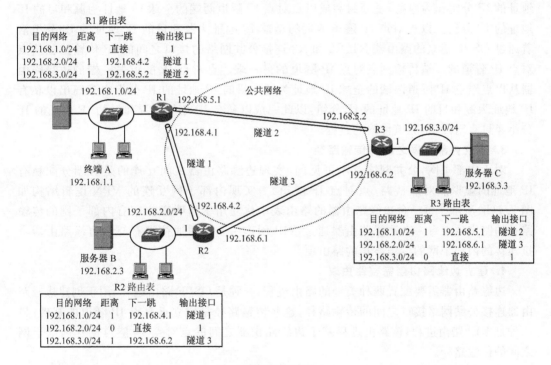

(b) 网络逻辑结构

图 7.1　VPN 结构

7.1.3　实验原理

以下操作是通过隧道技术完成以私有 IP 地址为源和目的 IP 地址的 IP 分组经过公共网络传输的过程的前提。

1. 建立公共网络端到端传输路径

建立路由器 R1、R2 和 R3 连接公共网络的接口之间的 IP 传输路径是建立路由器 R1、R2 和 R3 连接公共网络的接口之间的点对点 IP 隧道的前提,如图 7.1(a)所示。

图 7.1(a)中的公共网络包含路由器 R4、R5 和 R6 连接的所有网络,以及边缘路由器 R1、R2 和 R3 连接公共网络的接口,可以将上述范围的公共网络定义为单个 OSPF 区域,通过 OSPF 在各台路由器中建立用于指明边缘路由器 R1、R2 和 R3 连接公共网络的接口之间的 IP 传输路径的路由项。

2. 建立点对点 IP 隧道

实现分配私有 IP 地址的内部子网之间互连的 VPN 逻辑结构如图 7.1(b)所示,关键是创建实现边缘路由器 R1、R2 和 R3 之间两两互连的点对点 IP 隧道。由于每一条点对点 IP 隧道的两端是边缘路由器连接公共网络的接口,因此,边缘路由器连接公共网络的接口分配的全球 IP 地址也成为每一条点对点 IP 隧道两端的全球 IP 地址。

点对点 IP 隧道完成以私有 IP 地址为源和目的 IP 地址的 IP 分组两台边缘路由器之间传输的过程如下:点对点 IP 隧道一端的边缘路由器将以私有 IP 地址为源和目的 IP 地址的 IP 分组作为净荷,重新封装成以点对点 IP 隧道两端的全球 IP 地址为源和目的 IP 地址的 IP 分组。以点对点 IP 隧道两端的全球 IP 地址为源和目的 IP 地址的 IP 分组沿着通过 OSPF 建立的路由器 R1、R2 和 R3 连接公共网络的接口之间的 IP 传输路径从点对点 IP 隧道的一端传输到点对点 IP 隧道的另一端。点对点 IP 隧道另一端的边缘路由器从以点对点 IP 隧道两端的全球 IP 地址为源和目的 IP 地址的 IP 分组中分离出以私有 IP 地址为源和目的 IP 地址的 IP 分组,以此完成以私有 IP 地址为源和目的 IP 地址的 IP 分组经过点对点 IP 隧道传输的过程。

3. 建立内部子网之间的传输路径

对于内部子网,公共网络是不可见的,实现边缘路由器之间互连的是两端分配私有 IP 地址的虚拟点对点链路(点对点 IP 隧道)。实现内部子网互连的 VPN 逻辑结构如图 7.1(b)所示。每一台边缘路由器的路由表中建立用于指明通往所有内部子网的传输路径的路由项。每一台边缘路由器通过 RIP 创建用于指明通往没有与该边缘路由器直接连接的内部子网的传输路径的路由项。

4. 建立边缘路由器完整路由表

边缘路由器需要配置两种类型的路由进程,一种是 OSPF 路由进程,用于创建边缘路由器连接公共网络接口之间的传输路径,这些传输路径是建立点对点 IP 隧道的基础;另一种是 RIP 路由进程,该路由进程基于边缘路由器之间的点对点 IP 隧道创建内部子网之间的传输路径。

边缘路由器的路由表中存在多种类型的路由项,第一种是直连路由项,包括物理接口直接连接的网络(如路由器 R1 两个物理接口直接连接的网络 192.168.1.0/24 和 192.1.1.0/24)和隧道接口直接连接的网络(如路由器 R1 隧道 1 连接的网络 192.168.4.0/24 和隧道 2 连接的网络 192.168.5.0/24);第二种是 OSPF 创建的动态路由项,用于指明通往公共网络中各个子网的传输路径;第三种是 RIP 创建的动态路由项,用于指明通往各个内部子网的传输路径。

7.1.4 关键命令说明

以下命令序列用于为隧道接口分配私有 IP 地址和子网掩码,并完成隧道定义过程。

Router(config)#interface tunnel 1

```
Router(config-if)#ip address 192.168.4.1 255.255.255.0
Router(config-if)#tunnel source FastEthernet0/1
Router(config-if)#tunnel destination 192.1.2.1
Router(config-if)#exit
```

interface tunnel 1 是全局模式下使用的命令,该命令的作用有两个:一是创建编号为 1 的 IP 隧道接口;二是进入该隧道接口的隧道接口配置模式。

ip address 192.168.4.1 255.255.255.0 是隧道接口配置模式下使用的命令,为隧道接口配置私有 IP 地址 192.168.4.1 和子网掩码 255.255.255.0。路由器将隧道接口等同于普通物理接口,如以太网接口。

tunnel source FastEthernet0/1 是隧道接口配置模式下使用的命令,用于指定本路由器所连接的隧道一端(称为隧道源端)的全球 IP 地址。该命令通过指定作为隧道源端的路由器接口 FastEthernet0/1,确定将路由器接口 FastEthernet0/1 的全球 IP 地址作为隧道源端的全球 IP 地址。接口 FastEthernet0/1 是该路由器连接公共网络的接口。

tunnel destination 192.1.2.1 是隧道接口配置模式下使用的命令,用于指定隧道另一端(称为隧道目的端)的全球 IP 地址,该 IP 地址是作为隧道另一端的边缘路由器连接公共网络的接口的全球 IP 地址。

隧道两端是边缘路由器连接公共网络的接口,隧道定义过程就是指定作为隧道两端的边缘路由器连接公共网络的接口的全球 IP 地址的过程。

7.1.5 实验步骤

(1) 根据如图 7.1(a)所示网络结构放置和连接设备,完成设备放置和连接后的逻辑工作区界面如图 7.2 所示。

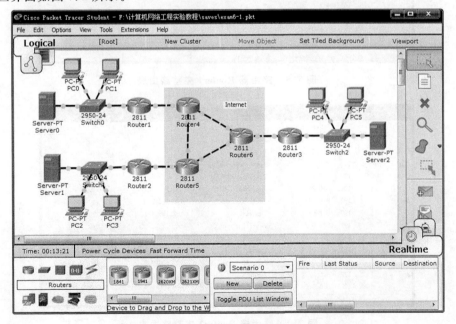

图 7.2 放置和连接设备后的逻辑工作区界面

(2) 为每一台路由器的各个接口配置 IP 地址和子网掩码。

(3) 在 CLI(命令行接口)配置方式下,完成将路由器 Router4、Router5 和 Router6 的各个接口以及路由器 Router1、Router2 和 Router3 连接公共网络的接口分配到同一个 OSPF 区域的配置过程。

(4) 在 CLI(命令行接口)配置方式下,完成以下功能的配置过程。定义路由器 Router1、Router2 和 Router3 连接公共网络的接口之间的 IP 隧道;为隧道接口配置私有 IP 地址。

(5) 路由器 Router1、Router2 和 Router3 在直接连接的网络中,选择内部网络和隧道接口连接的网络作为参与 RIP 创建动态路由项过程的网络。

(6) 完成上述配置过程后,每一台路由器建立了完整路由表。路由器 Router1 的完整路由表如图 7.3 所示。路由项分为三类:第一类类型为 C,用于指明通往直接连接的网络的传输路径的路由项,这些路由项中包含 IP 隧道接口连接的网络;第二类类型为 O,用于指明通往没有与该路由器直接连接的公共子网的传输路径的路由项;第三类类型为 R,用于指明通往没有与该路由器直接连接的内部子网的传输路径的路由项。O 型路由项由 OSPF 创建,R 型路由项由 RIP 创建。路由器 Router2 和 Router3 的完整路由表分别如图 7.4 和图 7.5 所示,路由项类型与 Router1 相似。路由器 Router4 的完整路由表

Type	Network	Port	Next Hop IP	Metric
C	192.1.1.0/24	FastEthernet0/1	---	0/0
O	192.1.2.0/24	FastEthernet0/1	192.1.1.2	110/3
O	192.1.3.0/24	FastEthernet0/1	192.1.1.2	110/3
O	192.1.4.0/24	FastEthernet0/1	192.1.1.2	110/2
O	192.1.5.0/24	FastEthernet0/1	192.1.1.2	110/3
O	192.1.6.0/24	FastEthernet0/1	192.1.1.2	110/2
C	192.168.1.0/24	FastEthernet0/0	---	0/0
R	192.168.2.0/24	Tunnel1	192.168.4.2	120/1
R	192.168.3.0/24	Tunnel2	192.168.5.2	120/1
C	192.168.4.0/24	Tunnel1	---	0/0
C	192.168.5.0/24	Tunnel2	---	0/0
R	192.168.6.0/24	Tunnel1	192.168.4.2	120/1
R	192.168.6.0/24	Tunnel2	192.168.5.2	120/1

图 7.3 路由器 Router1 完整路由表

Type	Network	Port	Next Hop IP	Metric
O	192.1.1.0/24	FastEthernet0/1	192.1.2.2	110/3
C	192.1.2.0/24	FastEthernet0/1	---	0/0
O	192.1.3.0/24	FastEthernet0/1	192.1.2.2	110/3
O	192.1.4.0/24	FastEthernet0/1	192.1.2.2	110/2
O	192.1.5.0/24	FastEthernet0/1	192.1.2.2	110/2
O	192.1.6.0/24	FastEthernet0/1	192.1.2.2	110/3
R	192.168.1.0/24	Tunnel1	192.168.4.1	120/1
C	192.168.2.0/24	FastEthernet0/0	---	0/0
R	192.168.3.0/24	Tunnel3	192.168.6.2	120/1
C	192.168.4.0/24	Tunnel1	---	0/0
R	192.168.5.0/24	Tunnel3	192.168.6.2	120/1
R	192.168.5.0/24	Tunnel1	192.168.4.1	120/1
C	192.168.6.0/24	Tunnel3	---	0/0

图 7.4 路由器 Router2 完整路由表

如图 7.6 所示。路由项分为两类：第一类类型为 C，用于指明通往直接连接的公共子网的传输路径的路由项；第二类类型为 O，用于指明通往没有与该路由器直接连接的公共子网的传输路径的路由项。路由器 Router5 和 Router6 的完整路由表分别如图 7.7 和图 7.8 所示，路由项类型与 Router4 相似。

Routing Table for Router3

Type	Network	Port	Next Hop IP	Metric
O	192.1.1.0/24	FastEthernet0/1	192.1.3.2	110/3
O	192.1.2.0/24	FastEthernet0/1	192.1.3.2	110/3
C	192.1.3.0/24	FastEthernet0/1	---	0/0
O	192.1.4.0/24	FastEthernet0/1	192.1.3.2	110/3
O	192.1.5.0/24	FastEthernet0/1	192.1.3.2	110/2
O	192.1.6.0/24	FastEthernet0/1	192.1.3.2	110/2
R	192.168.1.0/24	Tunnel2	192.168.5.1	120/1
R	192.168.2.0/24	Tunnel3	192.168.6.1	120/1
C	192.168.3.0/24	FastEthernet0/0	---	0/0
R	192.168.4.0/24	Tunnel3	192.168.6.1	120/1
R	192.168.4.0/24	Tunnel2	192.168.5.1	120/1
C	192.168.5.0/24	Tunnel2	---	0/0
C	192.168.6.0/24	Tunnel3	---	0/0

图 7.5 路由器 Router3 完整路由表

Routing Table for Router4

Type	Network	Port	Next Hop IP	Metric
C	192.1.1.0/24	FastEthernet0/0	---	0/0
O	192.1.2.0/24	FastEthernet0/1	192.1.4.2	110/2
O	192.1.3.0/24	FastEthernet1/0	192.1.6.2	110/2
C	192.1.4.0/24	FastEthernet0/1	---	0/0
O	192.1.5.0/24	FastEthernet0/1	192.1.4.2	110/2
O	192.1.5.0/24	FastEthernet1/0	192.1.6.2	110/2
C	192.1.6.0/24	FastEthernet1/0	---	0/0

图 7.6 路由器 Router4 完整路由表

Routing Table for Router5

Type	Network	Port	Next Hop IP	Metric
O	192.1.1.0/24	FastEthernet0/1	192.1.4.1	110/2
C	192.1.2.0/24	FastEthernet0/0	---	0/0
O	192.1.3.0/24	FastEthernet1/0	192.1.5.2	110/2
C	192.1.4.0/24	FastEthernet0/1	---	0/0
C	192.1.5.0/24	FastEthernet1/0	---	0/0
O	192.1.6.0/24	FastEthernet0/1	192.1.4.1	110/2
O	192.1.6.0/24	FastEthernet1/0	192.1.5.2	110/2

图 7.7 路由器 Router5 完整路由表

Routing Table for Router6

Type	Network	Port	Next Hop IP	Metric
O	192.1.1.0/24	FastEthernet1/0	192.1.6.1	110/2
O	192.1.2.0/24	FastEthernet0/1	192.1.5.1	110/2
C	192.1.3.0/24	FastEthernet0/0	---	0/0
O	192.1.4.0/24	FastEthernet0/1	192.1.5.1	110/2
O	192.1.4.0/24	FastEthernet1/0	192.1.6.1	110/2
C	192.1.5.0/24	FastEthernet0/1	---	0/0
C	192.1.6.0/24	FastEthernet1/0	---	0/0

图 7.8 路由器 Router6 完整路由表

(7) 切换到模拟操作模式，启动 PC0 至 Server2 的 ICMP 报文传输过程。内部子网中 ICMP 报文封装过程如图 7.9 所示，ICMP 报文封装成以 PC0 的私有 IP 地址 192.168.1.1 为源 IP 地址、以 Server2 的私有 IP 地址 192.168.3.3 为目的 IP 地址的 IP 分组。公共网络中 ICMP 报文封装过程如图 7.10 所示，以 PC0 的私有 IP 地址 192.168.1.1 为源 IP 地址、以 Server2 的私有 IP 地址 192.168.3.3 为目的 IP 地址的 IP 分组封装成 GRE 格式，并以 GRE 格式为净荷，封装成以 Router1 连接公共网络的接口的 IP 地址 192.1.1.1 为源 IP 地址、以 Router3 连接公共网络的接口的 IP 地址 192.1.3.1 为目的 IP 地址的 IP 分组。为了区分，将以 PC0 的私有 IP 地址 192.168.1.1 为源 IP 地址、以 Server2 的私有 IP 地址 192.168.3.3 为目的 IP 地址的 IP 分组称为内层 IP 分组，将以 Router1 连接公共网络的接口的 IP 地址 192.1.1.1 为源 IP 地址、以 Router3 连接公共网络的接口的 IP 地址 192.1.3.1 为目的 IP 地址的 IP 分组称为外层 IP 分组。内部网络内传输内层 IP 分组，公共网络内传输外层 IP 分组。

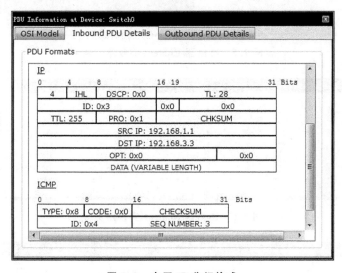

图 7.9　内层 IP 分组格式

7.1.6　命令行接口配置过程

1. Router1 命令行接口配置过程

命令序列如下：

```
Router>enable
Router#configure terminal
Router(config)#hostname Router1
Router1(config)#interface FastEthernet0/0
Router1(config-if)#no shutdown
Router1(config-if)#ip address 192.168.1.254 255.255.255.0
Router1(config-if)#exit
Router1(config)#interface FastEthernet0/1
```

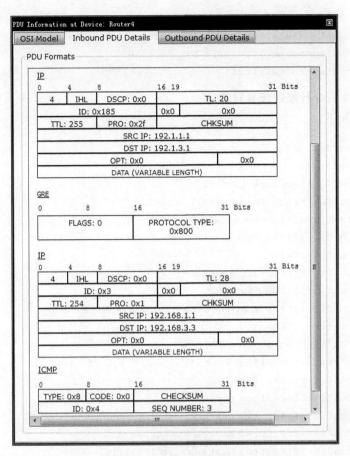

图 7.10 外层 IP 分组格式

```
Router1(config-if)#no shutdown
Router1(config-if)#ip address 192.1.1.1 255.255.255.0
Router1(config-if)#exit
Router1(config)#router ospf 01
Router1(config-router)#network 192.1.1.0 0.0.0.255 area 1
Router1(config-router)#exit
Router1(config)#interface tunnel 1
Router1(config-if)#ip address 192.168.4.1 255.255.255.0
Router1(config-if)#tunnel source FastEthernet0/1
Router1(config-if)#tunnel destination 192.1.2.1
Router1(config-if)#exit
Router1(config)#interface tunnel 2
Router1(config-if)#ip address 192.168.5.1 255.255.255.0
Router1(config-if)#tunnel source FastEthernet0/1
Router1(config-if)#tunnel destination 192.1.3.1
Router1(config-if)#exit
Router1(config)#router rip
```

```
Router1(config-router)#network 192.168.1.0
Router1(config-router)#network 192.168.4.0
Router1(config-router)#network 192.168.5.0
Router1(config-router)#exit
```

2. Router2 命令行接口配置过程

命令序列如下:

```
Router>enable
Router#configure terminal
Router(config)#hostname Router2
Router2(config)#interface FastEthernet0/0
Router2(config-if)#no shutdown
Router2(config-if)#ip address 192.168.2.254 255.255.255.0
Router2(config-if)#exit
Router2(config)#interface FastEthernet0/1
Router2(config-if)#no shutdown
Router2(config-if)#ip address 192.1.2.1 255.255.255.0
Router2(config-if)#exit
Router2(config)#router ospf 02
Router2(config-router)#network 192.1.2.0 0.0.0.255 area 1
Router2(config-router)#exit
Router2(config)#interface tunnel 1
Router2(config-if)#ip address 192.168.4.2 255.255.255.0
Router2(config-if)#tunnel source FastEthernet0/1
Router2(config-if)#tunnel destination 192.1.1.1
Router2(config-if)#exit
Router2(config)#interface tunnel 3
Router2(config-if)#ip address 192.168.6.1 255.255.255.0
Router2(config-if)#tunnel source FastEthernet0/1
Router2(config-if)#tunnel destination 192.1.3.1
Router2(config-if)#exit
Router2(config)#router rip
Router2(config-router)#network 192.168.2.0
Router2(config-router)#network 192.168.4.0
Router2(config-router)#network 192.168.6.0
Router2(config-router)#exit
```

3. Router3 命令行接口配置过程

命令序列如下:

```
Router>enable
Router#configure terminal
Router(config)#hostname Router3
Router3(config)#interface FastEthernet0/0
Router3(config-if)#no shutdown
```

```
Router3(config-if)#ip address 192.168.3.254 255.255.255.0
Router3(config-if)#exit
Router3(config)#interface FastEthernet0/1
Router3(config-if)#no shutdown
Router3(config-if)#ip address 192.1.3.1 255.255.255.0
Router3(config-if)#exit
Router3(config)#router ospf 03
Router3(config-router)#network 192.1.3.0 0.0.0.255 area 1
Router3(config-router)#exit
Router3(config)#interface tunnel 2
Router3(config-if)#ip address 192.168.5.2 255.255.255.0
Router3(config-if)#tunnel source FastEthernet0/1
Router3(config-if)#tunnel destination 192.1.1.1
Router3(config-if)#exit
Router3(config)#interface tunnel 3
Router3(config-if)#ip address 192.168.6.2 255.255.255.0
Router3(config-if)#tunnel source FastEthernet0/1
Router3(config-if)#tunnel destination 192.1.2.1
Router3(config-if)#exit
Router3(config)#router rip
Router3(config-router)#network 192.168.3.0
Router3(config-router)#network 192.168.5.0
Router3(config-router)#network 192.168.6.0
Router3(config-router)#exit
```

4. Router4 命令行接口配置过程
命令序列如下：

```
Router>enable
Router#configure terminal
Router(config)#hostname Router4
Router4(config)#interface FastEthernet0/0
Router4(config-if)#no shutdown
Router4(config-if)#ip address 192.1.1.2 255.255.255.0
Router4(config-if)#exit
Router4(config)#interface FastEthernet0/1
Router4(config-if)#no shutdown
Router4(config-if)#ip address 192.1.4.1 255.255.255.0
Router4(config-if)#exit
Router4(config)#interface FastEthernet1/0
Router4(config-if)#no shutdown
Router4(config-if)#ip address 192.1.6.1 255.255.255.0
Router4(config-if)#exit
Router4(config)#router ospf 04
Router4(config-router)#network 192.1.1.0 0.0.0.255 area 1
```

```
Router4(config-router)#network 192.1.4.0 0.0.0.255 area 1
Router4(config-router)#network 192.1.6.0 0.0.0.255 area 1
Router4(config-router)#exit
```

5. Router5 命令行接口配置过程

命令序列如下:

```
Router>enable
Router#configure terminal
Router(config)#hostname Router5
Router5(config)#interface FastEthernet0/0
Router5(config-if)#no shutdown
Router5(config-if)#ip address 192.1.2.2 255.255.255.0
Router5(config-if)#exit
Router5(config)#interface FastEthernet0/1
Router5(config-if)#no shutdown
Router5(config-if)#ip address 192.1.4.2 255.255.255.0
Router5(config-if)#exit
Router5(config)#interface FastEthernet1/0
Router5(config-if)#no shutdown
Router5(config-if)#ip address 192.1.5.1 255.255.255.0
Router5(config-if)#exit
Router5(config)#router ospf 05
Router5(config-router)#network 192.1.2.0 0.0.0.255 area 1
Router5(config-router)#network 192.1.4.0 0.0.0.255 area 1
Router5(config-router)#network 192.1.5.0 0.0.0.255 area 1
Router5(config-router)#exit
```

6. Router6 命令行接口配置过程

命令序列如下:

```
Router>enable
Router#configure terminal
Router(config)#hostname Router6
Router6(config)#interface FastEthernet0/0
Router6(config-if)#no shutdown
Router6(config-if)#ip address 192.1.3.2 255.255.255.0
Router6(config-if)#exit
Router6(config)#interface FastEthernet0/1
Router6(config-if)#no shutdown
Router6(config-if)#ip address 192.1.5.2 255.255.255.0
Router6(config-if)#exit
Router6(config)#interface FastEthernet1/0
Router6(config-if)#no shutdown
Router6(config-if)#ip address 192.1.6.2 255.255.255.0
Router6(config-if)#exit
```

```
Router6(config)#router ospf 06
Router6(config-router)#network 192.1.3.0 0.0.0.255 area 1
Router6(config-router)#network 192.1.5.0 0.0.0.255 area 1
Router6(config-router)#network 192.1.6.0 0.0.0.255 area 1
Router6(config-router)#exit
```

7. 命令列表

路由器命令行接口配置过程中使用的命令及功能和参数说明如表 7.1 所示。

表 7.1 命令列表

命 令 格 式	功能和参数说明
interface tunnel *number*	创建编号由参数 *number* 指定的隧道接口,并进入该隧道接口的隧道接口配置模式
tunnel source {*ip-address* | *ipv6-address* | *interface-type interface-number*}	指定隧道源端 IP 地址,该源端 IP 地址可以通过参数 *ip-address* 或 *ipv6-address* 直接给出,也可以通过参数 *interface-type interface-number* 指定某个路由器接口,用该接口的 IP 地址作为隧道源端地址
tunnel destination {*ip-address* | *ipv6-address*}	指定隧道目的端 IP 地址,该目的端 IP 地址通过参数 *ip-address* 或 *ipv6-address* 直接给出

注:粗体是命令关键字,斜体是命令参数。

7.2 IOS 路由器 IP Sec VPN 实验

7.2.1 实验内容

本实验在点对点 IP 隧道实验的基础上进行,验证通过 IP Sec 实现经过点对点 IP 隧道传输的以私有 IP 地址为源和目的 IP 地址的 IP 分组的保密性和完整性的过程。

点对点 IP 隧道只是解决了以私有 IP 地址为源和目的 IP 地址的 IP 分组跨公共网络传输的问题,但没有解决以私有 IP 地址为源和目的 IP 地址的 IP 分组经过公共网络传输时,需要保证其保密性与完整性的问题以及点对点 IP 隧道两端之间的双向鉴别问题。解决上述问题的方法是建立点对点 IP 隧道两端之间的双向安全关联。动态建立安全关联的协议是 Internet 安全关联和密钥管理协议(Internet Security Association and Key Management Protocol,ISAKMP),ISKMP 分两阶段建立点对点 IP 隧道两端之间的双向安全关联,第一阶段是建立点对点 IP 隧道两端之间的安全传输通道;第二阶段是建立点对点 IP 隧道两端之间的双向安全关联。

7.2.2 实验目的

(1) 掌握 ISAKMP 策略配置过程。
(2) 掌握 IP Sec 参数配置过程。
(3) 验证 IP Sec 安全关联建立过程。
(4) 验证封装安全净荷(Encapsulating Security Payload,ESP)报文的封装过程。

(5) 验证基于 IP Sec VPN 的数据传输过程。

7.2.3 实验原理

点对点 IP 隧道只能解决由公共网络(如 Internet)实现互连的内部子网之间的通信问题,但不能实现内部子网之间的安全通信。实现安全通信,一是需要对隧道两端的路由器实现双向身份鉴别,以免发生假冒内部子网与其他内部子网通信的情况;二是需要保证经过公共网络传输的数据的完整性和保密性。IP Sec 协议就是一种实现内层 IP 分组经过隧道安全通信的协议。通过 ISAKMP 在隧道两端之间建立 IP Sec 安全关联,将内层 IP 分组封装成 ESP 报文后,再经过隧道传输。ISAKMP 分两阶段完成隧道两端之间 IP Sec 安全关联建立过程,第一阶段是建立安全传输通道,在这一阶段,隧道两端需要约定加密算法、报文摘要算法、鉴别方式和 DH 组号;第二阶段是建立 IP Sec 安全关联,在这一阶段,隧道两端需要约定安全协议、加密算法和散列消息鉴别码(Hashed Message Authentication Codes,HMAC)算法。

1. 建立安全传输通道

隧道两端在建立安全传输通道时,需要完成身份鉴别协议、密钥交换算法和加密/解密算法等协商过程,因此,隧道两端必须就身份鉴别协议、密钥交换算法及加密/解密算法等安全属性达成一致。配置安全策略的目的是为需要建立安全传输通道的隧道两端配置相同的安全属性。

2. 建立安全关联

在建立安全关联时需要确定安全协议、加密算法和 HMAC 算法等。IP Sec 可以选择鉴别首部(Authentication Header,AH)或 ESP 作为安全关联的安全协议。在选择 AH 时需要选择 HMAC 算法;在选择 ESP 时需要选择加密算法和 HMAC 算法。配置 IP Sec 属性就是在隧道两端配置相同的安全协议及相关算法。

3. 配置分组过滤器

配置分组过滤器的目的是筛选出需要经过 IP Sec 安全关联传输的一组 IP 分组。在这里,只有与实现内部子网之间通信相关的 IP 分组才需要经过 IP Sec 安全关联进行传输。

7.2.4 关键命令说明

1. 配置安全策略

以下命令序列用于配置隧道两端建立安全传输通道时需要协商的身份鉴别协议、密钥交换算法和加密/解密算法等。隧道两端需要配置相同的身份鉴别协议、密钥交换算法和加密/解密算法等。

```
Router(config)#crypto isakmp policy 1
Router(config-isakmp)#authentication pre-share
Router(config-isakmp)#encryption 3des
Router(config-isakmp)#hash md5
Router(config-isakmp)#group 2
```

```
Router(config-isakmp)#lifetime 3600
Router(config-isakmp)#exit
Router(config)#crypto isakmp key 1234 address 0.0.0.0 0.0.0.0
```

crypto isakmp policy 1 是全局模式下使用的命令,该命令的作用有两个:一是定义编号和优先级为 1 的安全策略;二是进入策略配置模式。需要建立安全传输通道的两端可以定义多个安全策略,编号和优先级越小的安全策略优先级越高,隧道两端成功建立安全传输通道的前提是隧道两端存在匹配的安全策略。

authentication pre-share 是策略配置模式下使用的命令,(config-isakmp)#是策略配置模式下的命令提示符。该命令的作用是为该安全策略指定鉴别机制,pre-share 表示采用共享密钥鉴别机制。存在多种鉴别机制,如基于 RSA 的数字签名等。Packet Tracer 只支持共享密钥鉴别机制。

encryption 3des 是策略配置模式下使用的命令,该命令的作用是为该安全策略指定加密算法 3DES。Packet Tracer 支持的加密算法有 3DES、AES 和 DES。

hash md5 是策略配置模式下使用的命令,该命令的作用是为该安全策略指定报文摘要算法 MD5。Packet Tracer 支持的报文摘要算法有 MD5 和 SHA。

group 2 是策略配置模式下使用的命令,该命令的作用是为该安全策略指定 Diffie-Hellman 组标识符 2,即建立安全传输通道时,隧道两端通过 Diffie-Hellman 密钥交换算法同步密钥,并使用组标识符 2 对应的参数。Packet Tracer 支持的 Diffie-Hellman 组标识符有 1、2 和 5。

lifetime 3600 是策略配置模式下使用的命令,该命令的作用是指定 3600 秒为该安全策略相关的 IKE 安全关联的寿命,即安全传输通道的寿命。一旦超过了 3600 秒,将重新建立安全传输通道,也称 IKE 安全关联。

crypto isakmp key 1234 address 0.0.0.0 0.0.0.0 是全局模式下使用的命令,该命令的作用是为需要建立安全传输通道,且采用共享密钥鉴别机制的隧道两端配置共享密钥。1234 是配置的共享密钥,用地址和子网掩码 0.0.0.0/0.0.0.0 表示另一端任意。可以通过地址和子网掩码唯一指定隧道另一端或另一端的范围。

2. 配置 IP Sec 变换集

以下命令用于配置隧道两端建立安全关联时所需要的安全协议及相关算法。隧道两端需要配置相同的安全协议及相关算法。

```
Router (config)#crypto ipsec transform-set tunnel esp-3des esp-md5-hmac
```

crypto ipsec transform-set tunnel esp-3des esp-md5-hmac 是全局模式下使用的命令,该命令的作用是指定安全协议使用的 HMAC 算法和加密算法。如果选择 AH 作为安全协议,则可以选择的 HMAC 算法有 ah-md5-hmac 和 ah-sha-hmac。如果选择 ESP 作为安全协议,则可以选择的加密算法有 esp-3des、esp-aes 和 esp-des,可以选择的 HMAC 算法有 esp-md5-hmac 和 esp-sha-hmac。可以同时选择 AH 和 ESP,因此最多可以指定三种算法,这些算法的集合称为变换集。这里,tunnel 是变换集名字,esp-3des 和 esp-md5-hmac 分别是选择 ESP 作为安全协议后,指定的加密算法和 HMAC 算法。

3. 配置分组过滤器

以下命令序列用于指定需要经过安全关联传输的 IP 分组集。

```
Router(config)#access-list 101 permit gre host 192.1.1.1 host 192.1.2.1
Router(config)#access-list 101 deny ip any any
```

上述分组过滤器指定的 IP 分组是源 IP 地址为 192.1.1.1、目的 IP 地址为 192.1.2.1，且以 GRE 格式封装内层 IP 分组的外层 IP 分组，这种 IP 分组是封装内部子网间传输的 IP 分组后产生的用于经过隧道传输的外层 IP 分组。

4. 配置加密映射

以下命令序列用于将指定安全关联所使用的安全协议和相关算法的 IP Sec 变换集与分类经过该安全关联传输的 IP 分组集的分组过滤器绑定在一起。

```
Router (config)#crypto map tunnel 10 ipsec-isakmp
Router(config-crypto-map)#set peer 192.1.2.1
Router(config-crypto-map)#set pfs group2
Router(config-crypto-map)#set security-association lifetime seconds 900
Router(config-crypto-map)#set transform-set tunnel
Router(config-crypto-map)#match address 101
Router(config-crypto-map)#exit
```

crypto map tunnel 10 ipsec-isakmp 是全局模式下使用的命令，该命令的作用有两个：一是创建一个 ipsec-isakmp 环境下作用的加密映射；二是进入加密映射配置模式。tunnel 是加密映射名，10 是序号。

set peer 192.1.2.1 是加密映射配置模式下使用的命令，(config-crypto-map)# 是加密映射配置模式下的命令提示符。该命令的作用是指定安全关联的另一端，192.1.2.1 是安全关联另一端的 IP 地址。

set pfs group2 是加密映射配置模式下使用的命令，该命令的作用是指定 Diffie-Hellman 密钥交换算法和组标识符 2 对应的参数。当需要重新建立安全关联时，隧道两端通过 Diffie-Hellman 密钥交换算法同步密钥，并使用组标识符 2 对应的参数。

set security-association lifetime seconds 900 是加密映射配置模式下使用的命令，该命令的作用是指定 900 秒是安全关联的寿命，即一旦超过 900 秒，需要重新建立安全关联。

set transform-set tunnel 是加密映射配置模式下使用的命令，该命令的作用是指定安全关联使用的安全协议及与该安全协议相关的各种算法，tunnel 是变换集名，安全关联使用该变换集指定的安全协议及相关算法。

match address 101 是加密映射配置模式下使用的命令，该命令的作用是指定经过安全关联传输的 IP 分组集。由编号为 101 的分组过滤器确定经过安全关联传输的 IP 分组集。

上述加密映射指定了安全关联的有关参数、安全关联另一端的 IP 地址（即安全关联目的 IP 地址）、安全关联使用的安全协议及相关算法、经过安全关联传输的 IP 分组集。

5. 作用加密映射

以下命令序列用于将名为 tunnel 加密映射作用到接口 FastEthernet0/1 上。

```
Router(config)#interface FastEthernet0/1
Router(config-if)#crypto map tunnel
Router(config-if)#exit
```

crypto map tunnel 是接口配置模式下使用的命令,该命令的作用是将名为 tunnel 加密映射作用到指定路由器接口(这里是 FastEthernet0/1)。

一旦将某个加密映射作用到某个路由器接口,则通过 isakmp 动态建立以该路由器接口为源端,以加密映射指定的目的端为目的端,使用加密映射指定的安全协议及各种相关算法的安全关联。所有经过该路由器接口输出,且属于加密映射指定的 IP 分组集的 IP 分组通过安全关联完成安全传输过程。

如果需要创建多个以该路由器接口为源端,但目的端不同的安全关联,需要定义多个名字相同,但序号不同的加密映射,每一个加密映射对应一个安全关联。

7.2.5 实验步骤

(1) 在第 7.1 节中的点对点 IP 隧道实验基础上进行本实验。

(2) 在 CLI(命令行接口)配置方式下,隧道两端完成安全策略配置过程,指定建立安全传输通道使用的加密算法 3DES、报文摘要算法 MD5、共享密钥鉴别机制和 DH 组号 DH-2。隧道每一端可以配置多个安全策略,但两端必须存在匹配的安全策略,否则会终止 IP Sec 安全关联建立过程。

(3) 由于双方采用共享密钥鉴别方式,隧道两端需要在 CLI(命令行接口)配置方式下完成共享密钥配置过程。Packet Tracer 只能用单个共享密钥绑定所有采用共享密钥鉴别机制的隧道两端。

(4) 在 CLI(命令行接口)配置方式下,隧道两端完成变换集配置过程。隧道两端通过指定变换集确定 IP Sec 安全关联使用的安全协议及各种相关算法。

(5) 在 CLI(命令行接口)配置方式下,通过配置分组过滤器指定隧道两端需要进行安全传输的 IP 分组范围。

(6) 在 CLI(命令行接口)配置方式下,隧道两端完成加密映射配置过程。加密映射中将 IP Sec 安全关联另一端的 IP 地址、为 IP Sec 配置的变换集及用于控制需要安全传输的 IP 分组范围的分组过滤器绑定在一起。如果某个端口作为多条隧道的源端口,则需要创建多个名字相同但序号不同的加密映射,每一个加密映射对应不同的隧道。

(7) 在 CLI(命令行接口)配置方式下,完成将创建的加密映射作用到某个接口的过程。加密映射一旦作用到某个接口上,则按照加密映射的配置,自动建立 IP Sec 安全关联,并通过 IP Sec 安全关联安全传输分组过滤器指定的 IP 分组集。

(8) 在隧道两端的接口各自创建加密映射后,隧道两端通过 ISAKMP 自动创建 IP Sec 安全关联,内层 IP 分组经过隧道传输时,封装成外层 IP 分组。外层 IP 分组经过安全关联传输时,封装成 ESP 报文。图 7.11 所示是图 7.2 中 PC0 至 Server2 的内层 IP 分组,以内部网络本地 IP 地址 192.168.1.1 和 192.168.3.3 为源和目的 IP 地址。图 7.12 所示是该内层 IP 分组封装成外层 IP 分组的过程,它首先被封装成 GRE 格式,GRE 格式被封装成外层 IP 分组。图 7.13 所示是外层 IP 分组封装成 ESP 报文的过程。外层 IP 分组作为 ESP 报文的净荷。ESP 采用的加密算法是 3DES，采用的 HMAC 算法是 HMAC-MD5。

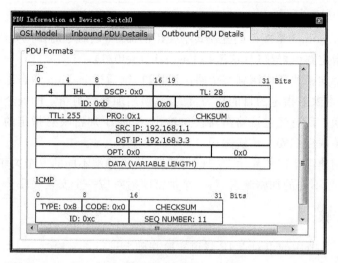

图 7.11　内层 IP 分组格式

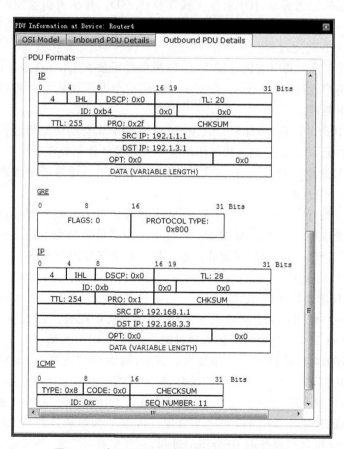

图 7.12　内层 IP 分组封装成外层 IP 分组过程

第 7 章 虚拟专用网络实验

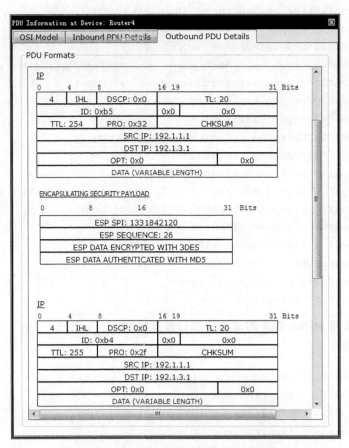

图 7.13 外层 IP 分组封装成 ESP 报文过程

7.2.6 命令行接口配置过程

1. Router1 与 IP Sec 有关的命令行接口配置过程

命令序列如下：

```
Router1(config)#crypto isakmp policy 1
Router1(config-isakmp)#authentication pre-share
Router1(config-isakmp)#encryption 3des
Router1(config-isakmp)#hash md5
Router1(config-isakmp)#group 2
Router1(config-isakmp)#lifetime 3600
Router1(config-isakmp)#exit
Router1(config)#crypto isakmp key 1234 address 0.0.0.0 0.0.0.0
Router1(config)#crypto ipsec transform-set tunnel esp-3des esp-md5-hmac
Router1(config)#access-list 101 permit gre host 192.1.1.1 host 192.1.2.1
Router1(config)#access-list 101 deny ip any any
Router1(config)#access-list 102 permit gre host 192.1.1.1 host 192.1.3.1
Router1(config)#access-list 102 deny ip any any
```

```
Router1(config)#crypto map tunnel 10 ipsec-isakmp
Router1(config-crypto-map)#set peer 192.1.2.1
Router1(config-crypto-map)#set pfs group2
Router1(config-crypto-map)#set security-association lifetime seconds 900
Router1(config-crypto-map)#set transform-set tunnel
Router1(config-crypto-map)#match address 101
Router1(config-crypto-map)#exit
Router1(config)#crypto map tunnel 20 ipsec-isakmp
Router1(config-crypto-map)#set peer 192.1.3.1
Router1(config-crypto-map)#set pfs group2
Router1(config-crypto-map)#set security-association lifetime seconds 900
Router1(config-crypto-map)#set transform-set tunnel
Router1(config-crypto-map)#match address 102
Router1(config-crypto-map)#exit
Router1(config)#interface FastEthernet0/1
Router1(config-if)#crypto map tunnel
Router1(config-if)#exit
```

2. Router2 与 IP Sec 有关的命令行接口配置过程

命令序列如下：

```
Router2(config)#crypto isakmp policy 1
Router2(config-isakmp)#authentication pre-share
Router2(config-isakmp)#encryption 3des
Router2(config-isakmp)#hash md5
Router2(config-isakmp)#group 2
Router2(config-isakmp)#lifetime 3600
Router2(config-isakmp)#exit
Router2(config)#crypto isakmp key 1234 address 0.0.0.0 0.0.0.0
Router2(config)#crypto ipsec transform-set tunnel esp-3des esp-md5-hmac
Router2(config)#access-list 101 permit gre host 192.1.2.1 host 192.1.1.1
Router2(config)#access-list 101 deny ip any any
Router2(config)#access-list 102 permit gre host 192.1.2.1 host 192.1.3.1
Router2(config)#access-list 102 deny ip any any
Router2(config)#crypto map tunnel 10 ipsec-isakmp
Router2(config-crypto-map)#set peer 192.1.1.1
Router2(config-crypto-map)#set pfs group2
Router2(config-crypto-map)#set security-association lifetime seconds 900
Router2(config-crypto-map)#set transform-set tunnel
Router2(config-crypto-map)#match address 101
Router2(config-crypto-map)#exit
Router2(config)#crypto map tunnel 20 ipsec-isakmp
Router2(config-crypto-map)#set peer 192.1.3.1
Router2(config-crypto-map)#set pfs group2
```

```
Router2(config-crypto-map)#set security-association lifetime seconds 900
Router2(config-crypto-map)#set transform-set tunnel
Router2(config-crypto-map)#match address 102
Router2(config-crypto-map)#exit
Router2(config)#interface FastEthernet0/1
Router2(config-if)#crypto map tunnel
Router2(config-if)#exit
```

3. Router3 与 IP Sec 有关的命令行接口配置过程

命令序列如下：

```
Router3(config)#crypto isakmp policy 1
Router3(config-isakmp)#authentication pre-share
Router3(config-isakmp)#encryption 3des
Router3(config-isakmp)#hash md5
Router3(config-isakmp)#group 2
Router3(config-isakmp)#lifetime 3600
Router3(config-isakmp)#exit
Router3(config)#crypto isakmp key 1234 address 0.0.0.0 0.0.0.0
Router3(config)#crypto ipsec transform-set tunnel esp-3des esp-md5-hmac
Router3(config)#access-list 101 permit gre host 192.1.3.1 host 192.1.1.1
Router3(config)#access-list 101 deny ip any any
Router3(config)#access-list 102 permit gre host 192.1.3.1 host 192.1.2.1
Router3(config)#access-list 102 deny ip any any
Router3(config)#crypto map tunnel 10 ipsec-isakmp
Router3(config-crypto-map)#set peer 192.1.1.1
Router3(config-crypto-map)#set pfs group2
Router3(config-crypto-map)#set security-association lifetime seconds 900
Router3(config-crypto-map)#set transform-set tunnel
Router3(config-crypto-map)#match address 101
Router3(config-crypto-map)#exit
Router3(config)#crypto map tunnel 20 ipsec-isakmp
Router3(config-crypto-map)#set peer 192.1.2.1
Router3(config-crypto-map)#set pfs group2
Router3(config-crypto-map)#set security-association lifetime seconds 900
Router3(config-crypto-map)#set transform-set tunnel
Router3(config-crypto-map)#match address 102
Router3(config-crypto-map)#exit
Router3(config)#interface FastEthernet0/1
Router3(config-if)#crypto map tunnel
Router3(config-if)#exit
```

4. 命令列表

路由器命令行接口配置过程中使用的命令及功能和参数说明如表 7.2 所示。

表 7.2 命 令 列 表

命 令 格 式	功能和参数说明
crypto isakmp policy *priority*	定义安全策略,并进入策略配置模式。参数 *priority* 一是作为编号用于唯一标识该策略;二是为该策略分配优先级,1 是最高优先级
authentication {**rsa-sig** | **rsa-encr** | **pre-share**}	指定鉴别机制,**rsa-sig** 指 RSA 数字签名鉴别机制,**rsa-encr** 指 RSA 加密随机数鉴别机制,**pre-share** 指共享密钥鉴别机制
encryption {**des** | **3des** | **aes** | **aes 192** | **aes 256**}	指定加密算法。DES、3DES、AES、AES 192 和 AES 256 是各种加密算法
hash {**sha** | **md5**}	指定报文摘要算法。SHA 和 MD5 是两种报文摘要算法
group {**1** | **2** | **5**}	指定 Diffie-Hellman 组标识符。1、2 和 5 是可供选择的组号
lifetime *seconds*	指定 IKE 安全关联寿命,参数 *seconds* 以秒为单位给出 IKE 安全关联寿命
crypto isakmp key *keystring* **address** *peer-address* [*mask*]	指定安全关联两端用于相互鉴别身份的共享密钥,参数 *keystring* 指定共享密钥,安全关联两端配置的共享密钥必须相同。参数 *peer-address* 和 [*mask*](可选)用于指定使用共享密钥的另一端
crypto ipsec transform-set *transform-set-name* *transform1* [*transform2*] [*transform3*] [*transform4*]	定义变换集,参数 *transform-set-name* 指定变换集名,最多可以定义四种变换,选择 AH 作为安全协议,需要指定 HMAC 算法,选择 ESP 作为安全协议,需要指定加密算法和 HMAC 算法。另外还可以指定压缩算法
crypto map *map-name* *seq-num* **ipsec-isakmp**	创建一个作用于 **ipsec-isakmp** 的加密映射,参数 *map-name* 指定加密映射名,参数 *seq-num* 用于为加密映射分配序号,同时进入加密映射配置模式。加密映射的作用有两个:一是配置分类 IP 分组的分组过滤器;二是指定作用于这些 IP 分组的安全策略
set peer {*host-name* | *ip-address*}	指定安全关联的另一端,或用参数 *host-name* 指定另一端的域名,或用参数 *ip-address* 指定另一端的 IP 地址
set pfs [**group1** | **group2** | **group5**]	指定建立安全关联时使用的 Diffie-Hellman 组标识符
set security-association lifetime seconds *seconds*	指定安全关联寿命,参数 *seconds* 以秒为单位给出安全关联寿命
set transform-set *transform-set-name*	指定变换集,参数 *transform-set-name* 是变换集名字
match address [*access-list-id* | *name*]	指定用于过滤 IP 分组的分组过滤器,*access-list-id* 是分组过滤器编号,*name* 是分组过滤器名
crypto map *map-name*	将由参数 *map-name* 指定的加密映射作用于某个路由器接口

注:粗体是命令关键字,斜体是命令参数。

7.3 ASA5505 IP Sec VPN 实验

7.3.1 实验内容

ASA5505 IP Sec VPN 实现过程如图 7.14 所示，每一个 ASA5505 的一端连接内部网络，分配私有 IP 地址，另一端连接互联网，分配全球 IP 地址。两个 ASA5505 分别在连接互联网的一端之间建立 IP Sec 安全关联，且 IP Sec 安全关联工作在隧道模式。内部网络之间传输的以私有 IP 地址为源和目的 IP 地址的 IP 分组，经过 IP Sec 安全关联传输时，封装成隧道模式下的 ESP 报文，该 ESP 报文封装成以两个 ASA5505 分别连接互联网的一端的全球 IP 地址为源和目的 IP 地址的 IP 分组。

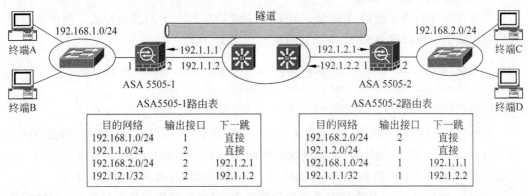

图 7.14 ASA5505 IP Sec VPN 实现过程

7.3.2 实验目的

(1) 验证 IP Sec VPN 工作过程。
(2) 验证 ASA5505 IP Sec VPN 配置过程。
(3) 了解 IOS 路由器和 ASA5505 实现 IP Sec VPN 的区别。

7.3.3 实现原理

IP Sec 安全关联的两端分别是两个 ASA5505 连接互联网的接口，且 IP Sec 安全关联工作在隧道模式。对于 ASA5505-1，通往目的网络 192.168.2.0/24 的传输路径上的下一跳是 ASA5505-1 至 ASA5505-2 的 IP Sec 安全关联的另一端。同样，对于 ASA5505-2，通往目的网络 192.168.1.0/24 的传输路径上的下一跳是 ASA5505-2 至 ASA5505-2 的 IP Sec 安全关联的另一端。当 ASA5505-1 通过连接内部网络的接口接收到终端 A 发送给终端 C 的 IP 分组时，由于该 IP 分组的目的 IP 地址属于 192.168.2.0/24，因此，下一跳是 ASA5505-2 连接互联网的接口。由于 ASA5505-1 至 ASA5505-2 的 IP Sec 安全关联的另一端是 ASA5505-2 连接互联网的接口，且 IP Sec 安全关联工作在隧道模式，该 IP 分组封装成隧道格式的 ESP 报文，外层 IP 首部的源 IP 地址是 ASA5505-1 连接互联网的接口的全球 IP 地址 192.1.1.1，目的 IP 地址是 ASA5505-2 连接互联网的接口的全球 IP

地址 192.1.2.1。

通过互联网完成隧道格式的 ESP 报文 ASA5505-1 至 ASA5505-2 的传输过程，ASA5505-2 从隧道格式的 ESP 报文中分离出内层 IP 分组，即以终端 A 私有 IP 地址为源 IP 地址、终端 C 私有 IP 地址为目的 IP 地址的 IP 分组，将该内层 IP 分组转发给终端 C，完成内层 IP 分组终端 A 至终端 C 的传输过程。

与 IP Sec 安全关联相关的配置信息可以分为三部分：一是与建立安全传输通道相关的配置信息，安全传输通道也称为 IKE 安全关联；二是与建立 IP Sec 安全关联相关的配置信息；三是分类经过 IP Sec 安全关联传输的 IP 分组的分组过滤器。

7.3.4 关键命令说明

1. 撤销已有 DHCP 配置

以下命令序列用于撤销 ASA5505 中已经完成的与 DHCP 有关的配置。撤销这些命令的目的是为了可以给 ASA5505 的接口配置任意 IP 地址。

```
ciscoasa(config)#no dhcpd address 192.168.1.5-192.168.1.35 inside
ciscoasa(config)#no dhcpd enable inside
ciscoasa(config)#no dhcpd auto_config outside
```

dhcpd address 192.168.1.5-192.168.1.35 inside 是全局模式下使用的命令，该命令的作用有两个：一是定义 IP 地址池，IP 地址池中的 IP 地址范围是 192.168.1.5~192.168.1.35；二是将该 IP 地址池分配给名为 inside 的接口。该命令前加 no，作用是撤销该命令。

dhcpd enable inside 是全局模式下使用的命令，该命令的作用是在名为 inside 的接口启动 DHCP 服务器。一旦在名为 inside 的接口启动 DHCP 服务器，则该接口的 IP 地址必须与 DHCP 服务器中定义的 IP 地址池有着相同的网络地址。该命令前加 no，作用是撤销该命令。

dhcpd auto_config outside 是全局模式下使用的命令，该命令的作用是指定以下获取 DNS 服务器地址等网络信息的方式：以名为 outside 的接口为 DHCP 客户端，从名为 outside 的接口所连接的外网中的 DHCP 服务器获取 DNS 服务器地址等网络信息。该命令前加 no，作用是撤销该命令。

2. 定义 VLAN 接口

ASA5505 在默认情况下已经定义了两个 VLAN，分别是 VLAN 1 和 VLAN 2，并将端口 Ethernet0/0 分配给 VLAN 2，其他端口分配给 VLAN 1。以下命令序列用于定义 VLAN 1 对应的接口。

```
ciscoasa(config)#interface vlan 1
ciscoasa(config-if)#nameif inside
ciscoasa(config-if)#security-level 100
ciscoasa(config-if)#ip address 192.168.1.254 255.255.255.0
ciscoasa(config-if)#exit
```

interface vlan 1 是全局模式下使用的命令，该命令的作用是进入 VLAN 1 对应的接口配置模式。

　　nameif inside 是接口配置模式下使用的命令，该命令的作用是将 VLAN 1 对应的接口取名为 inside。在以后的配置命令中，通常用接口名指定接口。

　　security-level 100 是接口配置模式下使用的命令，该命令的作用是指定接口的安全级别，安全级别范围是 0～100，其中 0 是最低安全级别，100 是最高安全级别。ASA5505 只允许 IP 分组从高安全级别的接口流向低安全级别的接口。如果需要 IP 分组从低安全级别的接口流向高安全级别的接口，则必须通过扩展分组过滤器指定允许从低安全级别的接口流向高安全级别的接口的 IP 分组的类别。

　　ip address 192.168.1.254 255.255.255.0 是接口配置模式下使用的命令，该命令的作用是为接口分配 IP 地址和子网掩码，其中 192.168.1.254 是接口的 IP 地址，255.255.255.0 是接口的子网掩码。

3. 配置扩展分组过滤器和作用接口

以下命令序列用于指定允许从低安全级别接口流向高安全级别接口的 IP 分组类别。

```
ciscoasa(config)#access-list b-a extended permit icmp 192.168.2.0 255.255.255.0 192.168.1.0 255.255.255.0
ciscoasa(config)#access-group b-a out interface inside
```

　　access-list b-a extended permit icmp 192.168.2.0 255.255.255.0 192.168.1.0 255.255.255.0 是全局模式下使用的命令，该命令的作用是指定一条属于名为 b-a 的扩展分组过滤器的规则。该规则允许源 IP 地址属于 CIDR 地址块 192.168.2.0/24，目的 IP 地址属于 CIDR 地址块 192.168.1.0/24，净荷是 ICMP 报文的 IP 分组通过。这种类型的 IP 分组是封装内部网络 192.168.2.0/24 传输给内部网络 192.168.1.0/24 的 ICMP 报文后生成的 IP 分组，由于 ASA5505 不允许 IP 分组从低安全级别的接口流向高安全级别的接口，因此，需要通过名为 b-a 的扩展分组过滤器指定允许从低安全级别的 outside 接口流向高安全级别的 inside 接口的 IP 分组的类型。

　　access-group b-a out interface inside 是全局模式下使用的命令，该命令的作用是将名为 b-a 的扩展分组过滤器作用于名为 inside 的接口的输出方向，即允许名为 b-a 的扩展分组过滤器正常转发的 IP 分组从名为 outside 的接口输入，从名为 inside 的接口输出。

4. 配置加密映射

　　配置加密映射的过程是指定建立 IP Sec 安全关联时使用的加密算法和鉴别算法，指定需要经过该 IP Sec 安全关联传输的 IP 分组类型的过程。程序代码如下：

```
ciscoasa(config)#access-list a-b extended permit icmp 192.168.1.0 255.255.255.0 192.168.2.0 255.255.255.0
ciscoasa(config)#crypto ipsec ikev1 transform-set l21 esp-aes esp-sha-hmac
ciscoasa(config)#crypto map a-b 1 match address a-b
ciscoasa(config)#crypto map a-b 1 set peer 192.1.2.1
ciscoasa(config)#crypto map a-b 1 set security-association lifetime seconds 86400
ciscoasa(config)#crypto map a-b 1 set ikev1 transform-set l21
```

ciscoasa(config)#crypto map a-b interface outside

crypto ipsec ikev1 transform-set l2l esp-aes esp-sha-hmac 是全局模式下使用的命令，该命令的作用是创建名为 l2l 的变换集。该变换集指定以下信息：由 IKEv1 完成 IP Sec 安全关联建立过程；建立 IP Sec 安全关联时使用的安全协议是 ESP，加密算法是 AES，鉴别算法是 SHA-HAMC。

crypto map a-b 1 match address a-b 是全局模式下使用的命令，该命令的作用是指定名为 a-b 的扩展分组过滤器正常转发的 IP 分组是需要经过该 IP Sec 安全关联传输的 IP 分组。关键字 map 后的 a-b 是加密映射名，1 是序号。与同一 IP Sec 安全关联相关的配置信息需要有着相同的加密映射名和序号。关键字 address 后的 a-b 是扩展分组过滤器名。

crypto map a-b 1 set peer 192.1.2.1 是全局模式下使用的命令，该命令的作用是指定 192.1.2.1 为 IP Sec 安全关联另一端的 IP 地址。

crypto map a-b 1 set security-association lifetime seconds 86400 是全局模式下使用的命令，该命令的作用是指定 86400 秒为该 IP Sec 安全关联的存活时间，即每经过 86400 秒，需要重新建立该 IP Sec 安全关联。

crypto map a-b 1 set ikev1 transform-set l2l 是全局模式下使用的命令，该命令的作用是指定以下信息，一是由 IKEv1 完成该 IP Sec 安全关联建立过程。二是由名为 l2l 的变换集指定的安全协议、加密算法和鉴别算法作为建立该 IP Sec 安全关联时使用的安全协议、加密算法和鉴别算法。

crypto map a-b interface outside 是全局模式下使用的命令，该命令的作用是将名为 a-b 的加密映射作用到名为 outside 的接口。由名为 outside 的接口发起建立该 IP Sec 安全关联，建立该 IP Sec 安全关联时，使用名为 a-b 的加密映射中配置的信息。

5. 配置 IKEv1 策略

建立 IP Sec 安全关联的过程分为两步：第一步是建立安全传输通道。如果由 IKEv1 完成建立安全关联的过程，则建立安全传输通道的过程也称为建立 IKEv1 安全关联的过程；第二步是建立 IP Sec 安全关联。配置 IKEv1 策略过程就是配置与建立安全传输通道相关信息的过程。命令序列如下：

```
ciscoasa(config)#crypto ikev1 policy 1
ciscoasa(config-ikev1-policy)#encryption aes
ciscoasa(config-ikev1-policy)#hash md5
ciscoasa(config-ikev1-policy)#lifetime 86400
ciscoasa(config-ikev1-policy)#authentication pre-share
ciscoasa(config-ikev1-policy)#group 2
ciscoasa(config-ikev1-policy)#exit
ciscoasa(config)#crypto ikev1 enable outside
```

crypto ikev1 policy 1 是全局模式下使用的命令，该命令的作用是进入 IKEv1 策略配置模式。可以配置多个不同的 IKEv1 策略，通过不同的优先级区分这些不同的策略，优先级的范围是 1~65535，1 是最高优先级。这里配置的是优先级为 1 的 IKEv1 策略。

encryption aes 是 IKEv1 策略配置模式下使用的命令，(config-ikev1-policy)♯ 是 IKEv1 策略配置模式下的命令提示符。该命令的作用是指定 AES 为安全传输通道使用的加密算法。

hash md5 是 IKEv1 策略配置模式下使用的命令，该命令的作用是指定 MD5 为安全传输通道使用的报文摘要算法。

lifetime 86400 是 IKEv1 策略配置模式下使用的命令，该命令的作用是指定 86400 秒为重新交换密钥的间隔，即每经过 86400 秒，隧道两端需要重新通过 Diffie-Hellman 密钥交换算法同步密钥。

authentication pre-share 是 IKEv1 策略配置模式下使用的命令，该命令的作用是指定共享密钥鉴别机制为建立安全传输通道时用于完成双向身份鉴别的鉴别机制。

group 2 是 IKEv1 策略配置模式下使用的命令，该命令的作用是指定 Diffie-Hellman 组标识符 2，即建立安全传输通道时，隧道两端通过 Diffie-Hellman 密钥交换算法同步密钥，并使用组标识符 2 对应的参数。

crypto ikev1 enable outside 是全局模式下使用的命令，该命令的作用是在名为 outside 的接口上启动 IKEv1。

6. 配置隧道

以下命令序列用于配置隧道安全属性和隧道类型。

```
ciscoasa(config)#tunnel-group 192.1.2.1 type ipsec-l2l
ciscoasa(config)#tunnel-group 192.1.2.1 ipsec-attributes
ciscoasa(config-tunnel-ipsec)#ikev1 pre-shared-key 1234
ciscoasa(config-tunnel-ipsec)#exit
```

tunnel-group 192.1.2.1 type ipsec-l2l 是全局模式下使用的命令，该命令的作用有两个：一是通过隧道另一端的 IP 地址唯一标识该隧道，并将该隧道与某个 IP Sec 安全关联绑定在一起；二是指定隧道类型是点对点 IP 隧道。192.1.2.1 是隧道另一端的 IP 地址，ipsec-l2l 是隧道类型。l2l 是 LAN-to-LAN 的缩写，表明隧道类型是点对点 IP 隧道。

tunnel-group 192.1.2.1 ipsec-attributes 是全局模式下使用的命令，该命令的作用是进入隧道安全属性配置模式，同样通过隧道另一端的 IP 地址唯一标识该隧道。

ikev1 pre-shared-key 1234 是隧道安全属性配置模式下使用的命令，(config-tunnel-ipsec)♯ 是隧道安全属性配置模式下的命令提示符。该命令的作用是指定 1234 为共享密钥，即建立安全传输通道时，双方用共享密钥 1234 鉴别对方身份。

7. 配置静态路由项

以下命令序列用于完成静态路由项的配置过程。

```
ciscoasa(config)#route outside 192.168.2.0 255.255.255.0 192.1.2.1
ciscoasa(config)#route outside 192.1.2.1 255.255.255.255 192.1.1.2
```

route outside 192.168.2.0 255.255.255.0 192.1.2.1 是全局模式下使用的命令，该命令的作用是配置一项静态路由项。其中 outside 是输出接口名，192.168.2.0 和 255.255.255.0 是目的网络的网络地址和子网掩码。192.1.2.1 是下一跳 IP 地址。该项路由项表明,通往目的网络 192.168.2.0/24 的传输路径上的下一跳是点对点 IP 隧道的另一端。

命令 route outside 192.1.2.1 255.255.255.255 192.1.1.2 用于配置一项静态路由项,该路由项给出通往隧道另一端的传输路径,目的网络 192.1.2.1/32 是隧道另一端的 IP 地址,192.1.1.2 是互联网中通往隧道另一端的传输路径上的下一跳地址。

8. 查看已经建立的 IP Sec 安全关联

以下命令用于查看已经建立的 IP Sec 安全关联。

```
ciscoasa#show crypto ipsec sa
```

show crypto ipsec sa 是特权模式下使用的命令,该命令的作用是显示与已经建立的 IP Sec 安全关联相关的信息。

7.3.5 实验步骤

(1) 根据如图 7.14 所示的网络结构放置和连接设备,完成设备放置和连接后的逻辑工作区界面如图 7.15 所示。用三层交换机 Multilayer-Switch0 仿真互联网,用两个 IP 接口分别连接如图 7.14 所示的两个 ASA5505 连接互联网的接口。

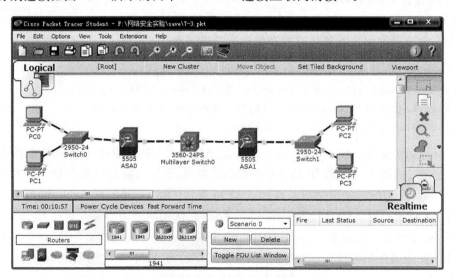

图 7.15 完成设备放置和连接后的逻辑工作区界面

(2) 在三层交换机 Multilayer-Switch0 中创建 VLAN 2 和 VLAN 3,分别定义 VLAN 2 和 VLAN 3 对应的 IP 接口,为这两个 IP 接口分别分配 IP 地址 192.1.1.2 和 192.1.2.2。

(3) 完成各个终端网络信息配置过程。

(4) 在 CLI(命令行接口)配置方式下,完成两个 ASA5505 的配置过程,分别输入第 7.3.6 节中给出的针对 ASA0 和 ASA1 的命令序列。

(5) 启动 PC0 至 PC2 的 ICMP 报文传输过程,PC0 至 ASA0 的 IP 分组格式如图 7.16 所示,ICMP 报文封装成以 PC0 的私有 IP 地址 192.168.1.1 为源 IP 地址、PC2 的私有 IP 地址 192.168.2.1 为目的 IP 地址的 IP 分组。ASA0 至 ASA1 的封装过程如图 7.17 所

第 7 章 虚拟专用网络实验

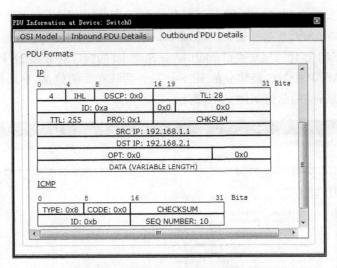

图 7.16　PC0 至 ASA0 的 IP 分组格式

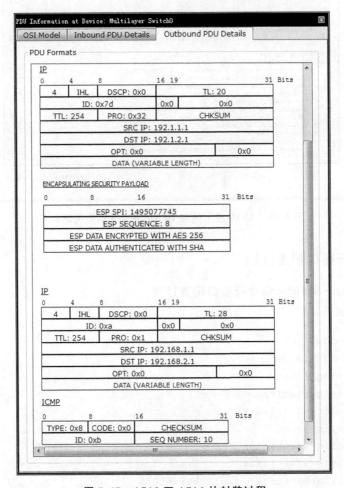

图 7.17　ASA0 至 ASA1 的封装过程

示,以 ICMP 报文为净荷的内层 IP 分组封装成 ESP 报文,以 ESP 报文为净荷的外层 IP 分组的源 IP 地址是 ASA0 连接三层交换机 Multilayer-Switch0 的接口的 IP 地址 192.1.1.1,目的 IP 地址是 ASA1 连接三层交换机 Multilayer-Switch0 的接口的 IP 地址 192.1.2.1。

(6) 查看 ASA0 中与已经建立的 IP Sec 安全关联有关的信息,显示的与已经建立的 IP Sec 安全关联有关的信息如图 7.18 所示。

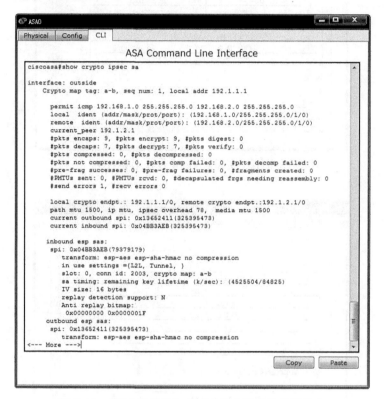

图 7.18　ASA0 显示的与 IP Sec 安全关联有关的信息

7.3.6　命令行接口配置过程

1. Multilayer-Switch0 命令行接口配置过程

命令序列如下:

```
Switch>enable
Switch#configure terminal
Switch(config)#vlan 2
Switch(config-vlan)#name v2
Switch(config-vlan)#exit
Switch(config)#vlan 3
Switch(config-vlan)#name v3
Switch(config-vlan)#exit
Switch(config)#interface FastEthernet0/1
Switch(config-if)#switchport mode access
```

```
Switch(config-if)#switchport access vlan 2
Switch(config-if)#exit
Switch(config)#interface FastEthernet0/2
Switch(config-if)#switchport mode access
Switch(config-if)#switchport access vlan 3
Switch(config-if)#exit
Switch(config)#interface vlan 2
Switch(config-if)#ip address 192.1.1.2 255.255.255.0
Switch(config-if)#exit
Switch(config)#interface vlan 3
Switch(config-if)#ip address 192.1.2.2 255.255.255.0
Switch(config-if)#exit
Switch(config)#ip routing
```

2. ASA0 命令行接口配置过程

命令序列如下:

```
ciscoasa>enable
Password:
ciscoasa#configure terminal
ciscoasa(config)#no dhcpd address 192.168.1.5-192.168.1.35 inside
ciscoasa(config)#no dhcpd enable inside
ciscoasa(config)#no dhcpd auto_config outside
ciscoasa(config)#interface vlan 1
ciscoasa(config-if)#nameif inside
ciscoasa(config-if)#security-level 100
ciscoasa(config-if)#ip address 192.168.1.254 255.255.255.0
ciscoasa(config-if)#exit
ciscoasa(config)#interface vlan 2
ciscoasa(config-if)#nameif outside
ciscoasa(config-if)#security-level 0
ciscoasa(config-if)#ip address 192.1.1.1 255.255.255.0
ciscoasa(config-if)#exit
ciscoasa(config)#access-list b-a extended permit icmp 192.168.2.0 255.255.255.0 192.168.1.0 255.255.255.0
ciscoasa(config)#access-group b-a out interface inside
ciscoasa(config)#access-list a-b extended permit icmp 192.168.1.0 255.255.255.0 192.168.2.0 255.255.255.0
ciscoasa(config)#crypto ipsec ikev1 transform-set 121 esp-aes esp-sha-hmac
ciscoasa(config)#crypto map a-b 1 match address a-b
ciscoasa(config)#crypto map a-b 1 set peer 192.1.2.1
ciscoasa(config)#crypto map a-b 1 set security-association lifetime seconds 86400
ciscoasa(config)#crypto map a-b 1 set ikev1 transform-set 121
ciscoasa(config)#crypto map a-b interface outside
```

```
ciscoasa(config)#crypto ikev1 policy 1
ciscoasa(config-ikev1-policy)#encryption aes
ciscoasa(config-ikev1-policy)#hash md5
ciscoasa(config-ikev1-policy)#lifetime 86400
ciscoasa(config-ikev1-policy)#authentication pre-share
ciscoasa(config-ikev1-policy)#group 2
ciscoasa(config-ikev1-policy)#exit
ciscoasa(config)#crypto ikev1 enable outside
ciscoasa(config)#tunnel-group 192.1.2.1 type ipsec-l2l
ciscoasa(config)#tunnel-group 192.1.2.1 ipsec-attributes
ciscoasa(config-tunnel-ipsec)#ikev1 pre-shared-key 1234
ciscoasa(config-tunnel-ipsec)#exit
ciscoasa(config)#route outside 192.168.2.0 255.255.255.0 192.1.2.1
ciscoasa(config)#route outside 192.1.2.1 255.255.255.255 192.1.1.2
```

注：进入特权模式的默认口令是 Enter。

3. ASA1 命令行接口配置过程

命令序列如下：

```
ciscoasa>enable
Password:
ciscoasa#configure terminal
ciscoasa(config)#no dhcpd address 192.168.1.5-192.168.1.35 inside
ciscoasa(config)#no dhcpd enable inside
ciscoasa(config)#no dhcpd auto_config outside
ciscoasa(config)#interface vlan 1
ciscoasa(config-if)#nameif inside
ciscoasa(config-if)#security-level 100
ciscoasa(config-if)#ip address 192.168.2.254 255.255.255.0
ciscoasa(config-if)#exit
ciscoasa(config)#interface vlan 2
ciscoasa(config-if)#nameif outside
ciscoasa(config-if)#security-level 0
ciscoasa(config-if)#ip address 192.1.2.1 255.255.255.0
ciscoasa(config-if)#exit
ciscoasa(config)#access-list a-b extended permit icmp 192.168.1.0 255.255.255.0 192.168.2.0 255.255.255.0
ciscoasa(config)#access-group a-b out interface inside
ciscoasa(config)#access-list b-a extended permit icmp 192.168.2.0 255.255.255.0 192.168.1.0 255.255.255.0
ciscoasa(config)#crypto ipsec ikev1 transform-set l2l esp-aes esp-sha-hmac
ciscoasa(config)#crypto map b-a 1 match address b-a
ciscoasa(config)#crypto map b-a 1 set peer 192.1.1.1
ciscoasa(config)# crypto map b-a 1 set security-association lifetime seconds 86400
```

```
ciscoasa(config)#crypto map b-a 1 set ikev1 transform-set l2l
ciscoasa(config)#crypto map b-a interface outside
ciscoasa(config)#crypto ikev1 policy 1
ciscoasa(config-ikev1-policy)#encryption aes
ciscoasa(config-ikev1-policy)#hash md5
ciscoasa(config-ikev1-policy)#lifetime 86400
ciscoasa(config-ikev1-policy)#authentication pre-share
ciscoasa(config-ikev1-policy)#group 2
ciscoasa(config-ikev1-policy)#exit
ciscoasa(config)#crypto ikev1 enable outside
ciscoasa(config)#tunnel-group 192.1.1.1 type ipsec-l2l
ciscoasa(config)#tunnel-group 192.1.1.1 ipsec-attributes
ciscoasa(config-tunnel-ipsec)#ikev1 pre-shared-key 1234
ciscoasa(config-tunnel-ipsec)#exit
ciscoasa(config)#route outside 192.168.1.0 255.255.255.0 192.1.1.1
ciscoasa(config)#route outside 192.1.1.1 255.255.255.255 192.1.2.2
```

4. 命令列表

ASA5505 命令行接口配置过程中使用的命令及功能和参数说明如表 7.3 所示。

表 7.3 命令列表

命令格式	功能和参数说明
dhcpd address *IP_address1*[*-IP_ address2*] *interface_name*	为 DHCP 服务器指定 IP 地址池,参数 *IP_address*1 是起始 IP 地址,参数 *IP_address*2 是结束 IP 地址。参数 *interface_name* 指定分配该 IP 地址池的接口。一旦为某个接口分配 IP 地址池,则该接口的 IP 地址必须与地址池中的 IP 地址有着相同的网络号
dhcpd enable *interface*	在指定接口上启动 DHCP 服务器。参数 *interface* 是接口名
dhcpd auto_config *client_if_ name*	以由参数 *client_if_name* 指定的接口为 DHCP 客户端,从该接口所连接的外网中的 DHCP 服务器获取 DNS 服务器地址等网络信息
nameif *name*	为接口取名,参数 *name* 是接口的名字
security-level *number*	为接口分配安全级别,参数 *number* 是安全级别,取值范围是 0~100。其中 0 是最低安全级别,100 是最高安全级别
access-list *access_list_name* **extended** {**deny** | **permit**} **ICMP** *source_address_argument dest_ address_argument*	定义一条属于扩展分组过滤器的规则。参数 *access_list_name* 是扩展分组过滤器名。参数 *source_address_argument* 指定源 IP 地址。参数 *dest_address_argument* 指定目的 IP 地址。**permit** 表示正常转发,**deny** 表示丢弃
access-group *access_list* {**in** | **out**} **interface** *interface_name*	将扩展分组过滤器作用到指定接口的输入或输出方向。参数 *access_list* 是扩展分组过滤器名,参数 *interface_name* 是接口名,**in** 表示输入方向,**out** 表示输出方向
route *interface_name ip_address netmask gateway_ip*	定义一项静态路由项,参数 *interface_name* 指定输出接口,参数 *ip _address* 指定目的网络的网络地址,参数 *netmask* 指定目的网络的子网掩码,参数 *gateway_ip* 指定下一跳 IP 地址

续表

命 令 格 式	功能和参数说明
crypto ipsec ikev1 transform-set *transform-set-name encryption* [*authentication*]	创建变换集,变换集中指定安全协议,安全协议相关的加密算法和鉴别算法。参数 *transform-set-name* 是变换集名字,参数 *encryption* 是与安全协议相关的加密算法,参数 *authentication* 是与安全协议相关的鉴别算法
crypto map *map-name seq-num* **match address** *acl_name*	将加密映射与某个扩展分组过滤器绑定在一起,表示该扩展分组过滤器正常转发的 IP 分组集是需要经过由该加密映射创建的 IP Sec 安全关联传输的 IP 分组类型。参数 *map-name* 是加密映射名,参数 *seq-num* 是序号,参数 *acl_name* 是扩展分组过滤器名
crypto map *map-name seq-num* **set peer** {*ip_address* | *hostname*}	指定由该加密映射创建的 IP Sec 安全关联的另一端。参数 *map-name* 是加密映射名,参数 *seq-num* 是序号,参数 *ip_address* 是另一端的 IP 地址。参数 *hostname* 是另一端的主机名。使用主机名的前提是可以将主机名解析成 IP 地址
crypto map *map-name seq-num* **set security-association lifetime seconds** *seconds*	指定由该加密映射创建的 IP Sec 安全关联的存活时间,一旦超过了存活时间,需要重新建立 IP Sec 安全关联。参数 *map-name* 是加密映射名,参数 *seq-num* 是序号,参数 *seconds* 是以秒为单位的存活时间
crypto map *map-name seq-num* **set ikev1 transform-set** *transform-set-name*	将加密映射与某个变换集绑定在一起,由该加密映射创建的 IP Sec 安全关联使用该变换集指定的安全协议,与安全协议相关的加密算法和鉴别算法。参数 *map-name* 是加密映射名,参数 *seq-num* 是序号,参数 *transform-set-name* 是变换集名
crypto map *map-name* **interface** *interface-name*	将某个加密映射作用到指定接口。参数 *map-name* 是加密映射名,参数 *interface-name* 是接口名
crypto ikev1 enable *interface-name*	在指定接口上启动 IKEv1。参数 *interface-name* 是接口名
crypto ikev1 policy *priority*	创建 IKEv1 策略,进入 IKEv1 策略配置模式。参数 *priority* 是策略优先级。优先级取值范围是 1~65535,1 是最高优先级
encryption [des | 3des | aes | aes-192 | aes-256 | aes-gcm | aes-gcm-192 | aes-gcm-256 | null]	指定安全传输通道使用的加密算法。安全传输通道也称 IKEv1 安全关联
authentication pre-share	建立安全传输通道时,双方采用共享密钥鉴别机制鉴别对方身份
group {1 | 2 | 5}	指定 Diffie-Hellman 组标识符
lifetime *seconds*	指定安全传输通道的存活时间,一旦超过了存活时间,隧道两端需要重新通过 Diffie-Hellman 密钥交换算法同步密钥。参数 *seconds* 是以秒为单位的存活时间
tunnel-group *name* **type** *type*	指定隧道组的类型,如果以 IP 地址为隧道名,该隧道类型作用于以该 IP 地址为另一端地址的 IP Sec 安全关联。参数 *name* 是隧道名,参数 *type* 是隧道类型,类型可以是 ipsec-l2l,表示该隧道是点对点 IP 隧道,也可以是 remote-access,表示该隧道是远程接入隧道

续表

命令格式	功能和参数说明
tunnel-group *name* **ipsec-attributes**	为某个隧道组配置安全属性,进入隧道安全属性配置模式。参数 *name* 是隧道名,同样,如果以 IP 地址为隧道名,该隧道作用于以该 IP 地址为另一端地址的 IP Sec 安全关联
ikev1 **pre-shared-key** *key*	配置共享密钥,参数 *key* 是共享密钥,建立安全传输通道时,双方用该共享密钥鉴别对方身份

注:粗体是命令关键字,斜体是命令参数。

7.4 Cisco Easy VPN 实验

7.4.1 实验内容

VPN 接入网络的过程如图 7.19 所示,Internet 中的终端 C 和终端 D 能够像内部网络中的终端一样访问内部网络中的资源。

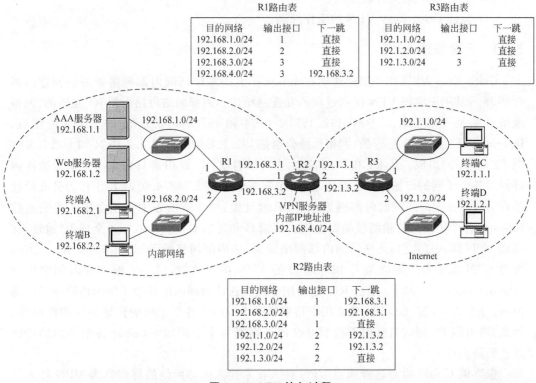

图 7.19 VPN 接入过程

如果不采用 VPN 接入技术,则在图 7.19 所示的实现内部网络与 Internet 互连的网络结构中,Internet 中的终端是不能访问内部网络的,除非在互连内部网络和 Internet 的边界路由器(图 7.19 中的路由器 R2)上配置静态地址转换项。如果 Internet 中的终端需要像内部网络中的终端一样访问内部网络中的资源,则需要采用 VPN 接入技术。在

VPN 接入技术下，Internet 中的终端 C 和终端 D 同时具有两个 IP 地址，即内部网络的私有 IP 地址和 Internet 的全球 IP 地址，当终端 C 或终端 D 向内部网络中的终端 A 发送 IP 分组时，该 IP 分组的源 IP 地址是终端 C 或终端 D 的私有 IP 地址，目的 IP 地址是终端 A 的私有 IP 地址。由于 Internet 中的路由器无法路由该 IP 分组，因此，将该 IP 分组作为隧道报文的净荷，隧道报文外层 IP 首部的源 IP 地址是终端 C 或终端 D 的全球 IP 地址，目的 IP 地址是路由器 R2 连接 Internet 的接口的全球 IP 地址。由 Internet 负责将该隧道报文传输给路由器 R2，路由器 R2 从隧道报文中分离出原始的以私有 IP 地址为源和目的 IP 地址的 IP 分组，通过内部网络将该 IP 分组传输给终端 A。

7.4.2 实验目的

（1）验证 ISAKMP 策略配置过程。
（2）验证 IP Sec 参数配置过程。
（3）验证 VPN 服务器配置过程。
（4）验证 VPN 接入过程。
（5）验证 ESP 报文封装过程。
（6）验证 Cisco Easy VPN 的工作原理。

7.4.3 实验原理

Cisco Easy VPN 用于解决连接在 Internet 上的终端访问内部网络资源的问题。图 7.19 所示是用于实现 VPN 接入过程的互连网结构。内部网络由路由器 R1 互连的、网络地址分别是 192.168.1.0/24、192.168.2.0/24 和 192.168.3.0/24 的三个子网组成，Internet 由路由器 R3 互连的、网络地址分别是 192.1.1.0/24、192.1.2.0/24 和 192.1.3.0/24 的三个子网组成。从 R1 和 R3 的路由表可以看出，R1 路由表只包含用于指明通往内部网络各个子网的传输路径的路由项，其中网络地址 192.168.4.0/24 用于作为分配给连接在 Internet 上的终端的内部网络私有 IP 地址池。R3 路由表中只包含用于指明通往 Internet 各个子网的传输路径的路由项。终端 C 和终端 D 配置 Internet 全球 IP 地址，在完成 VPN 接入过程前，无法访问内部网络资源，如内部网络的 Web 服务器。R2 一方面作为 VPN 服务器实现终端 C 和终端 D 的 VPN 接入功能，另一方面实现内部网络和 Internet 互连。R1 和 R2 通过 RIP 建立用于指明通往内部网络各个子网的传输路径的路由项。R2 和 R3 通过 OSPF 建立用于指明通往 Internet 各个子网的传输路径的路由项。因此，路由器 R2 同时具有用于指明通往内部网络各个子网和 Internet 各个子网的传输路径的路由项。

像终端 C 和终端 D 这样通过 VPN 接入技术接入内部网络的终端称为 VPN 接入终端。Cisco Easy VPN 实现终端 C 和终端 D 通过 VPN 接入技术接入内部网络的过程如下：首先建立安全传输通道，然后鉴别 VPN 接入用户身份，在完成用户身份鉴别过程后，向 VPN 接入用户推送配置信息，包括私有 IP 地址、子网掩码等。最后建立 VPN 服务器 R2 与 VPN 接入终端之间的 IP Sec 安全关联，用于实现数据 VPN 接入终端与 VPN 服务器之间的安全传输。VPN 接入终端访问内部网络资源时使用 VPN 服务器 R2 为其分配的内部网络私有 IP 地址。

1. 配置客户组

与建立隧道两端之间的 IP Sec 安全关联不同,在 VPN 接入终端发起 VPN 接入过程前,路由器 R2 并不知道 IP Sec 安全关联的另一端,如果采用共享密钥鉴别方式,则无法事先确定用共享密钥相互鉴别身份的两端,只能通过定义客户组的方式确定与路由器 R2 通过共享密钥相互鉴别身份的一组客户。

2. 集成 IP Sec 安全关联与身份鉴别

建立 IP Sec 安全关联的前提是 VPN 接入用户成功完成身份鉴别过程,因此,需要将 IP Sec 安全关联建立过程与身份鉴别机制集成在一起。成功建立 IP Sec 安全关联后,通过 IP Sec 安全关联对 VPN 接入终端分配私有 IP 地址。

7.4.4 关键命令说明

1. OSPF 配置命令

以下命令序列用于完成路由器针对路由协议 OSPF 的配置过程。

```
Router (config)# router ospf 22
Router (config-router)# network 192.1.3.0 0.0.0.255 area 1
Router (config-router)# exit
```

router ospf 22 是全局模式下使用的命令,该命令的作用有两个:一是启动进程标识符为 22 的 OSPF 进程;二是进入 OSPF 配置模式。和 RIP 不同,Cisco 允许同一台路由器运行多个 OSPF 进程,不同的 OSPF 进程用不同的进程标识符标识,22 是 OSPF 进程标识符。进程标识符只有本地意义。执行该命令后,进入 OSPF 配置模式。

network 192.1.3.0 0.0.0.255 area 1 是 OSPF 配置模式下使用的命令,该命令的作用有两个:一是指定参与 OSPF 创建动态路由项过程的路由器接口,所有接口 IP 地址属于 CIDR 地址块 192.1.3.0/24 的路由器接口均参与 OSPF 创建动态路由项的过程,确定参与 OSPF 创建动态路由项过程的路由器接口将接收和发送 OSPF 消息;二是指定参与 OSPF 创建动态路由项过程的网络,直接连接的网络中所有网络地址属于 CIDR 地址块 192.1.3.0/24 的网络均参与 OSPF 创建动态路由项的过程,其他路由器创建的动态路由项中包含用于指明通往确定参与 OSPF 创建动态路由项过程的网络的传输路径的动态路由项。192.1.3.0 0.0.0.255 用于指定 CIDR 地址块 192.1.3.0/24,0.0.0.255 是子网掩码 255.255.255.0 的反码,其作用等同于子网掩码 255.255.255.0。无论是指定参与 OSPF 创建动态路由项过程的路由器接口,还是指定参与 OSPF 创建动态路由项过程的网络都是针对某个 OSPF 区域的,用区域标识符唯一指定该区域。所有路由器中指定属于相同区域的路由器接口和网络必须使用相同的区域标识符,area 1 表示区域标识符为 1。只有主干区域才能使用区域标识符 0。值得指出的是,虽然在图 7.19 所示的 VPN 接入网络中,路由器 R2 直接连接的网络有 192.1.3.0/24 和 192.168.3.0/24,但是由于路由协议 OSPF 只是建立用于指明通往属于 Internet 的网络的传输路径的路由项,因此,路由器 R2 直接连接的网络中,只有网络 192.1.3.0/24 参与 OSPF 动态创建路由项的过程。

2. 配置安全策略

安全策略用于建立两端之间的安全传输通道，安全传输通道的两端之间需要进行基于共享密钥的双向身份鉴别过程，对隧道两端之间传输的数据进行加密，由接收端对数据进行完整性检测。因此，需要通过以下命令序列完成加密算法、报文摘要算法、密钥生成算法等的配置过程。

```
Router(config)#crypto isakmp policy 1
Router(config-isakmp)#authentication pre-share
Router(config-isakmp)#encryption aes 256
Router(config-isakmp)#hash sha
Router(config-isakmp)#group 2
Router(config-isakmp)#lifetime 900
```

crypto isakmp policy 1 是全局模式下使用的命令，该命令的作用有两个：一是定义编号和优先级为 1 的安全策略；二是进入策略配置模式。需要建立安全传输通道的两端可以定义多个安全策略，编号和优先级越小的安全策略优先级越高，隧道两端成功建立安全传输通道的前提是隧道两端存在匹配的安全策略。

authentication pre-share 是策略配置模式下使用的命令，该命令的作用是为该安全策略指定鉴别机制，pre-share 表示采用共享密钥鉴别机制。存在多种鉴别机制，如基于 RSA 的数字签名等，但 Packet Tracer 只支持共享密钥鉴别机制。

encryption aes 256 是策略配置模式下使用的命令，该命令的作用是为该安全策略指定加密算法 AES，密钥长度为 256 位。Packet Tracer 支持的加密算法有 3DES、AES 和 DES。

hash sha 是策略配置模式下使用的命令，该命令的作用是为该安全策略指定报文摘要算法 SHA。Packet Tracer 支持的报文摘要算法有 MD5 和 SHA。

group 2 是策略配置模式下使用的命令，该命令的作用是为该安全策略指定 Diffie-Hellman 组标识符 2。Packet Tracer 支持的 Diffie-Hellman 组标识符有 1、2 和 5。

lifetime 900 是策略配置模式下使用的命令，该命令的作用是指定 900 秒为该安全策略相关的 IKE 安全关联的寿命。一旦超过了 900 秒寿命，将重新建立 IKE 安全关联。

3. 配置客户组

由于无法确定需要建立安全传输通道的另一端，因此，无法在需要建立安全传输通道的两端配置共享密钥，只能通过配置客户组的方式解决这一问题。将具有相同属性的一组 VPN 接入用户定义为客户组，为客户组配置组名和密钥，同时将内部网络私有 IP 地址池和子网掩码与该客户组绑定在一起。

命令序列如下：

```
Router(config)#ip local pool vpnpool 192.168.4.1 192.168.4.100
Router(config)#crypto isakmp client configuration group asdf
Router(config-isakmp-group)#key asdf
Router(config-isakmp-group)#pool vpnpool
```

```
Router(config-isakmp-group)#netmask 255.255.255.0
Router(config-isakmp-group)#exit
```

ip local pool vpnpool 192.168.4.1 192.168.4.100 是全局模式下使用的命令，该命令的作用是定义名为 vpnpool 的内部网络私有 IP 地址池，指定私有 IP 地址池的私有 IP 地址范围为 192.168.4.1～192.168.4.100。

crypto isakmp client configuration group asdf 是全局模式下使用的命令，该命令的作用有两个：一是定义名为 asdf 的客户组；二是进入该客户组的组安全策略配置模式，组安全策略配置模式下配置的安全属性适用于所有属于该客户组的 VPN 接入用户。

key asdf 是组安全策略配置模式下使用的命令，(config－isakmp－group)♯是组安全策略配置模式下的命令提示符。该命令的作用是指定 VPN 服务器与属于该客户组的 VPN 接入用户之间的共享密钥 asdf。

VPN 接入用户发起 VPN 接入过程时，必须通过输入组名 asdf 和共享密钥 asdf 证明自己属于该客户组。

pool vpnpool 是组安全策略配置模式下使用的命令，该命令的作用是指定用于为 VPN 接入终端分配内部网络私有 IP 地址的私有 IP 地址池。vpnpool 是内部网络私有 IP 地址池名。

netmask 255.255.255.0 是组安全策略配置模式下使用的命令，该命令的作用是指定 VPN 接入终端的子网掩码。

4. 配置鉴别机制

鉴别机制分为本地鉴别机制和基于 RADIUS 协议的统一鉴别机制，以下命令序列指定使用基于 RADIUS 协议的统一鉴别机制鉴别 VPN 接入用户。

```
Router(config)#aaa new-model
Router(config)#aaa authentication login vpna group radius
Router(config)#aaa authorizatio network vpnb local
```

aaa authentication login vpna group radius 是全局模式下使用的命令，需要在启动路由器 AAA 功能后输入。该命令的作用是指定用于鉴别 VPN 接入用户身份的鉴别机制列表，vpna 是鉴别机制列表名，group radius 是鉴别机制，表明采用基于 RADIUS 协议的统一鉴别机制，因此，需要配套配置与基于 RADIUS 协议的 AAA 服务器有关的信息。

aaa authorizatio network vpnb local 是全局模式下使用的命令，该命令的作用是指定用于鉴别是否授权访问网络的鉴别机制列表，vpnb 是鉴别机制列表名，local 是鉴别机制，表明采用本地鉴别机制。这里要求只允许属于指定客户组的用户访问网络。

因此，VPN 接入用户发起 VPN 接入过程时，既需要提供证明自己属于指定客户组的信息，也需要提供证明自己是授权用户的身份信息(用户名和口令)。

5. 配置动态安全映射

完成 VPN 接入后，VPN 接入用户与 VPN 服务器之间建立 IP Sec 安全关联，隧道两端通过 IP Sec 安全关联实现数据的安全传输。以下命令序列用于配置与 IP Sec 安全关联有关的信息，并将 IP Sec 安全关联与 VPN 接入过程绑定在一起。

```
Router(config)#crypto ipsec transform-set vpnt esp-3des esp-sha-hmac
Router(config)#crypto dynamic-map vpn 10
Router(config-crypto-map)#set transform-set vpnt
Router(config-crypto-map)#reverse-route
Router(config-crypto-map)#exit
```

crypto ipsec transform-set vpnt esp-3des esp-sha-hmac 是全局模式下使用的命令,用于定义名为 vpnt 的变换集,vpnt 是变换集名,变换集中指定 IP Sec 安全关联使用的安全协议(ESP)、加密算法(3DES)和 HMAC 算法(SHA-HMAC)。

crypto dynamic-map vpn 10 是全局模式下使用的命令,该命令的作用有两个:一是创建名为 vpn、序号为 10 的动态加密映射;二是进入加密映射配置模式。

set transform-set vpnt 是加密映射配置模式下使用的命令,(config-crypto-map)♯是加密映射配置模式下的命令提示符。该命令的作用是指定建立 IP Sec 安全关联时使用的变换集,这里指定使用名为 vpnt 的变换集所指定的安全协议和各种相关算法。

reverse-route 是加密映射配置模式下使用的命令,该命令的作用有两个:一是在路由表中自动增加通往 VPN 接入终端的路由项;二是自动将目的地为该 VPN 接入终端的 IP 分组加入需要经过 IP Sec 安全关联传输的 IP 分组集。

动态加密映射与普通加密映射相比,无法定义 IP Sec 安全关联的另一端,也无法定义用于指定经过 IP Sec 安全关联传输的 IP 分组集的分组过滤器。命令 reverse-route 用于实现 VPN 接入环境下的部分上述功能。

6. 集成 IP Sec 安全关联与鉴别机制

以下命令序列用于将 IP Sec 安全关联建立过程与身份鉴别机制集成在一起。

```
router(config)#crypto map vpn client authentication list vpna
router(config)#crypto map vpn isakmp authorization list vpnb
router(config)#crypto map vpn client configuration address respond
```

crypto map vpn client authentication list vpna 是全局模式下使用的命令,该命令的作用是将名为 vpn 的动态加密映射与名为 vpna 的用于鉴别 VPN 接入用户身份的鉴别机制列表绑定在一起,表示成功建立 IP Sec 安全关联的前提是已经成功完成 VPN 接入用户的身份鉴别过程。

crypto map vpn isakmp authorization list vpnb 是全局模式下使用的命令,该命令的作用是将名为 vpn 的动态加密映射与名为 vpnb 的用于鉴别是否授权访问网络的鉴别机制列表绑定在一起。表示只与属于指定客户组的 VPN 接入用户建立安全传输通道。

crypto map vpn client configuration address respond 是全局模式下使用的命令,该命令的作用是指定路由器接受来自 IP Sec 安全关联另一端的 IP 地址请求。这是通过 IP Sec 安全关联实现 VPN 安全接入所需要的功能。

7. 作用加密映射

命令序列如下:

```
router(config)#crypto map vpn 10 ipsec-isakmp dynamic vpn
```

```
router(config)#interface FastEthernet0/1
router(config-if)#crypto map vpn
router(config-if)#exit
```

crypto map vpn 10 ipsec-isakmp dynamic vpn 是全局模式下使用的命令,该命令的作用是在定义名为 vpn、序号为 10 的加密映射时,引用已经存在的名为 vpn 的动态加密映射。

后面两条命令用于完成将名为 vpn 的加密映射作用到路由器接口 FastEthernet0/1 的过程。

7.4.5 实验步骤

(1) 根据如图 7.19 所示的互连网结构放置和连接设备,完成设备放置和连接后的逻辑工作区界面如图 7.20 所示。

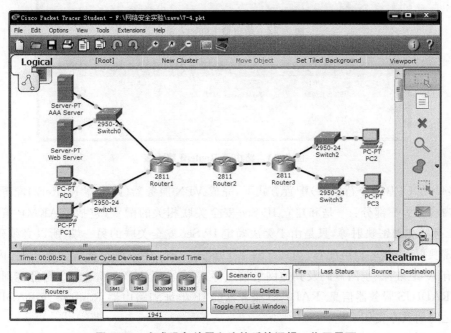

图 7.20 完成设备放置和连接后的逻辑工作区界面

(2) 按照如图 7.19 所示的各个路由器接口的 IP 地址和子网掩码完成路由器接口 IP 地址和子网掩码配置过程。在路由器 Router1 和 Router2 中启动 RIP 路由进程,在路由表中建立用于指明通往内部网络各个子网的传输路径的路由项。

(3) 通过在 CLI(命令行接口)下输入相关命令,在路由器 Router2 和 Router3 中启动 OSPF 路由进程,在路由表中建立用于指明通往 Internet 各个子网的传输路径的路由项。路由器 Router1 至路由器 Router3 的路由表分别如图 7.21~7.23 所示。值得指出的是,路由器 Router3 的路由表中只包含用于指明通往 Internet 各个子网的传输路径的路由项,路由器 Router1 的路由表中只包含用于指明通往内部网络各个子网的传输路径的路由项,因此,配置全球 IP 地址的远程终端 PC2 和 PC3 是无法访问内部网络的。

```
Routing Table for Router1
Type    Network         Port            Next Hop IP     Metric
C       192.168.1.0/24  FastEthernet0/0 ---             0/0
C       192.168.2.0/24  FastEthernet0/1 ---             0/0
C       192.168.3.0/24  FastEthernet1/0 ---             0/0
S       192.168.4.0/24  ---             192.168.3.2     1/0
```

图 7.21　路由器 Router1 路由表

```
Routing Table for Router2
Type    Network         Port            Next Hop IP     Metric
O       192.1.1.0/24    FastEthernet0/1 192.1.3.2       110/2
O       192.1.2.0/24    FastEthernet0/1 192.1.3.2       110/2
C       192.1.3.0/24    FastEthernet0/1 ---             0/0
R       192.168.1.0/24  FastEthernet0/0 192.168.3.1     120/1
R       192.168.2.0/24  FastEthernet0/0 192.168.3.1     120/1
C       192.168.3.0/24  FastEthernet0/0 ---             0/0
```

图 7.22　路由器 Router2 路由表

```
Routing Table for Router3
Type    Network         Port            Next Hop IP     Metric
C       192.1.1.0/24    FastEthernet0/1 ---             0/0
C       192.1.2.0/24    FastEthernet1/0 ---             0/0
C       192.1.3.0/24    FastEthernet0/0 ---             0/0
```

图 7.23　路由器 Router3 路由表

(4) 在 CLI(命令行接口)配置方式下,完成 VPN 服务器(路由器 Router2)配置过程。配置内容分为三部分:一是和建立 IP Sec 安全关联相关的配置,包括 ISAKMP 策略、IP Sec 变换集和加密映射等,只是由于无法确定 IP Sec 安全关联的另一端,所以必须建立动态加密映射;二是客户组配置,为属于该客户组的 VPN 接入终端配置共享密钥、内部网络私有 IP 地址池、子网掩码及其他网络信息等;三是配置 VPN 接入用户身份鉴别信息,配置 RADIUS 服务器信息(RADIUS 服务器的 IP 地址和路由器 Router2 与 RADIUS 服务器之间的共享密钥)。

(5) 在 AAA 服务器中定义所有授权用户,AAA 服务器配置界面如图 7.24 所示。

(6) 完成 VPN 服务器和 AAA 服务器配置后,通过启动 VPN(终端 VPN 客户端程序)开始 VPN 接入过程,如图 7.25 所示是 PC2 的 VPN(VPN 客户端)配置界面,Group Name(组名)是在 VPN 服务器配置客户组时指定的客户组名字,Group Key(组密钥)是为该客户组配置的共享密钥,Server IP(VPN 服务器 IP 地址)是路由器 Router2 作用加密映射的接口的全球 IP 地址。Username(用户名)和 Password(口令)必须是 AAA 服务器中配置的某个授权用户的用户标识信息。一旦终端 VPN 接入成功,则终端分配内部网络私有 IP 地址。图 7.26 所示是 PC2 成功完成 VPN 接入过程后分配的内部网络私有 IP 地址,该私有 IP 地址是 VPN 服务器在属于私有 IP 地址池且未分配的私有 IP 地址中选择的。VPN 服务器为 VPN 接入终端分配内部网络私有 IP 地址的同时,建立以该内部

第 7 章 虚拟专用网络实验

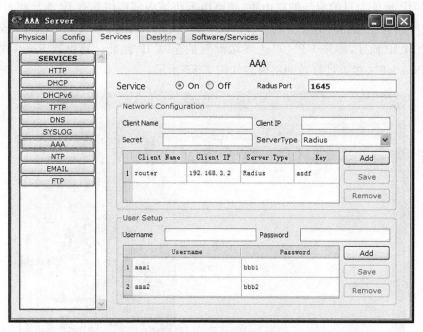

图 7.24 AAA 服务器配置界面

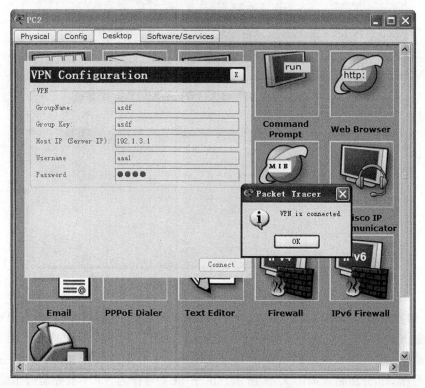

图 7.25 PC2 VPN 接入程序界面

网络私有 IP 地址为目的地址的路由项，该路由项将该内部网络私有 IP 地址和 VPN 服务器与 VPN 接入终端之间的安全隧道绑定在一起，因此，该路由项的下一跳是安全隧道另一端的全球 IP 地址，即该 VPN 接入终端配置的全球 IP 地址。路由器 Router2 在完成 PC2 和 PC3 VPN 接入过程后的路由表如图 7.27 所示。

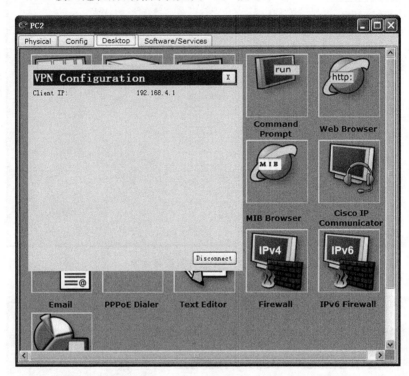

图 7.26　PC2 完成 VPN 接入过程后分配的私有 IP 地址

Routing Table for Router2

Type	Network	Port	Next Hop IP	Metric
O	192.1.1.0/24	FastEthernet0/1	192.1.3.2	110/2
O	192.1.2.0/24	FastEthernet0/1	192.1.3.2	110/2
C	192.1.3.0/24	FastEthernet0/1	---	0/0
R	192.168.1.0/24	FastEthernet0/0	192.168.3.1	120/1
R	192.168.2.0/24	FastEthernet0/0	192.168.3.1	120/1
C	192.168.3.0/24	FastEthernet0/0	---	0/0
S	192.168.4.1/32	FastEthernet0/1	192.1.1.1	1/0
S	192.168.4.2/32	FastEthernet0/1	192.1.2.1	1/0

图 7.27　远程终端完成 VPN 接入过程后的 Router2 路由表

（7）切换到模拟操作模式，启动 PC2 至 Web 服务器的 IP 分组传输过程。PC2 传输给 Web 服务器的 IP 分组以 PC2 完成 VPN 接入过程后分配的私有 IP 地址 192.168.4.1 为源 IP 地址、以 Web 服务器的私有 IP 地址 192.168.1.2 为目的 IP 地址，该 IP 分组称为内层 IP 分组，IP 分组格式如图 7.28 所示。由于 PC2 与作为 VPN 服务器的 Router2 之间已经建立 IP Sec 安全关联，因此，内层 IP 分组被封装成 ESP 报文，ESP 报文被封装成 UDP 报文，UDP 报文被封装成以 PC2 的全球 IP 地址 192.1.1.1 为源 IP 地址、以

Router2 连接 Internet 的接口的全球 IP 地址 192.1.3.1 为目的 IP 地址的外层 IP 分组，整个封装过程如图 7.28 所示。外层 IP 分组经过 Internet 到达作为 VPN 服务器的 Router2。Router2 经过逐层去封装，分离出以私有 IP 地址 192.168.4.1 为源 IP 地址、以 Web 服务器的私有 IP 地址 192.168.1.2 为目的 IP 地址的 IP 分组，通过内部网络将该内层 IP 分组转发给 Web 服务器。内部网络传输的内层 IP 分组格式如图 7.29 所示。

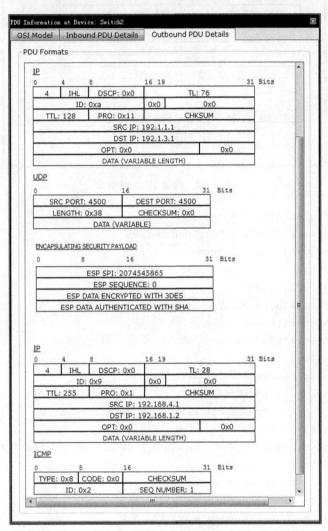

图 7.28　PC2 将内层 IP 分组封装成外层 IP 分组的过程

7.4.6　命令行接口配置过程

1. Router1 命令行接口配置过程

命令序列如下：

```
Router>enable
Router#configure terminal
```

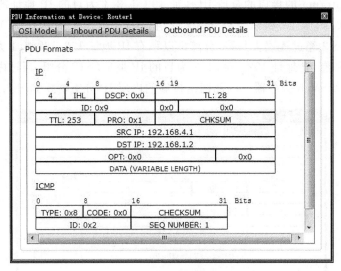

图 7.29 内层 IP 分组格式

```
Router(config)#hostname Router1
Router1(config)#interface FastEthernet0/0
Router1(config-if)#no shutdown
Router1(config-if)#ip address 192.168.1.254 255.255.255.0
Router1(config-if)#exit
Router1(config)#interface FastEthernet0/1
Router1(config-if)#no shutdown
Router1(config-if)#ip address 192.168.2.254 255.255.255.0
Router1(config-if)#exit
Router1(config)#interface FastEthernet1/0
Router1(config-if)#no shutdown
Router1(config-if)#ip address 192.168.3.1 255.255.255.0
Router1(config-if)#exit
Router1(config)#ip route 192.168.4.0 255.255.255.0 192.168.3.2
Router1(config)#router rip
Router1(config-router)#network 192.168.1.0
Route1r(config-router)#network 192.168.2.0
Router1(config-router)#network 192.168.3.0
Router1(config-router)#exit
```

注意：Router1 通过 RIP 建立用于指明通往内部网络中各个子网的传输路径的路由项，通过静态路由项指明通往 VPN 接入终端的传输路径。

2. Router2 命令行接口配置过程

命令序列如下：

```
Router>enable
Router#configure terminal
Router(config)#hostname Router2
```

```
Router2(config)#interface FastEthernet0/0
Router2(config-if)#no shutdown
Router2(config-if)#ip address 192.168.3.2 255.255.255.0
Router2(config-if)#exit
Router2(config)#router rip
Router2(config-router)#network 192.168.3.0
Router2(config-router)#exit
Router2(config)#interface FastEthernet0/1
Router2(config-if)#no shutdown
Router2(config-if)#ip address 192.1.3.1 255.255.255.0
Router2(config-if)#exit
Router2(config)#router ospf 22
Router2(config-router)#network 192.1.3.0 0.0.0.255 area 1
Router2(config-router)#exit
Router2(config)#crypto isakmp policy 1
Router2(config-isakmp)#authentication pre-share
Router2(config-isakmp)#encryption aes 256
Router2(config-isakmp)#hash sha
Router2(config-isakmp)#group 2
Router2(config-isakmp)#lifetime 900
Router2(config-isakmp)#exit
Router2(config)#ip local pool vpnpool 192.168.4.1 192.168.4.100
Router2(config)#crypto isakmp client configuration group asdf
Router2(config-isakmp-group)#key asdf
Router2(config-isakmp-group)#pool vpnpool
Router2(config-isakmp-group)#netmask 255.255.255.0
Router2(config-isakmp-group)#exit
Router2(config)#crypto ipsec transform-set vpnt esp-3des esp-sha-hmac
Router2(config)#crypto dynamic-map vpn 10
Router2(config-crypto-map)#set transform-set vpnt
Router2(config-crypto-map)#reverse-route
Router2(config-crypto-map)#exit
Router2(config)#aaa new-model
Router2(config)#aaa authentication login vpna group radius
Router2(config)#aaa authorization network vpnb local
Router2(config)#radius-server host 192.168.1.1
Router2(config)#radius-server key asdf
Router2(config)#hostname router
router(config)#crypto map vpn client authentication list vpna
router(config)#crypto map vpn isakmp authorization list vpnb
router(config)#crypto map vpn client configuration address respond
router(config)#crypto map vpn 10 ipsec-isakmp dynamic vpn
router(config)#interface FastEthernet0/1
router(config-if)#crypto map vpn
```

```
router(config-if)#exit
```

注意：Router2 通过 RIP 建立用于指明通往内部网络中各个子网的传输路径的路由项，通过 OSPF 建立用于指明通往 Internet 中各个子网的传输路径的路由项。

3. Router3 命令行配置过程

命令序列如下：

```
Router>enable
Router#configure terminal
Router(config)#hostname Router3
Router3(config)#interface FastEthernet0/0
Router3(config-if)#no shutdown
Router3(config-if)#ip address 192.1.3.2 255.255.255.0
Router3(config-if)#exit
Router3(config)#interface FastEthernet0/1
Router3(config-if)#no shutdown
Router3(config-if)#ip address 192.1.1.254 255.255.255.0
Router3(config-if)#exit
Router3(config)#interface FastEthernet1/0
Router3(config-if)#no shutdown
Router3(config-if)#ip address 192.1.2.254 255.255.255.0
Router3(config-if)#exit
Router3(config)#router ospf 33
Router3(config-router)#network 192.1.1.0 0.0.0.255 area 1
Router3(config-router)#network 192.1.2.0 0.0.0.255 area 1
Router3(config-router)#network 192.1.3.0 0.0.0.255 area 1
Router3(config-router)#exit
```

注意：Router3 通过 OSPF 建立用于指明通往 Internet 中各个子网的传输路径的路由项。

4. 命令列表

路由器命令行接口配置过程中使用的命令及功能和参数说明如表 7.4 所示。

表 7.4 命令列表

命令格式	功能和参数说明
crypto isakmp client configuration group *group-name*	创建客户组，并进入客户组的组安全策略配置模式。参数 *group-name* 是客户组名
key *name*	配置 VPN 服务器与属于客户组的所有 VPN 接入终端之间的共享密钥
pool *pool-name*	指定客户组使用的 IP 地址池。参数 pool-name 为地址池名
netmask *name*	指定客户组使用的子网掩码

续表

命 令 格 式	功能和参数说明
crypto dynamic-map *dynamic-map-name dynamic-seq-num*	创建一个动态的加密映射,参数 *dynamic-map-nam* 指定加密映射名,参数 *dynamic-seq-num* 用于为加密映射分配序号,同时进入加密映射配置模式
reverse-route	一是在路由表中自动增加通往 VPN 接入终端的路由项;二是自动将目的地为该 VPN 接入终端的 IP 分组加入需要经过 IP Sec 安全关联传输的 IP 分组集
aaa authorization network {**default**|*list-name*} [*method1* [*method2*...]]	定义用于鉴别是否授权访问网络的鉴别机制列表,鉴别机制通过参数 *method* 指定,Packet Tracer 常用的鉴别机制有 local(本地),group radius(radius 服务器统一鉴别)等。可以为定义的鉴别机制列表分配名字,参数 *list-name* 用于为该鉴别机制列表指定名字。**default** 选项将该鉴别机制列表作为默认列表
aaa authentication login {**default**|*list-name*} [*method1* [*method2*...]]	定义用于鉴别 VPN 接入用户身份的鉴别机制列表,鉴别机制通过参数 *method* 指定,Packet Tracer 常用的鉴别机制有 local(本地),group radius(radius 服务器统一鉴别)等。可以为定义的鉴别机制列表分配名字,参数 *list-name* 用于为该鉴别机制列表指定名字。**default** 选项将该鉴别机制列表作为默认列表
crypto map *map-name* **client authentication list** *list-name*	将 IP Sec 安全关联建立过程与身份鉴别过程集成在一起,参数 *map-name* 指定加密映射名,参数 *list-name* 指定鉴别机制列表名
crypto map *map-name* **isakmp authorization list** *list-name*	将 IP Sec 安全关联建立过程与访问网络权限鉴别过程集成在一起,参数 *map-name* 指定加密映射名,参数 *list-name* 指定鉴别机制列表名
crypto map *tag* **client configuration address respond**	将 IP Sec 安全关联建立过程与地址配置方式集成在一起,参数 *tag* 指定加密映射名,表示路由器接受来自 IP Sec 安全关联另一端的 IP 地址请求
crypto map *map-name seq-num* **ipsec-isakmp dynamic** *dynamic-map-name*	定义加密映射时,引用已经存在的动态加密映射,参数 *map-name* 是定义的加密映射名,参数 *seq-num* 是定义的加密映射序号,参数 *dynamic-map-name* 是已经创建的动态加密映射名

注:粗体是命令关键字,斜体是命令参数。

7.5 ASA5505 SSL VPN 实验

7.5.1 实验内容

互连网结构如图 7.30 所示,ASA5505 接口 1 连接分配私有 IP 地址的内部网络。接口 2 连接 Internet。对于 Internet 中的终端,内部网络是不可见的。因此,Internet 中的路由器 R1 的路由表中没有用于指明通往内部网络的传输路径的路由项。

内部网络中的终端可以发起访问 Internet 中的 Web 服务器 3 的过程。Internet 中的终端不能直接访问内部网络中的 Web 服务器 1 和 Web 服务器 2。可以将 ASA5505 作为 SSL VPN 网关,Internet 中的终端可以通过 SSL VPN 网关访问内部网络中的 Web 服务器。

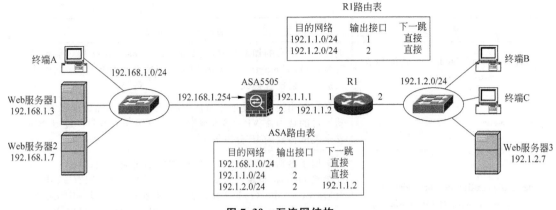

图 7.30 互连网结构

7.5.2 实验目的

（1）掌握 SSL VPN 网关的工作原理。
（2）掌握利用 SSL VPN 网关访问内部网络资源的过程。
（3）掌握 ASA5505 的配置过程。
（4）掌握 ASA5505 作为 SSL VPN 网关的工作过程。

7.5.3 实现原理

有三种技术可以实现 Internet 中的终端发起访问内部网络资源的过程。一是静态 PAT 或静态 NAT。静态 PAT 需要事先建立某个端口号与内部网络中某个私有 IP 地址之间的静态映射。静态 NAT 需要事先建立某个全球 IP 地址与内部网络中某个私有 IP 地址之间的静态映射。二是 VPN 接入。建立 VPN 接入服务器与 Internet 中的终端之间的虚拟点对点线路，为 Internet 中的终端分配内部网络私有 IP 地址，Internet 中的终端可以像内部网络中的终端一样访问内部网络资源。三是 SSL VPN 网关。Internet 中的终端通过登录 SSL VPN 网关建立与 SSL VPN 网关之间的安全连接。SSL VPN 网关可以为每一个注册用户分配内部网络资源的访问权限。注册用户登录 SSL VPN 网关后，可以根据权限实现对内部网络资源的访问过程。

7.5.4 关键命令说明

1. 定义网络对象

以下命令序列用于定义名为 a1 的网络对象。

```
ciscoasa(config)#object network a1
ciscoasa(config-network-object)#subnet 192.168.1.0 255.255.255.0
ciscoasa(config-network-object)#exit
```

object network a1 是全局模式下使用的命令，该命令的作用有两个：一是创建名为 a1 的网络对象；二是进入网络对象配置模式。

subnet 192.168.1.0 255.255.255.0 是网络对象配置模式下使用的命令，(config-network-object)#是网络对象配置模式下的命令提示符。该命令的作用是指定 CIDR 地址块 192.168.1.0/24，其中 192.168.1.0 是 CIDR 地址块的起始地址，255.255.255.0 是用于指定网络前缀位数的子网掩码，指定的网络前缀位数是 24。

2. 配置动态 PAT

以下命令序列用于指定完成动态 PAT 的内部网络私有 IP 地址范围和全球 IP 地址。

```
ciscoasa(config)#object network a1
ciscoasa(config-network-object)#nat (inside,outside) dynamic interface
ciscoasa(config-network-object)#exit
```

nat (inside,outside) dynamic interface 是网络对象配置模式下使用的命令，该命令的作用是指定完成动态 PAT 所需的参数。连接内部网络的接口是名为 inside 的接口，连接外部网络的接口是名为 outside 的接口，需要进行动态 PAT 的内部网络私有 IP 地址范围是名为 a1 的网络对象指定的 IP 地址范围。全球 IP 地址是名为 outside 的接口的 IP 地址。

3. 配置扩展分组过滤器

以下命令用于指定允许从低安全级别接口流向高安全级别接口的 IP 分组类别。

```
ciscoasa(config)#access-list a extended permit tcp host 192.1.2.7 eq www any
```

access-list a extended permit tcp host 192.1.2.7 eq www any 是全局模式下使用的命令，该命令的作用是指定一条属于名为 a 的扩展分组过滤器的规则。该规则允许源 IP 地址是 192.1.2.7、目的 IP 地址任意、净荷是源端口号等于 80 的 TCP 报文的 IP 分组通过。紧随源 IP 地址的 eq www 用于表示 TCP 报文的源端口号等于 80。

4. 启动 SSL VPN

以下命令序列用于启动 SSL VPN。

```
ciscoasa(config)#webvpn
ciscoasa(config-webvpn)#enable outside
ciscoasa(config-webvpn)#exit
```

webvpn 是全局模式下使用的命令，该命令的作用是进入 WebVPN 配置模式。enable outside 是 WebVPN 配置模式下使用的命令，(config-webvpn)#是 WebVPN 配置模式下的命令提示符。该命令的作用是启动 SSL VPN 网关，且指定名为 outside 的接口是访问 SSL VPN 网关的接口。

5. 定义注册用户

以下命令用于定义名为 aaa1、口令为 bbb1 的注册用户。

```
ciscoasa(config)#username aaa1 password bbb1
```

username aaa1 password bbb1 是全局模式下使用的命令，该命令的作用是定义一个名为 aaa1、口令为 bbb1 的注册用户。

7.5.5 实验步骤

（1）根据如图 7.30 所示的互连网结构放置和连接设备，完成设备放置和连接后的逻辑工作区界面如图 7.31 所示。

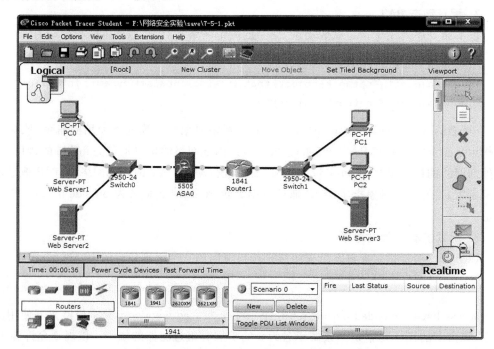

图 7.31　完成设备放置和连接后的逻辑工作区界面

（2）完成路由器 Router1 各个接口 IP 地址和子网掩码配置过程。

（3）在 CLI（命令行接口）配置方式下，完成 ASA5505 接口配置过程。静态路由项配置过程。动态 PAT 配置过程。扩展分组过滤器配置过程。

（4）完成上述配置过程后，内部网络中的终端 PC0 可以通过浏览器访问 Web Server3，如图 7.32 所示。PC0 至 ASA5505 的 IP 分组格式如图 7.33 所示，源 IP 地址是 PC0 的私有 IP 地址 192.168.1.1，ASA5505 至 Web Server3 的 IP 分组格式如图 7.34 所示，源 IP 地址是 ASA5505 名为 outside 的接口的 IP 地址 192.1.1.1。除了允许内部网络中的终端发起访问 Web Server3 的过程以外，禁止其他一切内部网络与 Internet 之间的通信过程。

（5）在 CLI（命令行接口）配置方式下，完成启动 ASA5505 SSL VPN 网关功能，定义注册用户的过程。

（6）完成 ASA5505 "Config（配置）"→"Bookmark Manager（书签管理器）"操作过程，弹出如图 7.35 所示的书签管理器配置界面，将书签 bookmark1 和 url＝http://192.168.1.3（Web Server1 的 IP 地址）、书签 bookmark2 和 url＝http://192.168.1.7（Web Server2 的 IP 地址）绑定在一起。通过为不同的注册用户绑定不同书签，为每一个注册用户分配访问内部网络资源的权限。

第 7 章　虚拟专用网络实验

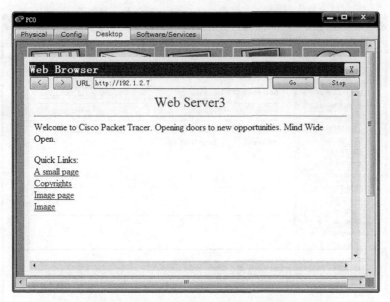

图 7.32　PC0 访问 Web Server3 界面

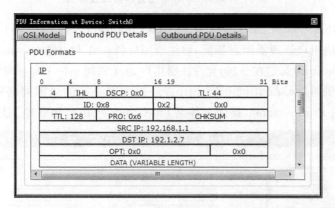

图 7.33　PC0 至 ASA5505 的 IP 分组格式

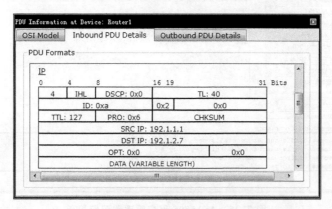

图 7.34　ASA5505 至 Web Server3 的 IP 分组格式

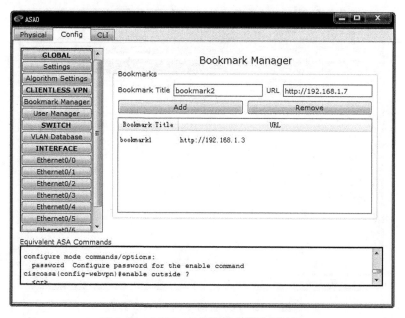

图 7.35　ASA5505 书签管理器配置界面

（7）完成 ASA5505 "Config(配置)"→"User Manager(用户管理器)"操作过程，弹出如图 7.36 所示的用户管理器配置界面，将注册用户名 aaa1 和书签 bookmark1、注册用户名 aaa2 和书签 bookmark2 绑定在一起，允许注册用户 aaa1 访问 url=http://192.168.1.3 的内部网络资源，注册用户 aaa2 访问 url=http://192.168.1.7 的内部网络资源。用户管理器配置界面中的 Profile Name(描述文件名)和 Group Policy(组策略)任意，但不同注册

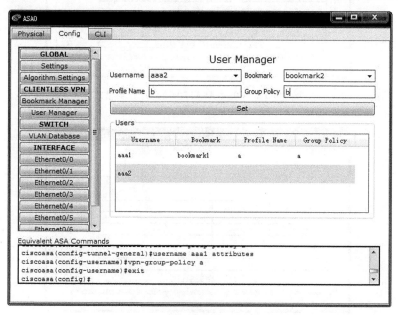

图 7.36　ASA5505 用户管理器配置界面

用户需要对应不同的 Profile Name(描述文件名)和 Group Policy(组策略)。

(8) 注册用户可以通过 Internet 中的终端登录 SSL VPN 网关,SSL VPN 网关地址是名为 outside 的接口的 IP 地址。图 7.37 所示是 PC1 登录 SSL VPN 网关的界面,在浏览器地址栏中输入 https://192.1.1.1,访问方式 https 表明采用基于 SSL 的安全协议https,192.1.1.1 是名为 outside 的接口的 IP 地址。SSL VPN 弹出的登录界面如图 7.37 所示,要求输入某个注册用户对应的用户名和口令,这里输入用户名 aaa1 和口令 bbb1。

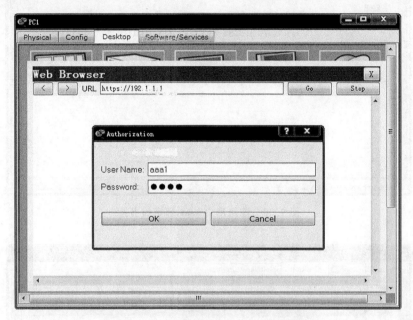

图 7.37　注册用户登录 SSL VPN 网关界面

(9) 登录 SSL VPN 网关后的界面如图 7.38 所示,用户名为 aaa1 的注册用户授权访问书签 bookmark1 链接的资源。书签 bookmark1 链接的资源是 url=http://192.168.1.3的资源,即内部网络中的 Web Server1。单击书签 bookmark1,弹出 Web Server1 的主页,如图 7.39 所示。

7.5.6　命令行接口配置过程

1. ASA5505 命令行接口配置过程

命令序列如下:

```
ciscoasa>enable
Password:
ciscoasa#configure terminal
ciscoasa(config)#interface Ethernet0/0
ciscoasa(config-if)#switchport access vlan 1
ciscoasa(config-if)#exit
ciscoasa(config)#interface Ethernet0/1
ciscoasa(config-if)#switchport access vlan 2
```

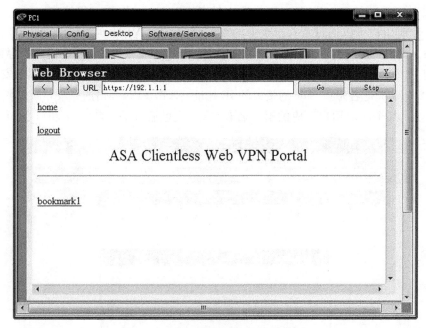

图 7.38 注册用户 aaa1 绑定的书签

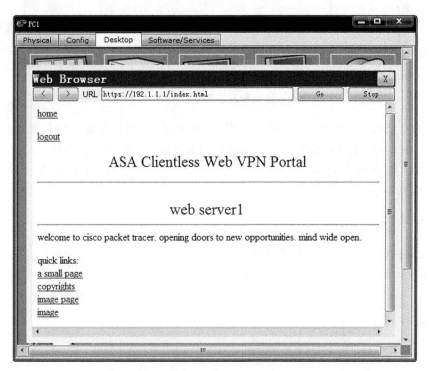

图 7.39 注册用户 aaa1 授权访问的资源

ciscoasa(config-if)#exit
ciscoasa(config)#no dhcpd address 192.168.1.5-192.168.1.35 inside

```
ciscoasa(config)#no dhcpd enable inside
ciscoasa(config)#no dhcpd auto_config outside
ciscoasa(config)#interface vlan 1
ciscoasa(config-if)#nameif inside
ciscoasa(config-if)#security-level 100
ciscoasa(config-if)#ip address 192.168.1.254 255.255.255.0
ciscoasa(config-if)#exit
ciscoasa(config)#interface vlan 2
ciscoasa(config-if)#nameif outside
ciscoasa(config-if)#security-level 0
ciscoasa(config-if)#ip address 192.1.1.1 255.255.255.0
ciscoasa(config-if)#exit
ciscoasa(config)#route outside 192.1.2.0 255.255.255.0 192.1.1.2
ciscoasa(config)#object network a1
ciscoasa(config-network-object)#subnet 192.168.1.0 255.255.255.0
ciscoasa(config-network-object)#exit
ciscoasa(config)#object network a1
ciscoasa(config-network-object)#nat (inside,outside) dynamic interface
ciscoasa(config-network-object)#exit
ciscoasa(config)#access-list a extended permit tcp host 192.1.2.7 eq www any
ciscoasa(config)#access-group a in interface outside
ciscoasa(config)#webvpn
ciscoasa(config-webvpn)#enable outside
ciscoasa(config-webvpn)#exit
ciscoasa(config)#username aaa1 password bbb1
ciscoasa(config)#username aaa2 password bbb2
```

注：进入特权模式的默认口令是 Enter。

2. 路由器 Router1 命令行接口配置过程

命令序列如下：

```
Router>enable
Router#configure terminal
Router(config)#interface FastEthernet0/0
Router(config-if)#no shutdown
Router(config-if)#ip address 192.1.1.2 255.255.255.0
Router(config-if)#exit
Router(config)#interface FastEthernet0/1
Router(config-if)#no shutdown
Router(config-if)#ip address 192.1.2.254 255.255.255.0
Router(config-if)#exit
```

3. 命令列表

ASA5505 命令行接口配置过程中使用的命令及功能和参数说明如表 7.5 所示。

表 7.5 命令列表

命令格式	功能和参数说明
object network *name*	创建名为 *name* 的网络对象,并进入网络对象配置模式
subnet *IPv4_address IPv4_mask*	为网络对象定义子网,其中参数 *IPv4_address* 是子网的网络地址,参数 *IPv4_mask* 是子网的子网掩码
nat(*real_ifc,mapped_ifc*) **dynamic interface**	定义动态 PAT,参数 *real_ifc* 指定连接内部网络的接口,参数 *mapped_ifc* 指定连接外部网络的接口。全球 IP 地址是连接外部网络的接口的 IP 地址。由网络对象指定需要进行动态 PAT 的内部网络 IP 地址范围
webvpn	进入 WebVPN 配置模式
enable *ifname*	在指定接口上启动 WebVPN,参数 *ifname* 是接口名。一旦在某个接口上启动 WebVPN,则可以通过该接口的 IP 地址访问 SSL VPN 网关
access-list *access_list_name* **extended** {**deny** | **permit**} {**tcp** | **udp** } *source_address_argument* [*port_argument*] *dest_address_argument* [*port_argument*]	定义一条属于扩展分组过滤器的规则。参数 *access_list_name* 是扩展分组过滤器名;参数 *source_address_argument* 指定源 IP 地址;源 IP 地址后的参数[*port_argument*]指定源端口号;参数 *dest_address_argument* 指定目的 IP 地址;目的 IP 地址后的参数[*port_argument*]指定目的端口号。**permit** 表示正常转发,**deny** 表示丢弃

注:粗体是命令关键字,斜体是命令参数。

第 8 章 防火墙实验

Cisco 防火墙分为两类：一类是专业防火墙，如 ASA5505；另一类是具有防火墙功能的路由器。路由器通常支持无状态分组过滤器、有状态分组过滤器和基于分区防火墙等安全功能。无状态分组过滤器分为标准分组过滤器和扩展分组过滤器。ASA5505 在分区的基础上，支持扩展分组过滤器和服务策略等安全功能。

8.1 标准分组过滤器实验

8.1.1 实验内容

互连网结构如图 8.1 所示，为了防止终端实施源 IP 地址欺骗攻击，路由器每一个接口只允许输入源 IP 地址属于该接口连接的网络的网络地址的 IP 分组。如路由器 R1 接口 1 连接的网络的网络地址是 192.1.1.0/24，路由器 R1 接口 1 只允许输入源 IP 地址属于网络地址 192.1.1.0/24 的 IP 分组。

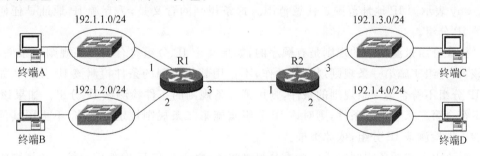

图 8.1 互连网结构

8.1.2 实验目的

(1) 验证标准分组过滤器过滤 IP 分组的原理和过程。
(2) 验证路由器标准分组过滤器的配置过程。
(3) 验证标准分组过滤器防御源 IP 地址欺骗攻击的原理和过程。

8.1.3 实验原理

路由器 R1 接口 1 和接口 2、路由器 R2 接口 2 和接口 3 的输入方向配置只允许输入源 IP 地址属于该接口连接的网络的网络地址的 IP 分组的标准分组过滤器，使这些接口连接的网络中的终端无法冒用其他网络的 IP 地址。

8.1.4 关键命令说明

1. 定义标准分组过滤器

以下命令序列用于定义一个只允许输入源 IP 地址属于网络地址 192.1.1.0/24 的 IP 分组的标准分组过滤器。

```
Router(config)#access-list 1 permit 192.1.1.0 0.0.0.255
Router(config)#access-list 1 deny any
```

access-list 1 permit 192.1.1.0 0.0.0.255 是全局模式下使用的命令,该命令的作用是指定一条属于编号为 1 的标准分组过滤器的规则。该规则中,1 是编号,标准分组过滤器允许的编号范围是 1～99,所有属于同一标准分组过滤器的规则必须有着相同的编号。permit 是对符合条件的 IP 分组实施的动作,该动作是允许符合条件的 IP 分组继续传输。192.1.3.0 0.0.0.255 定义源 IP 地址范围,其中 192.1.1.0 是网络地址,也是 CIDR 地址块的起始地址,0.0.0.255 是子网掩码 255.255.255.0 的反码。两者一起将源 IP 地址范围定义为 CIDR 地址块 192.1.1.0/24,表明该规则的条件是源 IP 地址属于 CIDR 地址块 192.1.1.0/24。综上所述,这条规则的含义是,允许源 IP 地址属于 CIDR 地址块 192.1.1.0/24 的 IP 分组继续传输。

access-list 1 deny any 是全局模式下使用的命令,该命令的作用同样是指定一条属于编号为 1 的标准分组过滤器的规则。该规则中,1 是编号,相同编号的规则属于同一标准分组过滤器。deny 是对符合条件的 IP 分组实施的动作,该动作是丢弃符合条件的 IP 分组。any 表示源 IP 地址范围是任意范围。这条规则的含义是,丢弃源 IP 地址是任何地址的 IP 分组。

标准分组过滤器中的规则是有顺序的,如果某个 IP 分组符合第一条规则的条件,则对该 IP 分组实施第一条规则规定的动作,不再用其他规则的条件检测该 IP 分组。如果该 IP 分组不符合第一条规则的条件,则用第二条规则的条件检测该 IP 分组。如果该 IP 分组符合第二条规则的条件,则对该 IP 分组实施第二条规则规定的动作,不再用其他规则的条件检测该 IP 分组,依此类推。

对于由上述两条规则组成的标准分组过滤器,由于所有 IP 分组符合第二条规则的条件,因此,该标准分组过滤器实现的功能是,如果某个 IP 分组的源 IP 地址属于 CIDR 地址块 192.1.1.0/24,则继续传输该 IP 分组,否则丢弃该 IP 分组。

2. 将标准分组过滤器作用到路由器接口

以下命令序列用于将编号为 1 的标准分组过滤器作用到路由器接口 FastEthernet0/0。

```
Router(config)#interface FastEthernet0/0
Router(config-if)#ip access-group 1 in
Router(config-if)#exit
```

ip access-group 1 in 是接口配置模式下使用的命令,该命令的作用是将编号为 1 的标准分组过滤器作用到指定路由器接口(这里是 FastEthernet0/0)的输入方向,其中 1 是标准分组过滤器编号,in 表明输入方向。

8.1.5　实验步骤

(1) 根据如图 8.1 所示的互连网结构放置和连接设备,完成设备放置和连接后的逻辑工作区界面如图 8.2 所示。

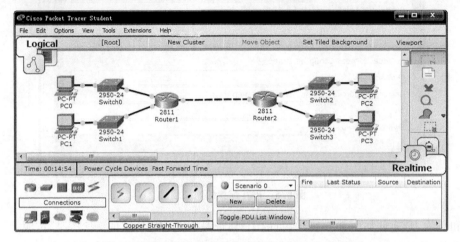

图 8.2　完成设备放置和连接后的逻辑工作区界面

(2) 完成路由器各个接口 IP 地址和子网掩码配置过程,完成路由器 RIP 配置过程。完成上述配置过程后,路由器 Router1 和 Router2 的路由表分别如图 8.3 和图 8.4 所示。

Routing Table for Router1

Type	Network	Port	Next Hop IP	Metric
C	192.1.1.0/24	FastEthernet0/0	---	0/0
C	192.1.2.0/24	FastEthernet0/1	---	0/0
R	192.1.3.0/24	FastEthernet1/0	192.1.5.253	120/1
R	192.1.4.0/24	FastEthernet1/0	192.1.5.253	120/1
C	192.1.5.0/24	FastEthernet1/0	---	0/0

图 8.3　路由器 Router1 的路由表

Routing Table for Router2

Type	Network	Port	Next Hop IP	Metric
R	192.1.1.0/24	FastEthernet0/0	192.1.5.254	120/1
R	192.1.2.0/24	FastEthernet0/0	192.1.5.254	120/1
C	192.1.3.0/24	FastEthernet0/1	---	0/0
C	192.1.4.0/24	FastEthernet1/0	---	0/0
C	192.1.5.0/24	FastEthernet0/0	---	0/0

图 8.4　路由器 Router2 的路由表

(3) 完成各个终端的网络信息配置过程,PC0 配置的网络信息如图 8.5 所示。

(4) 切换到模拟操作模式,在 PC0 上创建 ICMP 报文,封装该 ICMP 报文的 IP 分组

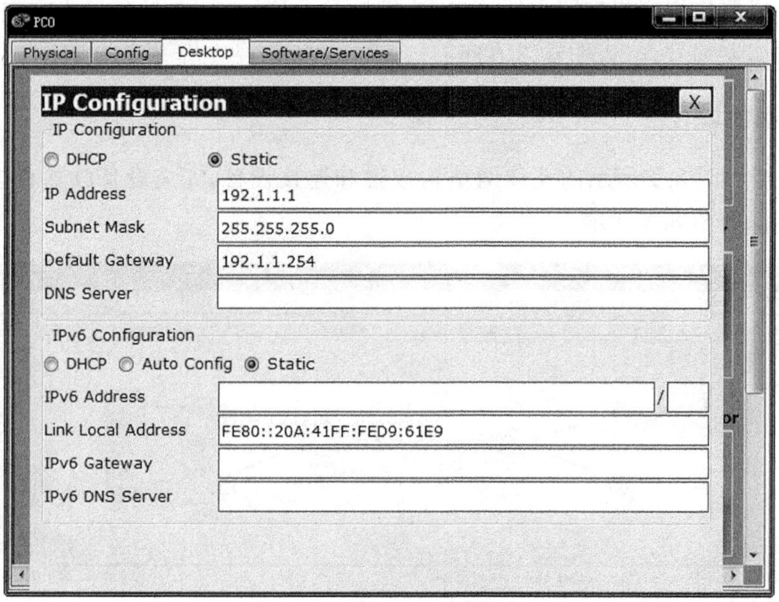

图 8.5 PC0 配置的网络信息

的源和目的 IP 地址如图 8.6 所示,目的 IP 地址是 PC3 的 IP 地址 192.1.4.1,源 IP 地址是伪造的 IP 地址 192.1.6.1(PC0 的 IP 地址是 192.1.1.1)。启动该 IP 分组 PC0 至 PC3 的传输过程,路由器 Router1 接口 FastEthernet0/0 输入方向允许输入该 IP 分组,Router1 正常转发该 IP 分组,如图 8.7 所示。

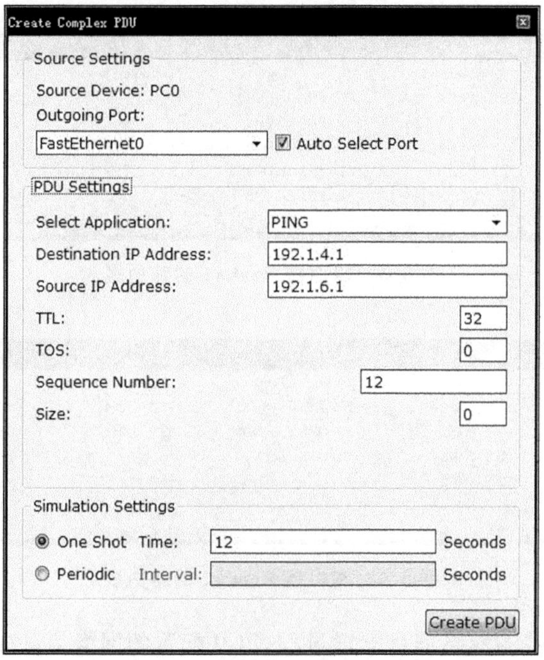

图 8.6 PC0 上创建的 ICMP 报文

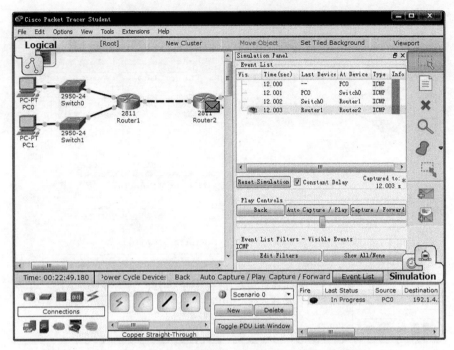

图 8.7 Router1 正常转发伪造源 IP 地址的 IP 分组

(5) 切换到实时操作模式,在 CLI(命令行接口)配置方式下,完成路由器 Router1 标准分组过滤器配置过程,并将其作用到接口 FastEthernet0/0 输入方向,使路由器 Router1 只允许继续转发源 IP 地址属于 CIDR 地址块 192.1.1.0/24 的 IP 分组。

(6) 切换到模拟操作模式,在 PC0 上创建 ICMP 报文,封装该 ICMP 报文的 IP 分组的源和目的 IP 地址如图 8.6 所示。启动该 IP 分组 PC0 至 PC3 的传输过程,路由器 Router1 接口 FastEthernet0/0 输入方向丢弃该 IP 分组,如图 8.8 所示。丢弃原因如图 8.9 所示,该 IP 分组符合属于编号为 1 的标准分组过滤器,且动作是 deny、条件是 any 的规则。

8.1.6 命令行接口配置过程

1. Router1 命令行接口配置过程

命令序列如下:

```
Router>enable
Router#configure terminal
Router(config)#interface FastEthernet0/0
Router(config-if)#no shutdown
Router(config-if)#ip address 192.1.1.254 255.255.255.0
Router(config-if)#exit
Router(config)#interface FastEthernet0/1
Router(config-if)#no shutdown
Router(config-if)#ip address 192.1.2.254 255.255.255.0
```

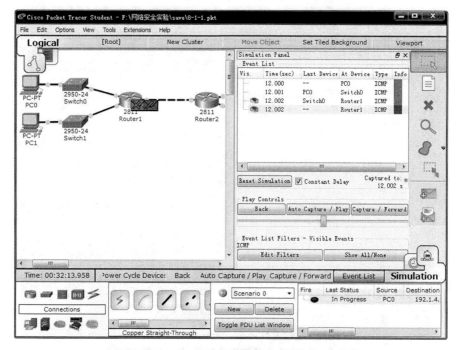

图 8.8　Router1 丢弃伪造源 IP 地址的 IP 分组

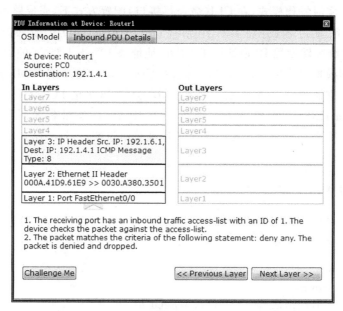

图 8.9　Router1 丢弃伪造源 IP 地址的 IP 分组的原因

Router(config-if)#exit
Router(config)#interface FastEthernet1/0
Router(config-if)#no shutdown
Router(config-if)#ip address 192.1.5.254 255.255.255.0

```
Router(config-if)#exit
Router(config)#router rip
Router(config-router)#network 192.1.1.0
Router(config-router)#network 192.1.2.0
Router(config-router)#network 192.1.5.0
Router(config-router)#exit
Router(config)#access-list 1 permit 192.1.1.0 0.0.0.255
Router(config)#access-list 1 deny any
Router(config)#access-list 2 permit 192.1.2.0 0.0.0.255
Router(config)#access-list 2 deny any
Router(config)#interface FastEthernet0/0
Router(config-if)#ip access-group 1 in
Router(config-if)#exit
Router(config)#interface FastEthernet0/1
Router(config-if)#ip access-group 2 in
Router(config-if)#exit
```

2. Router2 命令行接口配置过程

命令序列如下：

```
Router>enable
Router#configure terminal
Router(config)#interface FastEthernet0/0
Router(config-if)#no shutdown
Router(config-if)#ip address 192.1.5.253 255.255.255.0
Router(config-if)#exit
Router(config)#interface FastEthernet0/1
Router(config-if)#no shutdown
Router(config-if)#ip address 192.1.3.254 255.255.255.0
Router(config-if)#exit
Router(config)#interface FastEthernet1/0
Router(config-if)#no shutdown
Router(config-if)#ip address 192.1.4.254 255.255.255.0
Router(config-if)#exit
Router(config)#router rip
Router(config-router)#network 192.1.3.0
Router(config-router)#network 192.1.4.0
Router(config-router)#network 192.1.5.0
Router(config-router)#exit
Router(config)#access-list 1 permit 192.1.3.0 0.0.0.255
Router(config)#access-list 1 deny any
Router(config)#access-list 2 permit 192.1.4.0 0.0.0.255
Router(config)#access-list 2 deny any
Router(config)#interface FastEthernet0/1
```

```
Router(config-if)#ip access-group 1 in
Router(config-if)#exit
Router(config)#interface FastEthernet1/0
Router(config-if)#ip access-group 2 in
Router(config-if)#exit
```

3. 命令列表

路由器命令行接口配置过程中使用的命令及功能和参数说明如表 8.1 所示。

表 8.1 命令列表

命 令 格 式	功能和参数说明
access-list *access-list-number* {**deny**|**permit**} *source* [*source-wildcard*]	配置标准分组过滤器的规则，其中参数 *access-list-number* 指定该规则所属的标准分组过滤器的编号，**deny** 和 **permit** 是对符合规则条件的 IP 分组实施的动作，**permit** 允许继续传输，**deny** 表示丢弃。条件 *source* [*source-wildcard*] 可以有三种表示方式，一是 host 和 IP 地址，表示唯一的 IP 地址；二是网络地址和子网掩码反码，表示 CIDR 地址块；三是 any,表示任意 IP 地址
ip access-group *access-list-number* {**in** | **out**}	将编号由参数 *access-list-number* 指定的标准分组过滤器作用到指定路由器接口的输入或输出方向，**in** 表示输入方向，**out** 表示输出方向

注：粗体是命令关键字，斜体是命令参数。

8.2 扩展分组过滤器实验

8.2.1 实验内容

互连网结构如图 8.10 所示，分别在路由器 R1 接口 1 输入方向和路由器 R2 接口 2 输入方向设置扩展分组过滤器，实现只允许终端 A 访问 Web 服务器，终端 B 访问 FTP 服务器，禁止其他一切网络间通信过程的安全策略。

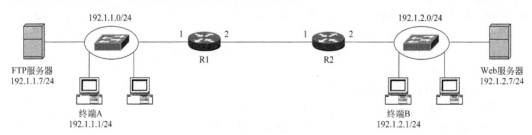

图 8.10 互连网结构

8.2.2 实验目的

(1) 验证扩展分组过滤器的配置过程。
(2) 验证扩展分组过滤器实现访问控制策略的过程。

(3) 验证过滤规则设置原则和方法。

(4) 验证过滤规则作用过程。

8.2.3 实验原理

为了实现只允许终端 A 访问 Web 服务器,终端 B 访问 FTP 服务器,禁止其他一切网络间通信过程的安全策略,需要在路由器 R1 接口 1 输入方向配置如下过滤规则集。

① 协议类型＝TCP,源 IP 地址＝192.1.1.1/32,源端口号＝*,目的 IP 地址＝192.1.2.7/32,目的端口号＝80;正常转发。

② 协议类型＝TCP,源 IP 地址＝192.1.1.7/32,源端口号＝21,目的 IP 地址＝192.1.2.1/32,目的端口号＝*;正常转发。

③ 协议类型＝TCP,源 IP 地址＝192.1.1.7/32,源端口号＞1024,目的 IP 地址＝192.1.2.1/32,目的端口号＝*;正常转发。

④ 协议类型＝*,源 IP 地址＝any,目的 IP 地址＝any;丢弃。

同样,需要在路由器 R2 接口 2 输入方向配置如下过滤规则集。

① 协议类型＝TCP,源 IP 地址＝192.1.2.1/32,源端口号＝*,目的 IP 地址＝192.1.1.7/32,目的端口号＝21;正常转发。

② 协议类型＝TCP,源 IP 地址＝192.1.2.1/32,源端口号＝*,目的 IP 地址＝192.1.1.7/32,目的端口号＞1024;正常转发。

③ 协议类型＝TCP,源 IP 地址＝192.1.2.7/32,源端口号＝80,目的 IP 地址＝192.1.1.1/32,目的端口号＝*;正常转发。

④ 协议类型＝*,源 IP 地址＝any,目的 IP 地址＝any;丢弃。

条件"协议类型＝TCP"是指 IP 分组首部中的协议字段值是 TCP 对应的协议字段值(6)。"协议类型＝*"是指 IP 分组首部中的协议字段值可以是任意值。"源端口号＝21"是指源端口号字段值必须等于 21。"源端口号＝*"是指源端口号字段值可以是任意值。"源 IP 地址＝192.1.2.7/32"是指 IP 分组首部中的源 IP 地址必须等于 192.1.2.7。"源 IP 地址＝any"是指 IP 分组首部中的源 IP 地址可以是任意值。

路由器 R1 接口 1 输入方向过滤规则①表明,只允许与终端 A 以 HTTP 访问 Web 服务器的过程有关的 TCP 报文继续正常转发。过滤规则②表明,只允许属于 FTP 服务器和终端 B 之间控制连接的 TCP 报文继续正常转发。过滤规则③表明,只允许属于 FTP 服务器和终端 B 之间数据连接的 TCP 报文继续正常转发。由于 FTP 服务器是被动打开的,因此,数据连接 FTP 服务器端的端口号是不确定的,FTP 服务器在大于 1024 的端口号中随机选择一个端口号作为数据连接的端口号。过滤规则④表明,丢弃所有不符合上述过滤规则的 IP 分组。路由器 R2 接口 2 输入方向过滤规则集的作用与此相似。

8.2.4 关键命令说明

1. 配置扩展分组过滤器规则集

以下命令序列用于配置扩展分组过滤器规则集。规则配置顺序就是规则在规则集中的顺序。

```
Router(config)#access-list 101 permit tcp host 192.1.1.1 host 192.1.2.7 eq www
Router(config)#access-list 101 permit tcp host 192.1.1.7 eq ftp host 192.1.2.1
Router(config)#access-list 101 permit tcp host 192.1.1.7 gt 1024 host 192.1.2.1
Router(config)#access-list 101 deny ip any any
```

access-list 101 permit tcp host 192.1.1.1 host 192.1.2.7 eq www 是全局模式下使用的命令,该命令的作用是指定扩展分组过滤器规则集中的其中一个规则。101 是扩展分组过滤器编号,所有属于同一扩展分组过滤器规则集的规则有着相同的编号。该规则对应"①协议类型=TCP,源 IP 地址=192.1.1.1/32,源端口号=*,目的 IP 地址=192.1.2.7/32,目的端口号=80;正常转发"。permit 是规则指定的动作,表示允许与该规则匹配的 IP 分组输入或输出。tcp 是 IP 分组首部中协议类型字段值对应的协议,表示 IP 分组净荷是 TCP 报文。host 192.1.1.1,表示源 IP 地址是唯一的 IP 地址 192.1.1.1。host 192.1.1.1 可以用 IP 地址 192.1.1.1 和反掩码 0.0.0.0 表示。host 192.1.2.7 表示目的 IP 地址是唯一的 IP 地址 192.1.2.7,同样,host 192.1.2.7 可以用 IP 地址 192.1.2.7 和反掩码 0.0.0.0 表示。eq 是操作符,表示等于。www 是 http 对应的著名端口号 80。目的 IP 地址后给出的端口号是目的端口号,因此 eq www 表示目的端口号等于 80。源 IP 地址后没有指定端口号,表示源端口号可以是任意值。与该规则匹配的 IP 分组必须符合以下条件:源 IP 地址等于 192.1.1.1,目的 IP 地址等于 192.1.2.7,IP 分组首部协议字段值等于 TCP,且净荷是目的端口号等于 80 的 TCP 报文。对与该规则匹配的 IP 分组实施的动作是允许输入或输出。与该命令等同的命令是 access-list 101 permit tcp 192.1.1.1 0.0.0.0 192.1.2.7 0.0.0.0 eq 80,该规则是规则集中的第一条规则。

access-list 101 permit tcp host 192.1.1.7 eq ftp host 192.1.2.1 指定的规则对应"②协议类型=TCP,源 IP 地址=192.1.1.7/32,源端口号=21,目的 IP 地址=192.1.2.1/32,目的端口号=*;正常转发",与该规则匹配的 IP 分组必须符合以下条件:源 IP 地址等于 192.1.1.7,目的 IP 地址等于 192.1.2.1,IP 分组首部协议字段值等于 TCP,且净荷是源端口号等于 21 的 TCP 报文。对与该规则匹配的 IP 分组实施的动作是允许输入或输出,该规则是规则集中的第二条规则。

access-list 101 permit tcp host 192.1.1.7 gt 1024 host 192.1.2.1 指定的规则对应"③协议类型=TCP,源 IP 地址=192.1.1.7/32,源端口号>1024,目的 IP 地址=192.1.2.1/32,目的端口号=*;正常转发",与该规则匹配的 IP 分组必须符合以下条件:源 IP 地址等于 192.1.1.7,目的 IP 地址等于 192.1.2.1,IP 分组首部协议字段值等于 TCP,且净荷是源端口号大于 1024 的 TCP 报文。对与该规则匹配的 IP 分组实施的动作是允许输入或输出,该规则是规则集中的第三条规则。

access-list 101 deny ip any any 指定的规则对应"④协议类型=*,源 IP 地址=any,目的 IP 地址=any;丢弃",*表示任意协议字段值,any 表示所有 IP 地址,因此,any 可以用 IP 地址 0.0.0.0 和反掩码 255.255.255.255 代替,所有 IP 分组都与该规则匹配,对与该规则匹配的 IP 分组实施的动作是丢弃。与该命令等同的命令是 access-list 101 deny ip 0.0.0.0 255.255.255.255 0.0.0.0 255.255.255.255,该规则是规则集中的第四条规则。

值得强调的是，IP 分组按照规则顺序，对规则逐个进行匹配，一旦与某个规则匹配，则执行该规则指定的动作，不再匹配后续规则。

2. 将规则集作用到某个接口

命令序列如下：

```
Router(config)#interface FastEthernet0/0
Router(config-if)#ip access-group 101 in
Router(config-if)#exit
```

ip access-group 101 in 是接口配置模式下使用的命令，该命令的作用是将编号为 101 的扩展分组过滤器作用到路由器接口 FastEthernet0/0 输入方向，参数 101 是扩展分组过滤器编号，参数 in 表示输入方向。路由器接口输入/输出方向以路由器为准，外部至路由器为输入，路由器至外部为输出。

8.2.5 实验步骤

（1）根据如图 8.10 所示互连网结构放置和连接设备，完成设备放置和连接后的逻辑工作区界面如图 8.11 所示。完成路由器 Router1 和 Router2 各个接口的配置过程，完成各台路由器 RIP 配置过程。完成上述配置过程后的路由器 Router1 和 Router2 路由表分别如图 8.12 和图 8.13 所示。完成各个终端和服务器网络信息配置过程，验证终端和终端之间、终端和服务器之间、服务器和服务器之间的连通性。

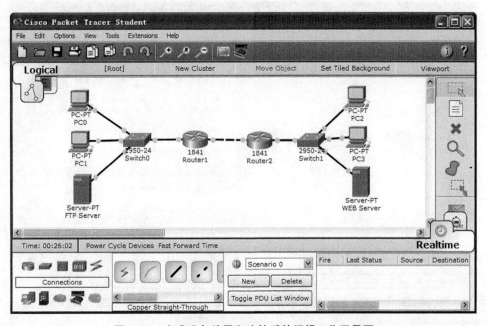

图 8.11　完成设备放置和连接后的逻辑工作区界面

（2）在 CLI（命令行接口）配置方式下，完成路由器 Router1 编号为 101 的扩展分组过滤器的配置过程，并将其作用到路由器接口 FastEthernet0/0 输入方向。完成路由器 Router2 编号为 101 的扩展分组过滤器的配置过程，并将其作用到路由器接口

Routing Table for Router1

Type	Network	Port	Next Hop IP	Metric
C	192.1.1.0/24	FastEthernet0/0	---	0/0
R	192.1.2.0/24	FastEthernet0/1	192.1.3.2	120/1
C	192.1.3.0/24	FastEthernet0/1	---	0/0

图 8.12　路由器 Router1 路由表

Routing Table for Router2

Type	Network	Port	Next Hop IP	Metric
R	192.1.1.0/24	FastEthernet0/0	192.1.3.1	120/1
C	192.1.2.0/24	FastEthernet0/1	---	0/0
C	192.1.3.0/24	FastEthernet0/0	---	0/0

图 8.13　路由器 Router2 路由表

FastEthernet0/1 输入方向。

（3）验证不同网络的终端之间和服务器之间不能 ping 通。PC0 发送给 Web 服务器的 ICMP 报文，封装成 IP 分组后沿 PC0 至 Web 服务器的 IP 传输路径传输，到达路由器 Router1 接口 FastEthernet0/0 时，被路由器 Router1 丢弃，如图 8.14 所示。丢弃原因如图 8.15 所示，被编号为 101 的扩展分组过滤器丢弃。

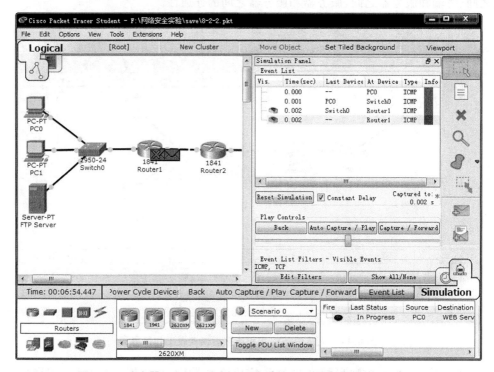

图 8.14　路由器 Router1 丢弃 PC0 发送给 Web 服务器的 ICMP 报文

（4）允许 PC0 通过浏览器访问 Web 服务器，如图 8.16 所示。FTP 服务器配置界面

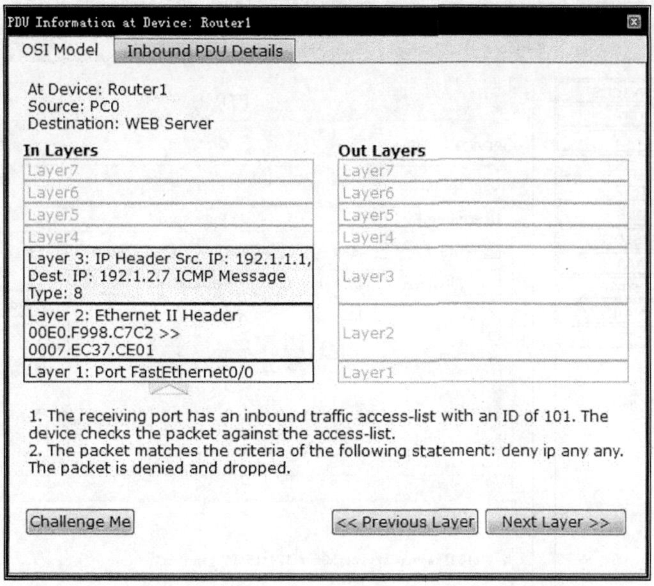

图 8.15 路由器 Router1 丢弃 PC0 发送给 Web 服务器的 ICMP 报文的原因

如图 8.17 所示，创建两个用户名分别为 aaa 和 cisco 的授权用户，授权用户的访问权限是全部操作功能。PC2 访问 FTP 服务器的过程如图 8.18 所示。

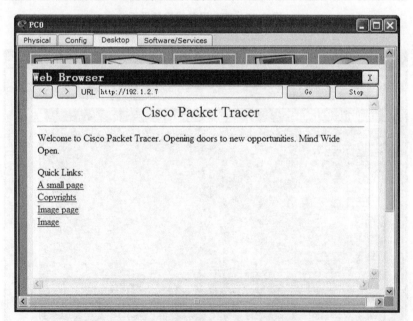

图 8.16 PC0 成功访问 Web 服务器界面

(5) 如果要求实现只允许 PC2 发起访问 FTP 服务器的访问控制策略，应该实施以下信息交换控制机制，必须在 PC2 向 FTP 服务器发送了 FTP 请求消息后，才能由 FTP 服务器向 PC2 发送对应的 FTP 响应消息。为此，在作用到路由器 Router1 接口

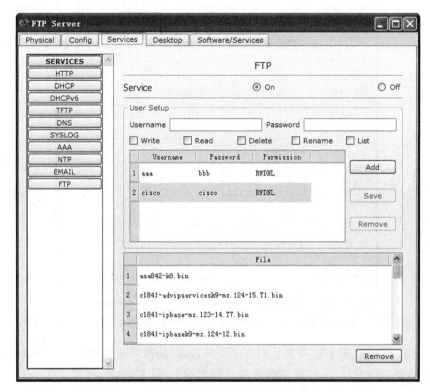

图 8.17 FTP 服务器配置界面

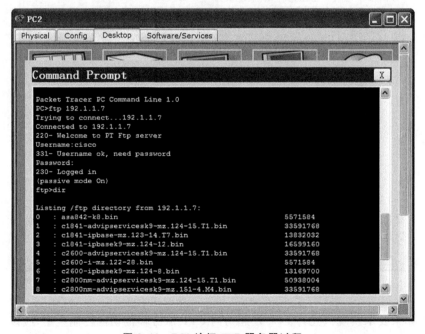

图 8.18 PC2 访问 FTP 服务器过程

FastEthernet0/0 输入方向的编号为 101 的扩展分组过滤器中设置了规则②和③,设置这两个规则的目的是只允许 FTP 服务器向 PC2 发送 FTP 响应消息,但扩展分组过滤器中的规则②和③并不能实现这一控制功能。TCP 报文如图 8.19 所示,该 TCP 报文并不是 FTP 服务器发送给 PC2 的 FTP 响应消息,但与规则③匹配,因此被允许输入路由器 Router1 接口 FastEthernet0/0。这也说明,用扩展分组过滤器实施精确控制是有困难的。

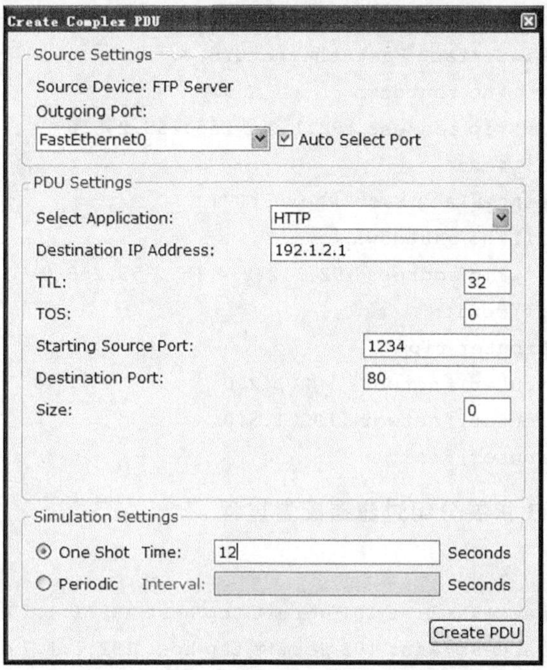

图 8.19 破坏访问控制策略的 TCP 报文

8.2.6 命令行接口配置过程

1. 路由器 Router1 接口和 RIP 配置过程

命令序列如下:

```
Router>enable
Router#configure terminal
Router(config)#interface FastEthernet0/0
Router(config-if)#no shutdown
Router(config-if)#ip address 192.1.1.254 255.255.255.0
Router(config-if)#exit
Router(config)#interface FastEthernet0/1
Router(config-if)#no shutdown
Router(config-if)#ip address 192.1.3.1 255.255.255.0
Router(config-if)#exit
Router(config)#router rip
Router(config-router)#network 192.1.1.0
```

```
Router(config-router)#network 192.1.3.0
Router(config-router)#exit
```

2. 路由器 Router2 接口和 RIP 配置过程
命令序列如下：

```
Router>enable
Router#configure terminal
Router(config)#interface FastEthernet0/0
Router(config-if)#no shutdown
Router(config-if)#ip address 192.1.3.2 255.255.255.0
Router(config-if)#exit
Router(config)#interface FastEthernet0/1
Router(config-if)#no shutdown
Router(config-if)#ip address 192.1.2.254 255.255.255.0
Router(config-if)#exit
Router(config)#router rip
Router(config-router)#network 192.1.2.0
Router(config-router)#network 192.1.3.0
Router(config-router)#exit
```

3. 路由器 Router1 扩展分组过滤器配置过程
命令序列如下：

```
Router(config)#access-list 101 permit tcp host 192.1.1.1 host 192.1.2.7 eq www
Router(config)#access-list 101 permit tcp host 192.1.1.7 eq ftp host 192.1.2.1
Router(config)#access-list 101 permit tcp host 192.1.1.7 gt 1024 host 192.1.2.1
Router(config)#access-list 101 deny ip any any
Router(config)#interface FastEthernet0/0
Router(config-if)#ip access-group 101 in
Router(config-if)#exit
```

4. 路由器 Router2 扩展分组过滤器配置过程
命令序列如下：

```
Router(config)#access-list 101 permit tcp host 192.1.2.1 host 192.1.1.7 eq ftp
Router(config)#access-list 101 permit tcp host 192.1.2.1 host 192.1.1.7 gt 1024
Router(config)#access-list 101 permit tcp host 192.1.2.7 eq www host 192.1.1.1
Router(config)#access-list 101 deny ip any any
Router(config)#interface FastEthernet0/1
Router(config-if)#ip access-group 101 in
Router(config-if)#exit
```

5. 命令列表
路由器命令行接口配置过程中使用的命令及功能和参数说明如表 8.2 所示。

表 8.2 命令列表

命 令 格 式	功能和参数说明
access-list *access-list-number* {**deny**| **permit**} *protocol source source-wildcard destination destination-wildcard*	定义一条属于某个扩展分组过滤器的规则。参数 *access-list-number* 是扩展分组过滤器的编号,扩展分组过滤器的编号范围是 100～199。**deny** 和 **permit** 表示动作,其中 **deny** 表示拒绝,**permit** 表示允许。参数 *protocol* 指定 IP 分组首部的协议字段值,可选的协议类型有 TCP、UDP、ICMP 和表示任意值的 IP 等。参数 *source* 和 *source-wildcard* 指定源 IP 地址范围,其中参数 *source* 是 IP 地址,参数 *source-wildcard* 是反掩码,如 *source*=192.1.2.2,*source-wildcard*=0.0.0.1,表示源 IP 地址范围是 192.1.2.2 和 192.1.2.3。如 *source*=192.1.2.2,*source-wildcard*=0.0.0.0,表示源 IP 地址范围是唯一的 IP 地址 192.1.2.2,这种情况下,可以用 host 192.1.2.2 代替。如 *source*=0.0.0.0,*source-wildcard*=255.255.255.255,表示源 IP 地址范围是所有 IP 地址,这种情况下,可以用 any 代替。参数 *destination* 和 *destination-wildcard* 指定目的 IP 地址范围,其中参数 *destination* 是 IP 地址,参数 *destination-wildcard* 是反掩码。参数 *destination* 和 *destination-wildcard* 指定目的 IP 地址范围的方式与参数 *source* 和 *source-wildcard* 指定源 IP 地址范围的方式相同
access-list *access-list-number* {**deny**| **permit**} **tcp** *source source-wildcard* [*operator* [*port*]] *destination destination-wildcard* [*operator* [*port*]]	协议字段值为 TCP 的规则定义命令。当协议字段值是 TCP 时,[*operator* [*port*]]用于指定端口号范围,参数 *operator* 是操作符,可选的操作有 lt(小于)、gt(大于)、eq(等于)、neq(不等于)和 range(范围)。参数 *port* 是端口号,lt 20 表示端口号范围是所有小于 20 的端口号,gt 1024 表示端口号范围是所有大于 1024 的端口号。紧跟源 IP 地址的[*operator* [*port*]]用于指定源端口号范围,紧跟目的 IP 地址的[*operator* [*port*]]用于指定目的端口号范围。不指定端口号范围,表示任意端口号。其他参数的含义与该表中的第一条命令相同
access-list *access-list-number* {**deny**| **permit**} **udp** *source source-wildcard* [*operator* [*port*]] *destination destination-wildcard* [*operator* [*port*]]	协议字段值为 UDP 的规则定义命令。其他参数的含义与该表中的第二条命令相同
ip access-group *access-list-number* {**in**| **out**}	将扩展分组过滤器作用到路由器接口输入或输出方向。参数 *access-list-number* 是扩展分组过滤器编号,**in** 表示输入方向,**out** 表示输出方向

注:粗体是命令关键字,斜体是命令参数。

8.3 有状态分组过滤器实验

8.3.1 实验内容

互连网络结构如图 8.10 所示,分别在路由器 R1 接口 1 和路由器 R2 接口 2 设置有状态分组过滤器,实现只允许终端 A 访问 Web 服务器,终端 B 访问 FTP 服务器,禁止其他一切网络间通信过程的安全策略。

8.3.2 实验目的

(1) 验证有状态分组过滤器的配置过程。
(2) 验证有状态分组过滤器实现访问控制策略的过程。
(3) 验证过滤规则设置原则和方法。
(4) 验证过滤规则作用过程。
(5) 验证基于会话的信息交换控制机制。

8.3.3 实验原理

初始状态下,路由器 R1 接口 1 输入方向只允许与终端 A 发起访问 Web 服务器的过程有关的 TCP 报文继续传输,因此,路由器 R1 接口 1 输入方向的过滤规则集如下。

① 协议类型=TCP,源 IP 地址=192.1.1.1/32,源端口号=*,目的 IP 地址=192.1.2.7/32,目的端口号=80;正常转发。

② 协议类型=*,源 IP 地址=any,目的 IP 地址=any;丢弃。

同样,初始状态下,路由器 R1 接口 1 输出方向只允许与终端 B 发起访问 FTP 服务器的过程有关的 TCP 报文继续传输,因此,路由器 R1 接口 1 输出方向的过滤规则集如下。

① 协议类型=TCP,源 IP 地址=192.1.2.1/32,源端口号=*,目的 IP 地址=192.1.1.7/32,目的端口号=21;正常转发。

② 协议类型=TCP,源 IP 地址=192.1.2.1/32,源端口号=*,目的 IP 地址=192.1.1.7/32,目的端口号>1024;正常转发。

③ 协议类型=*,源 IP 地址=any,目的 IP 地址=any;丢弃。

与第 8.2 节中的扩展分组过滤器实验不同,路由器 R1 接口 1 输入方向的扩展分组过滤器只允许与终端 A 发起访问 Web 服务器的过程相关的 TCP 报文输入,禁止 FTP 服务器发送给终端 B 的响应报文输入。同样,路由器 R1 接口 1 输出方向的扩展分组过滤器只允许与终端 B 发起访问 FTP 服务器的过程相关的 TCP 报文输出,禁止 Web 服务器发送给终端 A 的响应报文输出。

这是有状态分组过滤器不同于无状态分组过滤器的地方,对于终端 A 发起访问 Web 服务器的过程,只有在路由器 R1 接口 1 输入方向输入了终端 A 发送给 Web 服务器的请求消息,路由器 R1 才会自动在接口 1 输出方向设置允许该请求消息对应的响应消息输出的过滤规则。即输出方向允许 Web 服务器发送给终端 A 的 TCP 报文输出的前提有两个,一是输入方向输入了封装终端 A 发送给 Web 服务器的请求消息的 TCP 报文,且该 TCP 报文与规则①匹配。二是输出的 TCP 报文是封装 Web 服务器发送给终端 A 的响应消息的 TCP 报文。

对于终端 B 发起访问 FTP 服务器过程,只有在路由器 R1 接口 1 输出方向输出了终端 B 发送给 FTP 服务器的请求消息,路由器 R1 才会自动在接口 1 输入方向设置允许该请求消息对应的响应消息输入的过滤规则。

同样原因,路由器 R2 接口 2 输入方向的过滤规则集如下。

① 协议类型＝TCP,源 IP 地址＝192.1.2.1/32,源端口号＝*,目的 IP 地址＝192.1.1.7/32,目的端口号＝21;正常转发。

② 协议类型＝TCP,源 IP 地址＝192.1.2.1/32,源端口号＝*,目的 IP 地址＝192.1.1.7/32,目的端口号＞1024;正常转发。

③ 协议类型＝*,源 IP 地址＝any,目的 IP 地址＝any;丢弃。

路由器 R2 接口 2 输出方向的过滤规则集如下。

① 协议类型＝TCP,源 IP 地址＝192.1.1.1/32,源端口号＝*,目的 IP 地址＝192.1.2.7/32,目的端口号＝80;正常转发。

② 协议类型＝*,源 IP 地址＝any,目的 IP 地址＝any;丢弃。

路由器 R2 接口 2 输入/输出方向过滤规则集的配置原则与路由器 R1 接口 1 输入输出方向过滤规则集的配置原则相同。

除了在路由器接口输入/输出方向配置扩展分组过滤器以外,为了能够在一个方向通过请求消息后,在另一个方向自动添加允许该请求消息对应的响应消息通过的过滤规则,需要同步配置监测器,监测器用于监测某个方向通过的请求消息,并在监测到请求消息后,自动在相反方向添加允许该请求消息对应的响应消息通过的过滤器规则。

8.3.4 关键命令说明

1. 定义监测器过程

以下命令序列用于定义监测器。

```
Router(config)#ip inspect name a1 http
Router(config)#ip inspect name a1 tcp
Router(config)#ip inspect name a2 tcp
```

ip inspect name a1 http 是全局模式下使用的命令,该命令的作用是在名为 a1 的监测器中添加监测协议 HTTP。一旦监测 HTTP,则只有在监测方向监测到 HTTP 请求消息通过后,才允许该 HTTP 请求消息对应的响应消息通过相反方向。

ip inspect name a1 tcp 是全局模式下使用的命令,该命令的作用是在名为 a1 的监测器中添加监测协议 TCP。一旦监测 TCP,则只有在监测方向监测到请求建立 TCP 连接的请求报文通过后,才允许属于该 TCP 连接的 TCP 报文通过相反方向。TCP 连接由两端插口唯一标识,即由两端 IP 地址和两端端口号唯一标识。

名为 a1 的监测器中同时监测 HTTP 和 TCP,由于 HTTP 是应用层协议,因此,接收到 TCP 报文后,首先根据 HTTP 实施监测过程,即如果 TCP 报文中封装的是 HTTP 响应消息,且没有在监测方向监测到对应的 HTTP 请求消息,则即使该 TCP 报文属于已经监测到的某个 TCP 连接,路由器也不允许该 TCP 报文通过。

2. 将监测器作用到路由器接口

以下命令序列用于将监测器作用到路由器接口 FastEthernet0/0。

```
Router(config)#interface FastEthernet0/0
```

```
Router(config-if)#ip inspect a1 in
Router(config-if)#ip inspect a2 out
Router(config-if)#exit
```

ip inspect a1 in 是接口配置模式下使用的命令,该命令的作用是将名为 a1 的监测器作用到路由器接口 FastEthernet0/0 输入方向,in 表示输入方向。执行该命令后,如果路由器接口 FastEthernet0/0 输入方向允许通过 HTTP 请求消息或 TCP 请求报文,则路由器接口 FastEthernet0/0 输出方向允许通过该 HTTP 请求消息对应的响应消息,或者属于该 TCP 请求报文请求建立的 TCP 连接的 TCP 报文。

路由器接口 FastEthernet0/0 输入方向通过设置的扩展分组过滤器确定是否允许通过 HTTP 请求消息或 TCP 请求报文。一旦在路由器接口 FastEthernet0/0 输入方向设置监测器,且监测器监测到扩展分组过滤器允许通过的 HTTP 请求消息或 TCP 请求报文,则路由器接口 FastEthernet0/0 输出方向自动添加允许通过该 HTTP 请求消息对应的响应消息,或者属于该 TCP 请求报文请求建立的 TCP 连接的 TCP 报文的过滤规则,该过程不受路由器接口 FastEthernet0/0 输出方向设置的扩展分组过滤器的限制。

8.3.5 实验步骤

本实验与第 8.2 节中的扩展分组过滤器实验相比,有以下不同。

1. 设置的扩展分组过滤器不同

以路由器 Router1 接口 FastEthernet0/0 为例,输入方向设置的扩展分组过滤器只允许与终端 A 发起访问 Web 服务器的过程有关的 TCP 报文通过,输出方向设置的扩展分组过滤器只允许与终端 B 发起访问 FTP 服务器的过程有关的 TCP 报文通过,即输入方向设置的扩展分组过滤器不允许 FTP 服务器向终端 B 发送 TCP 报文。同样,输出方向设置的扩展分组过滤器不允许 Web 服务器向终端 A 发送 TCP 报文。

2. 输入输出方向设置监测器

以路由器 Router1 接口 FastEthernet0/0 为例,为了保证输入方向通过终端 A 发送给 Web 服务器的请求消息后,才允许输出方向通过 Web 服务器发送给终端 A 的响应消息,需要在输入方向设置监测器,只有当监测器监测到输入方向设置的扩展分组过滤器允许的终端 A 发送给 Web 服务器的请求消息后,才允许输出方向输出 Web 服务器向终端 A 发送的响应消息。这种允许不受输出方向扩展分组过滤器的限制。

3. 更严格的管控

以路由器 Router1 接口 FastEthernet0/0 为例,由于输入方向设置的扩展分组过滤器只允许终端 A 向 Web 服务器发送 TCP 报文,因此,在终端 B 向 FTP 服务器发送请求消息前,输入方向不允许输入 FTP 服务器发送给终端 B 的 TCP 报文,图 8.19 所示的 TCP 报文不允许输入路由器 Router1 接口 FastEthernet0/0。图 8.11 所示的互连网只允许 PC0 通过浏览器访问 Web Server,PC2 通过 FTP 访问 FTP Server。

8.3.6 命令行接口配置过程

1. Router1 安全功能配置过程

命令序列如下:

```
Router(config)#access-list 101 permit tcp host 192.1.1.1 host 192.1.2.7 eq www
Router(config)#access-list 101 deny ip any any
Router(config)#access-list 102 permit tcp host 192.1.2.1 host 192.1.1.7 eq ftp
Router(config)#access-list 102 permit tcp host 192.1.2.1 host 192.1.1.7 gt 1024
Router(config)#access-list 102 deny ip any any
Router(config)#ip inspect name a1 http
Router(config)#ip inspect name a1 tcp
Router(config)#ip inspect name a2 tcp
Router(config)#interface FastEthernet0/0
Router(config-if)#ip access-group 101 in
Router(config-if)#ip access-group 102 out
Router(config-if)#ip inspect a1 in
Router(config-if)#ip inspect a2 out
Router(config-if)#exit
```

2. Router2 安全功能配置过程

命令序列如下:

```
Router(config)#access-list 101 permit tcp host 192.1.2.1 host 192.1.1.7 eq ftp
Router(config)#access-list 101 permit tcp host 192.1.2.1 host 192.1.1.7 gt 1024
Router(config)#access-list 101 deny ip any any
Router(config)#access-list 102 permit tcp host 192.1.1.1 host 192.1.2.7 eq www
Router(config)#access-list 102 deny ip any any
Router(config)#ip inspect name a1 http
Router(config)#ip inspect name a1 tcp
Router(config)#ip inspect name a2 tcp
Router(config)#interface FastEthernet0/1
Router(config-if)#ip access-group 101 in
Router(config-if)#ip access-group 102 out
Router(config-if)#ip inspect a1 out
Router(config-if)#ip inspect a2 in
Router(config-if)#exit
```

3. 命令列表

路由器命令行接口配置过程中使用的命令及功能和参数说明如表 8.3 所示。

表 8.3 命令列表

命令格式	功能和参数说明
ip inspect name *inspection-name protocol*	在以参数 *inspection-name* 为名字的监测器中添加需要监测的协议，参数 *protocol* 用于指定需要监测的协议，常见的协议有 TCP、UDP、ICMP、HTTP 等

续表

命 令 格 式	功能和参数说明
ip inspect *inspection-name* {**in** | **out**}	将以参数 *inspection-name* 为名字的监测器作用到路由器接口的输入或输出方向，**in** 表示输入方向，**out** 表示输出方向

注：粗体是命令关键字，斜体是命令参数。

8.4 基于分区防火墙实验

8.4.1 实验内容

互连网结构如图 8.20 所示，将路由器 R2 接口 1 连接的区域定义为信任区，接口 2 连接的区域定义为非军事区，接口 3 连接的区域定义为非信任区。要求实施以下安全策略：

(1) 允许信任区内的终端访问非军事区和非信任区中的 Web 服务器。

(2) 允许信任区内的终端通过非军事区中的 E-Mail 服务器与非信任区中的终端交换邮件。

(3) 允许非信任区中的终端访问非军事区中的 Web 服务器。

(4) 禁止其他网络之间的通信过程。

8.4.2 实验目的

(1) 深入理解有状态分组过滤器的监测机制。

(2) 验证对区间数据传输过程实施控制的过程。

(3) 深入理解通过服务定义区间信息交换过程的原理。

(4) 掌握基于分区防火墙的配置过程。

8.4.3 实验原理

根据安全策略，在路由器 R2 中配置以下访问控制策略。

① 从信任区到非军事区：源 IP 地址=192.1.1.0/24，目的 IP 地址=192.1.2.7/32，HTTP 服务。

② 从信任区到非军事区：源 IP 地址=192.1.1.0/24，目的 IP 地址=192.1.2.3/32，SMTP + POP3 服务。

③ 从信任区到非信任区：源 IP 地址=192.1.1.0/24，目的 IP 地址= 192.1.3.7/32，HTTP 服务。

④ 从非军事区到非信任区：源 IP 地址=192.1.2.3/32，目的 IP 地址=192.1.3.3/32，SMTP 服务。

⑤ 从非信任区到非军事区：源 IP 地址=192.1.3.0/24，目的 IP 地址=192.1.2.7/32，HTTP 服务。

⑥ 从非信任区到非军事区：源 IP 地址= 192.1.3.3/32，目的 IP 地址=192.1.2.3/32，SMTP 服务。

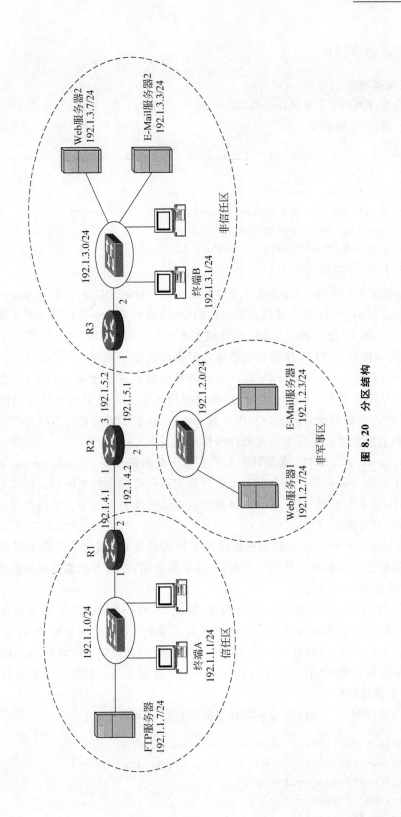

图 8.20 分区结构

8.4.4 关键命令说明

1. 定义类映射

以下命令序列用于定义满足条件"源 IP 地址＝192.1.1.0/24,目的 IP 地址＝192.1.2.7/32,HTTP 服务"的类映射。

```
Router(config)#access-list 101 permit tcp 192.1.1.0 0.0.0.255 host 192.1.2.7 eq www
Router(config)#access-list 101 deny ip any any
Router(config)#class-map type inspect match-all a-b-http
Router(config-cmap)#match access-group 101
Router(config-cmap)#match protocol http
Router(config-cmap)#exit
```

access-list 101 permit tcp 192.1.1.0 0.0.0.255 host 192.1.2.7 eq www 和 access-list 101 deny ip any any 是全局模式下使用的命令,这两条命令的作用是指定满足以下条件的 IP 分组:源 IP 地址属于 CIDR 地址块 192.1.1.0/24,目的 IP 地址等于 192.1.2.7,IP 首部协议字段值是 TCP,净荷是目的端口号字段值等于 80 的 TCP 报文。

class-map type inspect match-all a-b-http 是全局模式下使用的命令,该命令的作用有两个:一是定义名为 a-b-http 类映射,类映射用于定义需要进行有状态监测的信息流类别;二是进入类映射配置模式。其中参数 match-all 表示需要进行有状态监测的信息流是符合类映射配置模式中所有指定条件的信息流。

match access-group 101 是类映射配置模式下使用的命令,(config-cmap)#是类映射配置模式下的命令提示符。该命令的作用是指定进行有状态监测的信息流需要符合的其中一个条件,该条件表明,进行有状态监测的信息流必须是编号为 101 的扩展分组过滤器允许通过的 IP 分组。

match protocol http 是类映射配置模式下使用的命令,该命令的作用是指定进行有状态监测的信息流需要符合的另一个条件,该条件表明,进行有状态监测的信息流必须是封装 http 消息的 IP 分组。

由于参数 match-all 要求满足所有条件,因此,名为 a-b-http 的类映射指定的进行有状态监测的信息流必须同时满足以下两个条件。条件 1:信息流是源 IP 地址属于 CIDR 地址块 192.1.1.0/24,目的 IP 地址等于 192.1.2.7,IP 首部协议字段值是 TCP,净荷是目的端口号字段值等于 80 的 TCP 报文的 IP 分组;条件 2:信息流是封装 http 消息的 IP 分组。

2. 定义策略映射

以下命令序列用于为区间传输的每一类信息流定义动作。

```
Router(config)#policy-map type inspect a-b
Router(config-pmap)#class type inspect a-b-http
Router(config-pmap-c)#inspect
Router(config-pmap-c)#exit
Router(config-pmap)#class type inspect a-b-smtp
```

```
Router(config-pmap-c)#inspect
Router(config-pmap-c)#exit
Router(config-pmap)#class type inspect a-b-pop3
Router(config-pmap-c)#inspect
Router(config-pmap-c)#exit
Router(config-pmap)#exit
```

policy-map type inspect a-b 是全局模式下使用的命令,该命令的作用有两个:一是定义名为 a-b 的策略映射,策略映射用于为区间传输的每一类信息流指定动作;二是进入策略映射配置模式。

class type inspect a-b-http 是策略映射配置模式下使用的命令,(config-pmap)♯是策略映射配置模式下的命令提示符。该命令的作用有两个:一是指定信息流类别,a-b-http 是类映射名,表示信息流类别由名为 a-b-http 的类映射定义;二是进入策略映射类配置模式。

inspect 是策略映射类配置模式下使用的命令,(config-pmap-c)♯是策略映射类配置模式下的命令提示符。该命令的作用是为该类信息流指定动作,指定的动作是对该类信息流进行有状态监测。有状态监测是指,只有在指定方向监测到属于该类信息流的请求消息通过后,才允许相反方向通过该请求消息对应的响应消息。

在名为 a-b 的策略映射中,可以为多类信息流规定动作。除了由名为 a-b-http 的类映射定义的信息流以外,还可以为分别由名为 a-b-smtp 和 a-b-pop3 的类映射定义的信息流规定动作。

3. 定义区域、指定连接该区域的路由器接口

以下命令序列用于定义名为 a 的区域,并指定路由器接口 FastEthernet0/0 为连接该区域的路由器接口。

```
Router(config)#zone security a
Router(config)#interface FastEthernet0/0
Router(config-if)#zone-member security a
Router(config-if)#exit
```

zone security a 是全局模式下使用的命令,该命令的作用是定义一个名为 a 的区域。为了方便起见,本实验用名为 a 的区域表示信任区,名为 b 的区域表示非军事区,名为 c 的区域表示非信任区。

zone-member security a 是接口配置模式下使用的命令,该命令的作用是将指定接口(这里是接口 FastEthernet0/0)分配给名为 a 的区域。

4. 定义区域对与为该区域对指定服务策略

以下命令序列用于定义区域对,指定名为 a-b 的策略映射作为对区域对之间传输的信息流实施控制的服务策略。

```
Router(config)#zone-pair security a-b source a destination b
Router(config-sec-zone-pair)#service-policy type inspect a-b
Router(config-sec-zone-pair)#exit
```

zone-pair security a-b source a destination b 是全局模式下使用的命令，该命令的作用有两个：一是定义名为 a-b 的区域对，并指定名为 a 的区域是该区域对的源区域，名为 b 的区域是该区域对的目的区域，以此对应访问控制策略中的"从信任区到非军事区"；二是进入区域对配置模式。

service-policy type inspect a-b 是区域对配置模式下使用的命令，(config-sec-zone-pair)#是区域对配置模式下的命令提示符。该命令的作用是指定名为 a-b 的策略映射作为对区域对之间传输的信息流实施控制的服务策略。

8.4.5 实验步骤

（1）根据如图 8.20 所示的互连网结构放置和连接设备，完成设备放置和连接后的逻辑工作区界面如图 8.21 所示。

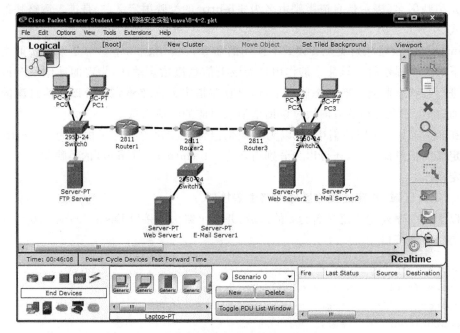

图 8.21 完成设备放置和连接后的逻辑工作区界面

（2）完成路由器 Router1、Router2 和 Router3 各台接口的 IP 地址和子网掩码配置过程。完成各台路由器 RIP 配置过程。完成上述配置过程后的路由器 Router1、Router2 和 Router3 的路由表分别如图 8.22、图 8.23 和图 8.24 所示。

Type	Network	Port	Next Hop IP	Metric
C	192.1.1.0/24	FastEthernet0/0	---	0/0
R	192.1.2.0/24	FastEthernet0/1	192.1.4.2	120/1
R	192.1.3.0/24	FastEthernet0/1	192.1.4.2	120/2
C	192.1.4.0/24	FastEthernet0/1	---	0/0
R	192.1.5.0/24	FastEthernet0/1	192.1.4.2	120/1

图 8.22 路由器 Router1 路由表

Routing Table for Router2				
Type	Network	Port	Next Hop IP	Metric
R	192.1.1.0/24	FastEthernet0/0	192.1.4.1	120/1
C	192.1.2.0/24	FastEthernet0/1	---	0/0
R	192.1.3.0/24	FastEthernet1/0	192.1.5.2	120/1
C	192.1.4.0/24	FastEthernet0/0	---	0/0
C	192.1.5.0/24	FastEthernet1/0	---	0/0

图 8.23　路由器 Router2 路由表

Routing Table for Router3				
Type	Network	Port	Next Hop IP	Metric
R	192.1.1.0/24	FastEthernet0/0	192.1.5.1	120/2
R	192.1.2.0/24	FastEthernet0/0	192.1.5.1	120/1
C	192.1.3.0/24	FastEthernet0/1	---	0/0
R	192.1.4.0/24	FastEthernet0/0	192.1.5.1	120/1
C	192.1.5.0/24	FastEthernet0/0	---	0/0

图 8.24　路由器 Router3 路由表

（3）完成各个终端和服务器网络信息配置过程。PC0 配置的网络信息如图 8.25 所示，将同一以太网内的 FTP Server 作为 DNS 服务器，其目的是保证 PC0 解析域名时，不会涉及区域间数据传输过程。同理，PC1 也将 FTP Server 作为 DNS 服务器，E-Mail Server1 将 Web Server1 作为 DNS 服务器，E-Mail Server2、PC2 和 PC3 将 Web Server2 作为 DNS 服务器。FTP Server 中配置的资源记录如图 8.26 所示，b.com 是 E-Mail Server1 的域名，c.com 是 E-Mail Server2 的域名。其他作为 DNS 服务器的 Web Server1、Web Sserver2 中配置的资源记录与 FTP Server 相同。

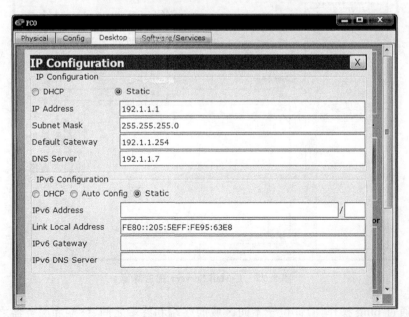

图 8.25　PC0 配置的网络信息

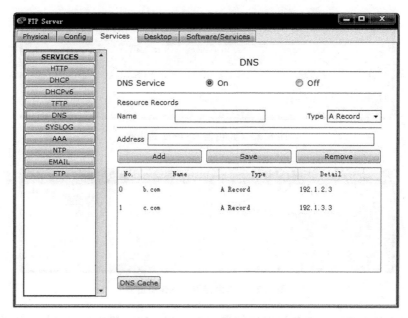

图 8.26　FTP Server 中配置的资源记录

（4）E-Mail Server1 的配置界面如图 8.27 所示，域名是 b.com，定义了两个用户名分别是 aaa1 和 aaa2 的信箱。E-Mail Server2 的配置界面如图 8.28 所示，域名是 c.com，定义了两个用户名分别是 aaa3 和 aaa4 的信箱。

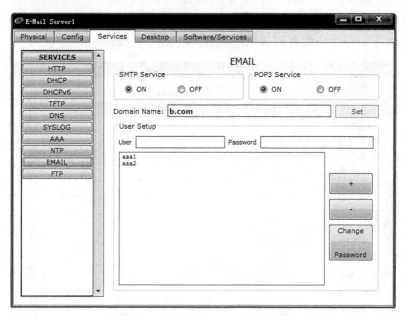

图 8.27　E-Mail Server1 配置界面

（5）通过 ping 操作，验证位于不同区域的终端和终端之间、终端和服务器之间、服务器和服务器之间的连通性。

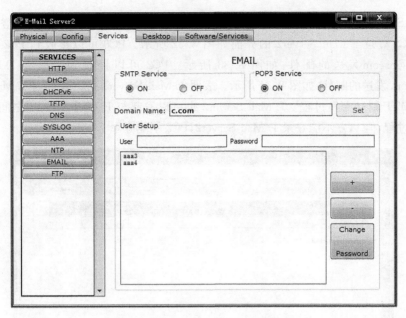

图 8.28 E-Mail Server2 配置界面

(6) 在 CLI(命令行接口)配置方式下,完成路由器 Router2 基于区域防火墙的配置过程。确定如图 8.21 所示的互连网已经实现第 8.4.3 节中给出的访问控制策略。①不同区域的终端和终端之间、终端和服务器之间、服务器和服务器之间已经无法交换 ICMP 报文,即无法 ping 通。②PC0 可以用浏览器访问 Web Server1 和 Web Server2,PC0 用浏览器访问 Web Server1 的界面如图 8.29 所示,但 PC0 与 E-Mail Server1 之间无法交换 HTTP 消息,PC0 用浏览器访问 E-Mail Server1 失败的界面如图 8.30 所示。③PC0 可以登

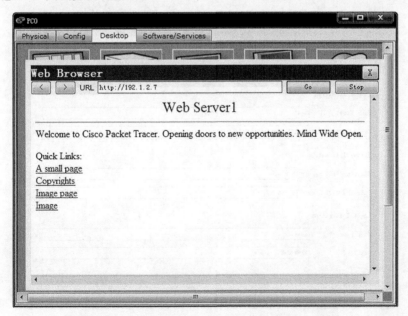

图 8.29 PC0 用浏览器成功访问 Web Server1 的界面

录 E-Mail Server1，PC0 登录 E-Mail Server1 的界面如图 8.31 所示。PC2 可以登录 E-Mail Server2，PC2 登录 E-Mail Server2 的界面如图 8.32 所示。PC0 可以接收到 PC2 用 E-Mail 地址 aaa3@c.com 发送的邮件，如图 8.33 所示。PC2 可以接收到 PC0 用 E-Mail 地址 aaa1@b.com 发送的邮件，如图 8.34 所示。表明 E-Mail Server1 可以发起与 E-Mail Server2 之间的 SMTP 消息交换过程。E-Mail Server2 也可以发起与 E-Mail Server1 之间的 SMTP 消息交换过程，但 PC0 不能登录 E-Mail Server2，PC2 不能登录 E-Mail Server1。

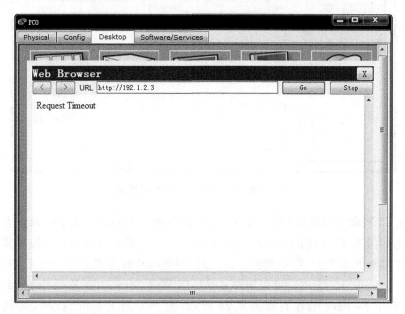

图 8.30　PC0 用浏览器访问 E-Mail Server1 失败的界面

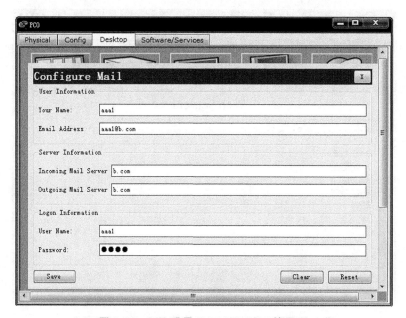

图 8.31　PC0 登录 E-Mail Server1 的界面

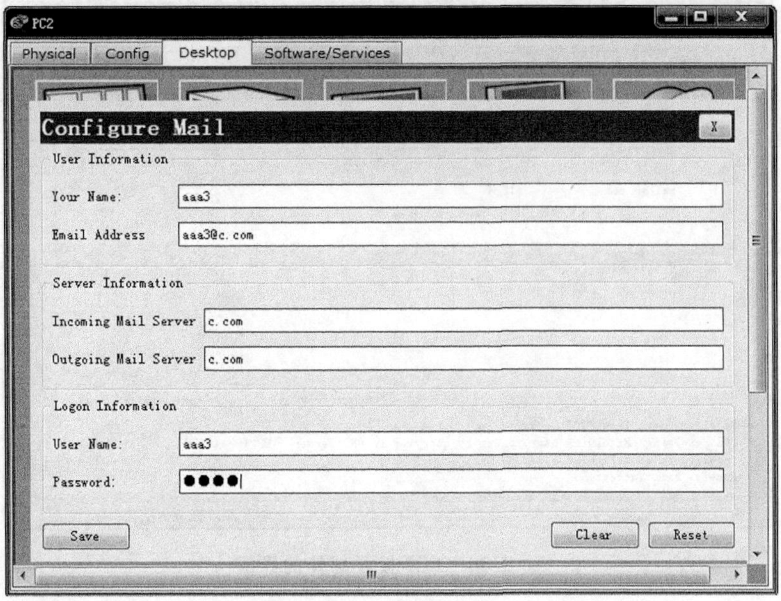

图 8.32　PC2 登录 E-Mail Server2 的界面

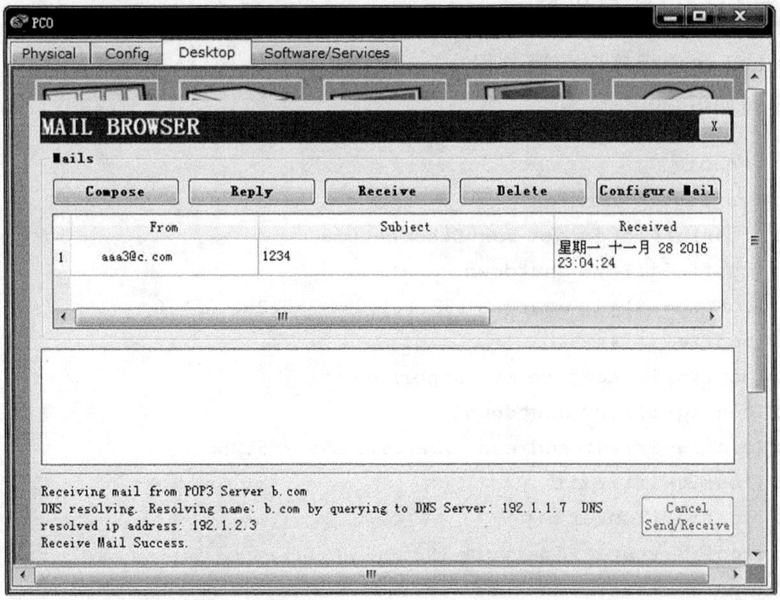

图 8.33　PC0 接收邮件的界面

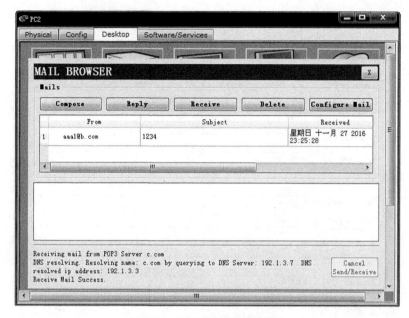

图 8.34　PC2 接收邮件的界面

值得说明的是，Packet Tracer 中的服务器能够同时提供多种网络服务，如 WWW 服务、FTP 服务、E-Mail 服务、DNS 服务、DHCP 服务等，默认情况下，WWW 服务是自动开启的，因此，Packet Tracer 中的服务器无须配置就能提供 WWW 服务。

8.4.6　命令行接口配置过程

1. Router1 命令行接口配置过程

命令序列如下：

```
Router>enable
Router#configure terminal
Router(config)#interface FastEthernet0/0
Router(config-if)#no shutdown
Router(config-if)#ip address 192.1.1.254 255.255.255.0
Router(config-if)#exit
Router(config)#interface FastEthernet0/1
Router(config-if)#no shutdown
Router(config-if)#ip address 192.1.4.1 255.255.255.0
Router(config-if)#exit
Router(config)#router rip
Router(config-router)#network 192.1.1.0
Router(config-router)#network 192.1.4.0
Router(config-router)#exit
```

2. Router2 路由器接口和 RIP 配置过程

命令序列如下：

```
Router>enable
Router#configure terminal
Router(config)#interface FastEthernet0/0
Router(config-if)#no shutdown
Router(config-if)#ip address 192.1.4.2 255.255.255.0
Router(config-if)#exit
Router(config)#interface FastEthernet0/1
Router(config-if)#no shutdown
Router(config-if)#ip address 192.1.2.254 255.255.255.0
Router(config-if)#exit
Router(config)#interface FastEthernet1/0
Router(config-if)#no shutdown
Router(config-if)#ip address 192.1.5.1 255.255.255.0
Router(config-if)#exit
Router(config)#router rip
Router(config-router)#network 192.1.2.0
Router(config-router)#network 192.1.4.0
Router(config-router)#network 192.1.5.0
Router(config-router)#exit
```

3. Router3 命令行接口配置过程

命令序列如下：

```
Router>enable
Router#configure terminal
Router(config)#interface FastEthernet0/0
Router(config-if)#no shutdown
Router(config-if)#ip address 192.1.5.2 255.255.255.0
Router(config-if)#exit
Router(config)#interface FastEthernet0/1
Router(config-if)#no shutdown
Router(config-if)#ip address 192.1.3.254 255.255.255.0
Router(config-if)#exit
Router(config)#router rip
Router(config-router)#network 192.1.3.0
Router(config-router)#network 192.1.5.0
Router(config-router)#exit
```

4. Router2 基于区域防火墙配置过程

命令序列如下：

```
Router(config)#access-list 101 permit tcp 192.1.1.0 0.0.0.255 host 192.1.2.7 eq www
Router(config)#access-list 101 deny ip any any
Router(config)#access-list 102 permit tcp 192.1.1.0 0.0.0.255 host 192.1.2.3 eq smtp
```

```
Router(config)#access-list 102 deny ip any any
Router(config)#access-list 103 permit tcp 192.1.1.0 0.0.0.255 host 192.1.2.3 eq pop3
Router(config)#access-list 103 deny ip any any
Router(config)#access-list 104 permit tcp 192.1.1.0 0.0.0.255 host 192.1.3.7 eq www
Router(config)#access-list 104 deny ip any any
Router(config)#access-list 105 permit tcp host 192.1.2.3 host 192.1.3.3 eq smtp
Router(config)#access-list 105 deny ip any any
Router(config)#access-list 106 permit tcp 192.1.3.0 0.0.0.255 host 192.1.2.7 eq www
Router(config)#access-list 106 deny ip any any
Router(config)#access-list 107 permit tcp host 192.1.3.3 host 192.1.2.3 eq smtp
Router(config)#access-list 107 deny ip any any
Router(config)#class-map type inspect match-all a-b-http
Router(config-cmap)#match access-group 101
Router(config-cmap)#match protocol http
Router(config-cmap)#exit
Router(config)#class-map type inspect match-all a-b-smtp
Router(config-cmap)#match access-group 102
Router(config-cmap)#match protocol smtp
Router(config-cmap)#exit
Router(config)#class-map type inspect match-all a-b-pop3
Router(config-cmap)#match access-group 103
Router(config-cmap)#match protocol pop3
Router(config-cmap)#exit
Router(config)#class-map type inspect match-all a-c-http
Router(config-cmap)#match access-group 104
Router(config-cmap)#match protocol http
Router(config-cmap)#exit
Router(config)#class-map type inspect match-all b-c-smtp
Router(config-cmap)#match access-group 105
Router(config-cmap)#match protocol smtp
Router(config-cmap)#exit
Router(config)#class-map type inspect match-all c-b-http
Router(config-cmap)#match access-group 106
Router(config-cmap)#match protocol http
Router(config-cmap)#exit
Router(config-cmap)#class-map type inspect match-all c-b-smtp
Router(config-cmap)#match access-group 107
Router(config-cmap)#match protocol smtp
Router(config-cmap)#exit
Router(config)#policy-map type inspect a-b
Router(config-pmap)#class type inspect a-b-http
```

```
Router(config-pmap-c)#inspect
Router(config-pmap-c)#exit
Router(config-pmap)#class type inspect a-b-smtp
Router(config-pmap-c)#inspect
Router(config-pmap-c)#exit
Router(config-pmap)#class type inspect a-b-pop3
Router(config-pmap-c)#inspect
Router(config-pmap-c)#exit
Router(config-pmap)#exit
Router(config)#policy-map type inspect a-c
Router(config-pmap)#class type inspect a-c-http
Router(config-pmap-c)#inspect
Router(config-pmap-c)#exit
Router(config-pmap)#exit
Router(config)#policy-map type inspect b-c
Router(config-pmap)#class type inspect b-c-smtp
Router(config-pmap-c)#inspect
Router(config-pmap-c)#exit
Router(config-pmap)#exit
Router(config)#policy-map type inspect c-b
Router(config-pmap)#class type inspect c-b-http
Router(config-pmap-c)#inspect
Router(config-pmap-c)#exit
Router(config-pmap)#class type inspect c-b-smtp
Router(config-pmap-c)#inspect
Router(config-pmap-c)#exit
Router(config-pmap)#exit
Router(config)#zone security a
Router(config-sec-zone)#exit
Router(config)#zone security b
Router(config-sec-zone)#exit
Router(config)#zone security c
Router(config-sec-zone)#exit
Router(config)#interface FastEthernet0/0
Router(config-if)#zone-member security a
Router(config-if)#exit
Router(config)#interface FastEthernet0/1
Router(config-if)#zone-member security b
Router(config-if)#exit
Router(config)#interface FastEthernet1/0
Router(config-if)#zone-member security c
Router(config-if)#exit
Router(config)#zone-pair security a-b source a destination b
Router(config-sec-zone-pair)#service-policy type inspect a-b
```

```
Router(config-sec-zone-pair)#exit
Router(config)#zone-pair security a-c source a destination c
Router(config-sec-zone-pair)#service-policy type inspect a-c
Router(config-sec-zone-pair)#exit
Router(config)#zone-pair security b-c source b destination c
Router(config-sec-zone-pair)#service-policy type inspect b-c
Router(config-sec-zone-pair)#exit
Router(config)#zone-pair security c-b source c destination b
Router(config-sec-zone-pair)#service-policy type inspect c-b
Router(config-sec-zone-pair)#exit
```

5. 命令列表

路由器命令行接口配置过程中使用的命令及功能和参数说明如表 8.4 所示。

表 8.4 命令列表

命令格式	功能和参数说明
class-map type inspect [**match-any** | **match-all**] *class-map-name*	创建类映射，并进入类映射配置模式，参数 *class-map-name* 是类映射名。类映射用于定义符合特定条件的信息流。**match-any** 表明只需符合其中一个条件。**match-all** 表明需要符合所有条件。可以在类映射模式下定义各种条件
match access-group *access-group*	用扩展分组过滤器作为其中一个条件。参数 *access-group* 是扩展分组过滤器的编号，该条件表明，只有扩展分组过滤器允许正常转发的信息流才是符合条件的信息流
match protocol *protocol-name*	用净荷是否是指定协议的 PDU 作为其中一个条件，参数 *protocol-name* 是协议名，该条件表明，只有净荷是某个协议的 PDU 的信息流才是符合条件的信息流
policy-map type inspect *policy-map-name*	创建策略映射，并进入策略映射配置模式，参数 *policy-map-name* 是策略映射名。策略映射用于为各类信息流指定动作
class type inspect *class-map-name*	指定信息流，参数 *class-map-name* 是类映射名，表明该类信息流是符合名为 *class-map-name* 的类映射中定义的条件的信息流
inspect	指定动作，该动作是有状态监测，即只有在指定方向监测到属于该类信息流的请求消息通过后，才允许相反方向通过该请求消息对应的响应消息
zone security *zone-name*	定义区域，参数 *zone-name* 是区域名
zone-member security *zone_name*	将特定路由器接口分配给指定区域，参数 *zone_name* 是区域名
zone-pair security *zone-pair-name* **source** *source-zone-name* **destination** *destination-zone-name*	定义区域对，并进入区域对配置模式。参数 *zone-pair-name* 是区域对名，参数 *source-zone-name* 是源区域名，参数 *destination-zone-name* 是目的区域名。区域对传输方向是从源区域到目的区域
service-policy type inspect *policy-map-name*	为某个区域对定义的传输方向指定策略映射。参数 *policy-map-name* 是策略映射名，即在某个区域对定义的传输方向上，对名为 *policy-map-name* 的策略映射中指定的每一类信息流实施规定动作

注：粗体是命令关键字，斜体是命令参数。

8.5 ASA 5505 扩展分组过滤器实验

8.5.1 实验内容

ASA5505 使用方式如图 8.35 所示。

端口 1 连接内部网络,端口 2 连接非军事区,端口 3 连接外部网络。端口 1 分配给 VLAN 1,并将 VLAN 1 对应的 IP 接口取名为 inside。端口 2 分配给 VLAN 3,并将 VLAN 3 对应的 IP 接口取名为 dmz。端口 3 分配给 VLAN 2,并将 VLAN 2 对应的 IP 接口取名为 outside。3 个接口的安全级别从高到低依次是 inside、dmz 和 outside。由于在默认状态下,只允许 IP 分组从高安全级别的接口流向低安全级别的接口,因此,3 个接口之间只允许单向传输 IP 分组。为了使 IP 分组可以从低安全级别的接口流向高安全级别的接口,需要通过扩展分组过滤器在低安全级别的接口指定允许从低安全级别的接口流向高安全级别的接口的 IP 分组类别。

如果 ASA5505 只有基本许可证,则在为第 3 个接口定义名字时,必须先限制该接口与其他接口之间的传输功能。因此,在定义 VLAN 3 对应的 IP 接口时,需要限制该接口与 VLAN 1 对应的 IP 接口之间的传输功能,这种限制无法通过在名为 dmz 的接口上作用扩展分组过滤器而改变,非军事区中的服务器无法向内部网络传输 IP 分组。

根据图 8.35 所示的 ASA5505 使用方式,要求实现以下安全策略。

(1) 允许内部网络中的终端访问外部网络中的 Web 服务器。

(2) 允许外部网络中的终端访问非军事区中的 Web 服务器。

(3) 允许非军事区中的 E-Mail 服务器与外部网络中的 E-Mail 服务器之间相互交换 SMTP 消息。

(4) 禁止其他网络间通信过程。

8.5.2 实验目的

(1) 掌握 ASA5505 接口配置过程。

(2) 理解默认状态下,IP 分组只能从高安全级别接口流向低安全级别接口的单向传输过程。

(3) 掌握 ASA5505 扩展分组过滤器的配置过程。

(4) 掌握通过在低安全级别接口作用扩展分组过滤器,允许 IP 分组从低安全级别接口流向高安全级别接口的过程。

(5) 掌握 ASA5505 限制接口之间传输功能的过程。

8.5.3 实验原理

为了实现安全策略,需要在 inside、dmz 和 outside 接口配置扩展分组过滤器。

1. inside 接口输入方向配置的扩展分组过滤器

inside 接口输入方向配置的扩展分组过滤器由以下规则组成。

网络安全实验教程

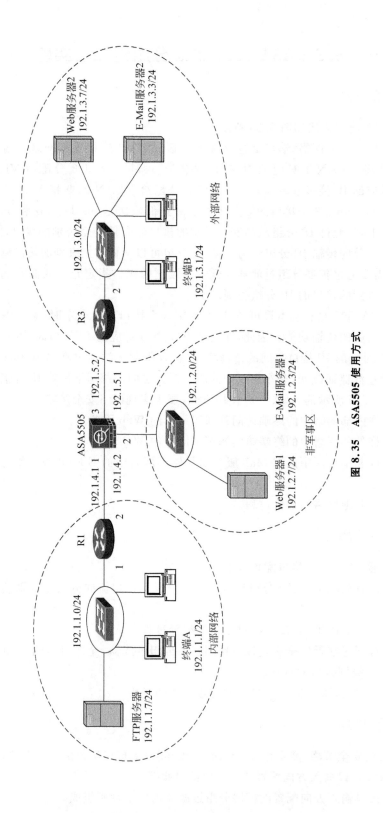

图 8.35 ASA5505 使用方式

① 协议类型=TCP,源 IP 地址=192.1.1.0/24,目的 IP 地址=192.1.3.7/32,目的端口号=80;正常转发。

规则①允许与内部网络中的终端发起访问外部网络中的 Web 服务器的过程有关的 TCP 报文进入 inside 接口。

2. dmz 接口输入方向配置的扩展分组过滤器

dmz 接口输入方向配置的扩展分组过滤器由以下规则组成。

① 协议类型=TCP,源 IP 地址=192.1.2.7/32,源端口号=www,目的 IP 地址=192.1.3.0/24;正常转发。

② 协议类型=TCP,源 IP 地址=192.1.2.3/32,源端口号=smtp,目的 IP 地址=192.1.3.3/32;正常转发。

③ 协议类型=TCP,源 IP 地址=192.1.2.3/32,目的 IP 地址=192.1.3.3/32,目的端口号=smtp;正常转发。

规则①允许与外部网络中的终端发起访问非军事区中的 Web 服务器的过程有关的 TCP 报文进入 dmz 接口。

规则②允许与外部网络中的 E-Mail 服务器发起访问非军事区中的 E-Mail 服务器的过程有关的 TCP 报文进入 dmz 接口。

规则③允许与非军事区中的 E-Mail 服务器发起访问外部网络中的 E-Mail 服务器的过程有关的 TCP 报文进入 dmz 接口。

3. outside 接口输入方向配置的扩展分组过滤器

outside 接口输入方向配置的扩展分组过滤器由以下规则组成。

① 协议类型=TCP,源 IP 地址=192.1.3.7/32,源端口号=80,目的 IP 地址=192.1.1.0/24;正常转发。

② 协议类型=TCP,源 IP 地址=192.1.3.0/24,目的 IP 地址=192.1.2.7/32,目的端口号=www;正常转发。

③ 协议类型=TCP,源 IP 地址=192.1.3.3/32,源端口号=smtp,目的 IP 地址=192.1.2.3/32;正常转发。

④ 协议类型=TCP,源 IP 地址=192.1.3.3/32,目的 IP 地址=192.1.2.3/32,目的端口号=smtp;正常转发。

规则①允许与内部网络中的终端发起访问外部网络中的 Web 服务器的过程有关的 TCP 报文进入 outside 接口。该规则同时用于保证该类 TCP 报文能够从低安全级别的 outside 接口流向高安全级别的 inside 接口。

规则②允许与外部网络中的终端发起访问非军事区中的 Web 服务器的过程有关的 TCP 报文进入 outside 接口。该规则同时用于保证该类 TCP 报文能够从低安全级别的 outside 接口流向高安全级别的 dmz 接口。

规则③允许与非军事区中的 E-Mail 服务器发起访问外部网络中的 E-Mail 服务器的过程有关的 TCP 报文进入 outside 接口。该规则同时用于保证该类 TCP 报文能够从低安全级别的 outside 接口流向高安全级别的 dmz 接口。

规则④允许与外部网络中的 E-Mail 服务器发起访问非军事区中的 E-Mail 服务器的

过程有关的 TCP 报文进入 outside 接口。该规则同时用于保证该类 TCP 报文能够从低安全级别的 outside 接口流向高安全级别的 dmz 接口。

8.5.4 关键命令说明

以下命令序列用于限制 VLAN 3 向 VLAN 1 转发 IP 分组。

```
ciscoasa(config)#interface vlan 3
ciscoasa(config-if)#no forward interface vlan 1
ciscoasa(config-if)#nameif dmz
```

forward interface vlan 1 是接口配置模式下使用的命令,用于恢复指定接口向 VLAN 1 对应的 IP 接口转发 IP 分组的功能。命令前面加 no,是限制指定接口向 VLAN 1 对应的 IP 接口转发 IP 分组。如果 ASA5505 只具有基本许可证,则在为第 3 个接口命名时,必须先限制该接口向其他接口转发 IP 分组的能力。

8.5.5 实验步骤

(1) 根据如图 8.35 所示的互连网结构放置和连接设备,完成设备放置和连接后的逻辑工作区界面如图 8.36 所示。

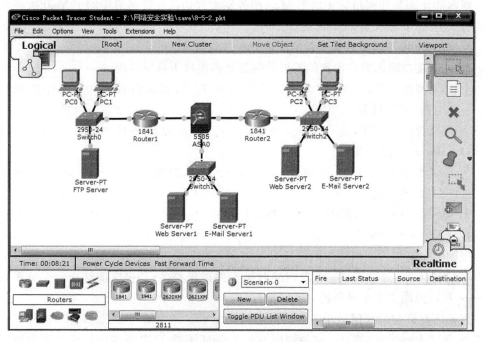

图 8.36 完成设备放置和连接后的逻辑工作区界面

(2) 完成路由器 Router1 和 Router2 各个接口的 IP 地址和子网掩码配置过程,完成下一跳是 ASA5505 的默认路由项配置过程。完成上述配置过程后,路由器 Router1 和 Router2 的路由表分别如图 8.37 和图 8.38 所示。

(3) 在 CLI(命令行接口)配置方式下,完成 ASA5505 各个接口的配置过程,完成

Routing Table for Router1

Type	Network	Port	Next Hop IP	Metric
S	0.0.0.0/0	---	192.1.4.2	1/0
C	192.1.1.0/24	FastEthernet0/0	---	0/0
C	192.1.4.0/24	FastEthernet0/1	---	0/0

图 8.37 路由器 Router1 路由表

Routing Table for Router2

Type	Network	Port	Next Hop IP	Metric
S	0.0.0.0/0	---	192.1.5.1	1/0
C	192.1.3.0/24	FastEthernet0/1	---	0/0
C	192.1.5.0/24	FastEthernet0/0	---	0/0

图 8.38 路由器 Router2 路由表

ASA5505 静态路由项配置过程。完成上述配置过程后，ASA5505 各个接口之间只能实现 IP 分组从高安全级别的接口流向低安全级别的接口的单向传输过程。因此，PC0 无法通过浏览器访问到 Web Server2。

(4) 在 CLI(命令行接口)配置方式下，根据安全策略在 inside、dmz 和 outside 接口配置相应的扩展分组过滤器，ASA5505 各个接口之间能够实现安全策略要求的数据交换过程。PC0 通过浏览器访问 Web Server2 的界面如图 8.39 所示。

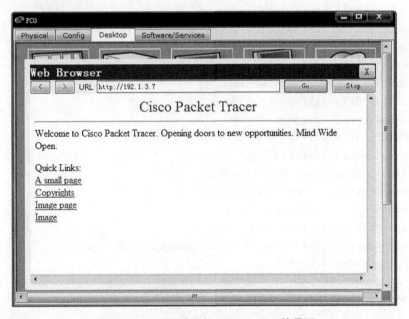

图 8.39 PC0 成功访问 Web Server2 的界面

值得说明的是，Packet Tracer 中的 ASA5505 只能在 Config(图形配置)方式下完成创建 VLAN 的过程。

8.5.6 命令行接口配置过程

1. ASA5505 命令行接口配置过程

完成接口和静态路由项配置过程的命令序列如下：

```
ciscoasa>enable
Password:
ciscoasa#configure terminal
ciscoasa(config)#interface Ethernet0/0
ciscoasa(config-if)#switchport access vlan 1
ciscoasa(config-if)#exit
ciscoasa(config)#interface Ethernet0/1
ciscoasa(config-if)#switchport access vlan 3
ciscoasa(config-if)#exit
ciscoasa(config)#interface Ethernet0/2
ciscoasa(config-if)#switchport access vlan 2
ciscoasa(config-if)#exit
ciscoasa(config)#no dhcpd address 192.168.1.5-192.168.1.35 inside
ciscoasa(config)#no dhcpd enable inside
ciscoasa(config)#no dhcpd auto_config outside
ciscoasa(config)#interface vlan 1
ciscoasa(config-if)#nameif inside
ciscoasa(config-if)#security-level 100
ciscoasa(config-if)#ip address 192.1.4.2 255.255.255.0
ciscoasa(config-if)#exit
ciscoasa(config)#interface vlan 2
ciscoasa(config-if)#nameif outside
ciscoasa(config-if)#security-level 0
ciscoasa(config-if)#ip address 192.1.5.1 255.255.255.0
ciscoasa(config-if)#exit
ciscoasa(config)#interface vlan 3
ciscoasa(config-if)#no forward interface vlan 1
ciscoasa(config-if)#nameif dmz
ciscoasa(config-if)#security-level 70
ciscoasa(config-if)#ip address 192.1.2.254 255.255.255.0
ciscoasa(config-if)#exit
ciscoasa(config)#route inside 192.1.1.0 255.255.255.0 192.1.4.1 1
ciscoasa(config)#route outside 192.1.3.0 255.255.255.0 192.1.5.2 1
```

完成扩展分组过滤器配置过程的命令序列如下：

```
ciscoasa(config)#access-list a extended permit tcp 192.1.1.0 255.255.255.0 host 192.1.3.7 eq www
ciscoasa(config)#access-list b extended permit tcp host 192.1.2.7 eq www 192.1.3.0 255.255.255.0
```

```
ciscoasa(config)#access-list b extended permit tcp host 192.1.2.3 eq smtp host
192.1.3.3
ciscoasa(config)#access-list b extended permit tcp host 192.1.2.3 host 192.1.
3.3 eq smtp
ciscoasa(config)#access-list c extended permit tcp host 192.1.3.7 eq www 192.
1.1.0 255.255.255.0
ciscoasa(config)#access-list c extended permit tcp 192.1.3.0 255.255.255.0
host 192.1.2.7 eq www
ciscoasa(config)#access-list c extended permit tcp host 192.1.3.3 eq smtp host
192.1.2.3
ciscoasa(config)#access-list c extended permit tcp host 192.1.3.3 host 192.1.
2.3 eq smtp
ciscoasa(config)#access-group a in interface inside
ciscoasa(config)#access-group b in interface dmz
ciscoasa(config)#access-group c in interface outside
```

注：进入特权模式的默认口令是 Enter。

2. 命令列表

ASA5505 命令行接口配置过程中使用的命令及功能和参数说明如表 8.5 所示。

表 8.5 命令列表

命令格式	功能和参数说明
forward interface vlan *number*	恢复某个接口向另一个指定接口转发 IP 分组的功能，参数 *number* 是指定接口对应的 VLAN 编号

注：粗体是命令关键字，斜体是命令参数。

8.6 ASA5505 服务策略实验

8.6.1 实验内容

如果 ASA5505 的使用方式如图 8.35 所示，则 ASA5505 连接非军事区的 dmz 接口需要限制与 VLAN 1 对应的 IP 接口之间的 IP 分组转发能力。因此，对于 inside 和 dmz 接口，ASA5505 只能实现 IP 分组 inside 接口至 dmz 接口的单向传输过程，即使在 dmz 接口配置了允许从 dmz 接口流向 inside 接口的扩展分组过滤器，也不能改变 IP 分组只能从 inside 接口流向 dmz 接口的限制。

实现图 8.35 所示的内部网络中的终端访问非军事区中的服务器的过程，需要在 ASA5505 的 inside 接口配置服务策略，服务策略实施有状态分组过滤器的功能。对于指定的服务，如果在 inside 接口至 dmz 接口方向监测到与该服务有关的请求报文，则允许 dmz 接口至 inside 接口方向传输与该服务有关的响应报文。

根据如图 8.35 所示的 ASA5505 的使用方式，要求实现以下安全策略。

（1）允许非军事区中的 Web 服务器 1 和外部网络中的 Web 服务器 2 向内部网络中的终端提供 FTP 服务。

(2) 允许非军事区中的终端和外部网络中的终端向内部网络中的终端提供 ICMP 服务。

(3) 禁止其他区域间通信过程。

实现上述安全策略，要求内部网络中的终端能够通过 FTP 访问非军事区和外部网络中的 FTP 服务器，能够与非军事区和外部网络中的终端交换 ICMP 报文。这里假定图 8.35 中的 Web 服务器 1 和 Web 服务器 2 同时提供 HTTP 和 FTP 服务。

8.6.2 实验目的

(1) 验证服务策略的工作原理。

(2) 验证 ASA5505 服务策略配置过程。

(3) 验证服务策略控制不同接口之间双向传输过程的原理。

(4) 加深理解有状态分组过滤器中监测信息流的含义。

8.6.3 实验原理

(1)定义信息流类别。该类信息流中包含与实现服务相关的信息流，这里是与实现 FTP 服务和 ICMP 服务相关的信息流。(2)对该类信息流进行监测。如果在一个接口至另一个接口方向监测到与实现 FTP 服务和 ICMP 服务相关的请求报文，则允许相反方向传输与实现 FTP 服务和 ICMP 服务相关的响应报文。与实现 FTP 服务和 ICMP 服务相关的请求报文只能从高安全级别接口流向低安全级别接口，因此，只能由高安全级别接口连接的网络中的终端发起服务请求。

8.6.4 关键命令说明

1. 定义类映射

以下命令序列用于创建类映射，并由该类映射指定需要实施有状态监测的信息流类别。

```
ciscoasa(config)#class-map a
ciscoasa(config-cmap)#match default-inspection-traffic
ciscoasa(config-cmap)#exit
```

class-map a 是全局模式下使用的命令，该命令的作用有两个：一是创建名为 a 的类映射；二是进入类映射配置模式。

match default-inspection-traffic 是类映射配置模式下使用的命令，(config-cmap)# 是类映射配置模式下的命令提示符，该命令的作用是定义类映射所指定的信息流类别。default-inspection-traffic 是默认的需要实施有状态监测的信息流类别，该类信息流中包含与实现 FTP 服务和 ICMP 服务有关的信息流。如果需要监测多种服务，则类映射中要求包含该类信息流。

2. 定义策略映射

以下命令序列用于创建策略映射，并由该策略映射将某个类映射与实施有状态监测的服务绑定在一起。

```
ciscoasa(config)#policy-map a
ciscoasa(config-pmap)#class a
ciscoasa(config-pmap-c)#inspect ftp
ciscoasa(config-pmap-c)#inspect icmp
ciscoasa(config-pmap-c)#exit
ciscoasa(config-pmap)#exit
```

policy-map a 是全局模式下使用的命令,该命令的作用有两个:一是创建名为 a 的策略映射;二是进入策略映射配置模式。

class a 是策略映射配置模式下使用的命令,(config-pmap)#是策略映射配置模式下的命令提示符。该命令的作用有两个:一是指定实施有状态监测的信息流是由名为 a 的类映射定义的信息流类别;二是进入策略映射类配置模式。

inspect ftp 是策略映射类配置模式下使用的命令,(config-pmap-c)#是策略映射类配置模式下的命令提示符,该命令的作用是对某类信息流指定动作。这里的动作是基于 FTP 对该类信息流实施有状态监测,即如果某个方向监测到 FTP 请求消息,允许相反方向传输该 FTP 请求消息对应的响应消息。

3. 将策略映射作用到接口

以下命令将名为 a 的策略映射作用到 inside 接口。

```
ciscoasa(config)#service-policy a interface inside
```

service-policy a interface inside 是全局模式下使用的命令,该命令的作用是将名为 a 的策略映射作用到 inside 接口。执行该命令后,如果在从 inside 接口至比它安全级别低的接口方向上监测到名为 a 的策略映射要求监测的信息流类别,则允许相反方向传输该类信息流对应的响应消息。

8.6.5 实验步骤

(1) 该实验的互连网结构、路由器 Router1 和 Router2 的配置过程以及 ASA5505 接口和静态路由项的配置过程均与第 8.5 节相同。

(2) 在命令行接口(CLI)配置方式下,完成 ASA5505 策略映射配置过程。根据配置的策略映射,允许内部网络中的终端发起访问非军事区和外部网络中的 FTP 服务器,这里由 Web Server1 和 Web Server2 同时提供 HTTP 和 FTP 服务,允许内部网络中的终端发起对非军事区和外部网络中终端的 ping 操作。除此之外,禁止其他不同网络之间的通信过程。

(3) 完成 Web Server1 "Services(服务)"→"FTP(FTP 服务器)"操作过程,弹出如图 8.40 所示的 FTP 服务器配置界面,默认状态下,FTP 服务器中已经创建名为 cisco、口令为 cisco 的注册用户,且该注册用户拥有最大访问权限。

(4) 完成 PC0 "Desktop(桌面)"→"Command Prompt(命令提示符)"操作过程,弹出如图 8.41 所示的 PC0 命令行接口界面,通过输入命令完成对 IP 地址为 192.1.2.7 的 FTP 服务器的访问过程,192.1.2.7 是 Web Server1 的 IP 地址。

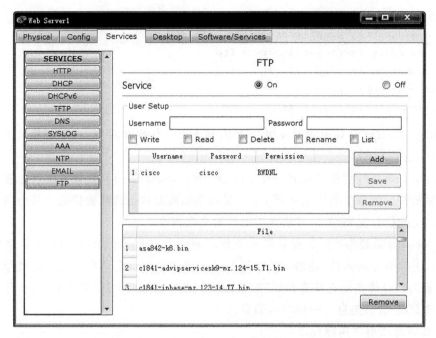

图 8.40　Web Server1 FTP 服务器配置界面

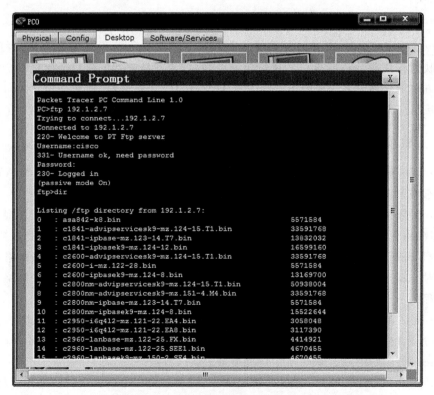

图 8.41　PC0 成功访问 FTP 服务器过程

(5) 由于名为 a 的策略映射中指定的需要实施有状态监测的服务只有 FTP 和 ICMP，因此，PC0 无法通过浏览器访问 IP 地址同样为 192.1.2.7 的 Web 服务器，如图 8.42 所示。

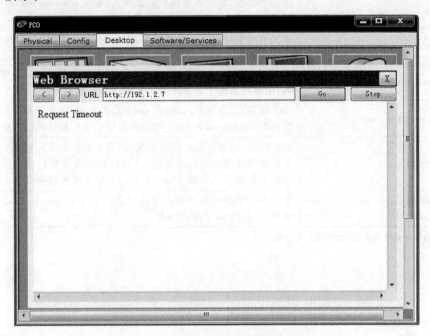

图 8.42　PC0 访问 Web 服务器失败的界面

(6) 允许 PC0 和 PC1 发起对其他网络中终端和服务器的 ping 操作，其他网络中的终端不能发起对 PC0、PC1 和 FTP Server 的 ping 操作。

8.6.6　命令行接口配置过程

1. ASA5505 服务策略相关的命令行接口配置过程

命令序列如下：

```
ciscoasa(config)#class-map a
ciscoasa(config-cmap)#match default-inspection-traffic
ciscoasa(config-cmap)#exit
ciscoasa(config)#policy-map a
ciscoasa(config-pmap)#class a
ciscoasa(config-pmap-c)#inspect ftp
ciscoasa(config-pmap-c)#inspect icmp
ciscoasa(config-pmap-c)#exit
ciscoasa(config-pmap)#exit
ciscoasa(config)#service-policy a interface inside
```

2. 命令列表

ASA5505 命令行接口配置过程中使用的命令及功能和参数说明如表 8.6 所示。

表 8.6 命令列表

命令格式	功能和参数说明
class-map *class_map_name*	创建类映射,并进入类映射配置模式,参数 *class-map-name* 是类映射名;类映射用于定义符合特定条件的信息流
match default-inspection-traffic	定义类映射所指定的信息流类别,default-inspection-traffic 是默认的需要实施有状态监测的信息流类别
policy-map *name*	创建策略映射,并进入策略映射配置模式,参数 *name* 是策略映射名;策略映射用于为类映射定义的信息流指定动作
class *classmap_name*	指定信息流,参数 *classmap_name* 是类映射名,表明该类信息流是符合名为 *classmap_name* 的类映射中定义的条件的信息流
inspect *protocol*	指定动作,该动作是有状态监测,即只有在指定方向监测到与某个服务相关的请求消息通过后,才允许相反方向通过该请求消息对应的响应消息。参数 *protocol* 是用于定义服务的协议名
service-policy *policymap_name* **interface** *intf*	将某个策略映射作用到指定接口。参数 *policymap_name* 是策略映射名,参数 *intf* 是接口名

注:粗体是命令关键字,斜体是命令参数。

第 9 章

入侵检测系统实验

路由器通过加载特征库对信息流实施入侵检测。如果需要对指定信息流实施入侵检测，则可以通过建立扩展分组过滤器与入侵检测规则之间的绑定达到这一目的。

9.1 入侵检测系统实验一

9.1.1 实验内容

互连网结构如图 9.1 所示，完成路由器 R 的接口和终端的网络信息配置过程后，各个终端之间是可以相互 ping 通的。

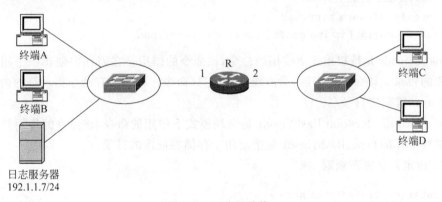

图 9.1 互连网结构

在路由器 R 接口 1 输出方向设置入侵检测规则，该规则要求，一旦检测到 ICMP ECHO 请求报文，则丢弃该 ICMP ECHO 请求报文，并向日志服务器发送警告信息。启动该入侵检测规则后，如果终端 C 和 D 发起 ping 终端 A 和 B 的操作，则 ping 操作不仅无法完成，而且会在日志服务器中记录警告信息。如果终端 A 和终端 B 发起 ping 终端 C 和 D 的操作，则 ping 操作依然能够完成。

9.1.2 实验目的

（1）验证入侵检测系统配置过程。
（2）验证入侵检测系统控制信息流传输过程的机制。
（3）验证基于特征库的入侵检测机制的工作过程。

（4）验证特征定义过程。

9.1.3 实验原理

Cisco 集成在路由器中的入侵检测系统（Intrusion Detection System，IDS）采用基于特征的入侵检测机制。首先需要加载特征库，特征库中包含用于标识各种入侵行为的信息流特征，一旦在某个路由器接口的输入或输出方向设置入侵检测机制，则需要采集通过该接口输入或输出的信息流，然后与加载的特征库中的特征进行比较，如果该信息流与标识某种入侵行为的信息流特征匹配，则对该信息流采取相关的动作。因此，特征库中与每一种入侵行为相关的信息有两部分：一是标识入侵行为的信息流特征；二是对具有入侵行为特征的信息流所采取的动作。

9.1.4 关键命令说明

1. 确定特征库存储位置

以下命令序列用于确定特征库存储位置。

```
Router#mkdir ipsdr
Create directory filename [ipsdr]? <Enter>
Created dir flash:ipsdr
Router#configure terminal
Router(config)#ip ips config location flash:ipsdr
```

mkdir ipsdr 是特权模式下使用的命令，该命令的作用是在闪存中创建一个用于存储特征库的目录。该命令执行后，会出现提示信息（命令序列中没有命令提示符的内容），需要按 Enter 键确定目录名。

ip ips config location flash:ipsdr 是全局模式下使用的命令，该命令的作用是指定用于存储特征库的目录，flash:ipsdr 是指定用于存储特征库的目录。

2. 指定入侵检测规则

```
Router(config)#ip ips name a1
```

ip ips name a1 是全局模式下使用的命令，该命令的作用是指定名字为 a1 的入侵检测规则。在将该入侵检测规则作用到某个路由器接口的输入或输出方向前，路由器并不加载特征库。

3. 开启日志功能

以下命令序列完成四个功能：一是将事件记录在日志服务器中作为指定的事件通知方法，检测到与特征匹配的信息流称为事件；二是指定日志服务器的 IP 地址。由于指定的事件通知方法是将事件记录在日志服务器中，因此，需要指定日志服务器的 IP 地址；三是指定在日志信息中标记日期和时间，且将时间精确到毫秒；四是为了产生正确的日期和时间，调整路由器的时钟。

命令序列如下：

```
Router(config)#ip ips notify log
```

```
Router(config)#logging host 192.1.1.7
Router(config)#service timestamps log datetime msec
Router(config)#exit
Router#clock set 23:54:00 19 November 2016
```

ip ips notify log 是全局模式下使用的命令,该命令的作用是将事件记录在日志服务器中作为指定的事件通知方法,log 表明将事件记录在日志服务器中。

logging host 192.1.1.7 是全局模式下使用的命令,该命令的作用是指定 192.1.1.7 为日志服务器的 IP 地址。

service timestamps log datetime msec 是全局模式下使用的命令,该命令的作用是要求在发送的日志信息中标记日期时间,并要求时间精确到毫秒。

clock set 23:54:00 19 November 2016 是特权模式下使用的命令,该命令的作用是将路由器时钟设置为 2016-11-19 23:54:0。

4. 配置每一类特征

以下命令序列完成两个功能:一是释放所有类别的特征库;二是指定需要加载的特征库类别。

```
Router(config)#ip ips signature-category
Router(config-ips-category)#category all
Router(config-ips-category-action)#retired true
Router(config-ips-category-action)#exit
Router(config-ips-category)#category ios_ips basic
Router(config-ips-category-action)#retired false
Router(config-ips-category-action)#exit
Router(config-ips-category)#exit
Do you want to accept these changes? [confirm] <Enter>
```

ip ips signature-category 是全局模式下使用的命令,该命令的作用是进入特征库分类配置模式。

category all 是特征库分类配置模式下使用的命令,(config-ips-category)#是特征库分类配置模式下的命令提示符。该命令的作用有两个:一是指定所有类别特征库,all 表示所有类别特征库;二是进入指定类别特征库的动作配置模式。

retired true 是动作配置模式下使用的命令,(config-ips-category-action)#是动作配置模式下的命令提示符。该命令的作用是释放指定类别的特征库,这里的指定类别是所有类别。各种类别的特征库都比较庞大,如果加载所有类别的特征库,则会引发内存紧张,因此,一般情况下只加载部分类别特征库。

category ios_ips basic 是特征库分类配置模式下使用的命令,该命令的作用有两个:一是指定特征库类别,ios_ips 是类别名,basic 是类别子名,即 ios_ips 类别中的 basic 子类别;二是进入指定类别特征库的动作配置模式。

retired false 是动作配置模式下使用的命令,该命令的作用是加载指定类别的特征库,这里的指定类别是 ios_ips 类别中的 basic 子类别。

退出特征库分类配置模式时,会出现提示信息,按 Enter 键确认。

5. 将规则作用到路由器接口

命令序列如下:

```
Router(config)#interface FastEthernet0/0
Router(config-if)#ip ips a1 out
Router(config-if)#exit
```

ip ips a1 out 是接口配置模式下使用的命令,该命令的作用是将名为 a1 的入侵检测规则作用到路由器接口 FastEthernet0/0 的输出方向,out 表示输出方向。

6. 重新定义特征

以下命令序列完成两个功能:一是重新配置编号为 2004、子编号为 0 的特征状态;二是重新配置发生事件时的动作。发生事件是指检测到与编号为 2004、子编号为 0 的特征匹配的信息流。

```
Router(config)#ip ips signature-definition
Router(config-sigdef)#signature 2004 0
Router(config-sigdef-sig)#status
Router(config-sigdef-sig-status)#retired false
Router(config-sigdef-sig-status)#enabled true
Router(config-sigdef-sig-status)#exit
Router(config-sigdef-sig)#engine
Router(config-sigdef-sig-engine)#event-action deny-packet-inline
Router(config-sigdef-sig-engine)#event-action produce-alert
Router(config-sigdef-sig-engine)#exit
Router(config-sigdef-sig)#exit
Router(config-sigdef)#exit
Do you want to accept these changes? [confirm] <Enter>
```

ip ips signature-definition 是全局模式下使用的命令,该命令的作用是进入特征定义模式。

signature 2004 0 是特征定义模式下使用的命令,(config-sigdef)# 是特征定义模式下的命令提示符,该命令的作用有两个:一是指定编号为 2004、子编号为 0 的特征;二是进入该特征的定义模式,即指定特征定义模式。与编号为 2004、子编号为 0 的特征所匹配的报文是 ICMP ECHO 请求报文。

status 是指定特征定义模式下使用的命令,(config-sigdef-sig)# 是指定特征定义模式下的命令提示符,该命令的作用是进入指定特征状态配置模式。

retired false 是指定特征状态配置模式下使用的命令,(config-sigdef-sig-status)# 是指定特征状态配置模式下的命令提示符。该命令的作用是加载指定特征。

enabled true 是指定特征状态配置模式下使用的命令,该命令的作用是启动指定特征,启动指定特征是指用该特征匹配需要检测入侵行为的信息流。

engine 是指定特征定义模式下使用的命令,该命令的作用是进入指定特征引擎配置模式。

event-action deny-packet-inline 是指定特征引擎配置模式下使用的命令,(config-sigdef-sig-engine)♯是指定特征引擎配置模式下的命令提示符。该命令的作用是将在线丢弃作为对与指定特征匹配的信息流所采取的动作。

event-action produce-alert 是指定特征引擎配置模式下使用的命令,该命令的作用是将发送警告消息作为对与指定特征匹配的信息流所采取的动作。

退出特征定义模式时,会出现提示信息,按 Enter 键确认。

9.1.5 实验步骤

(1) 根据如图 9.1 所示互连网结构放置和连接设备,完成设备放置和连接后的逻辑工作区界面如图 9.2 所示。完成路由器接口 IP 地址和子网掩码配置过程,根据路由器接口配置的信息完成各个终端、Syslog Server(日志服务器)的网络信息配置过程,验证终端之间的连通性。

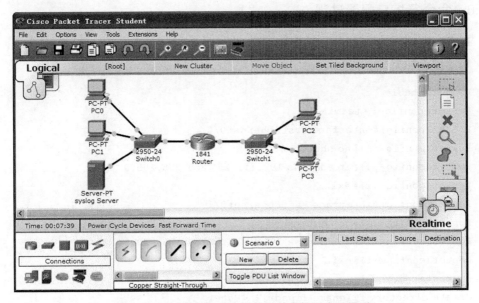

图 9.2 完成设备放置和连接后的逻辑工作区界面

(2) 在 CLI(命令行接口)配置方式下,完成路由器 Router 入侵检测系统配置过程。配置的入侵检测规则使路由器 Router 接口 FastEthernet0/0 输出方向丢弃与编号为 2004、子编号为 0 的特征匹配的 ICMP ECHO 请求报文。

(3) 验证 PC2 不能 ping 通 PC0,但 PC0 可以 ping 通 PC2。进行 PC2 ping PC0 的操作后,日志服务器将记录该事件,日志服务器记录的事件如图 9.3 所示。

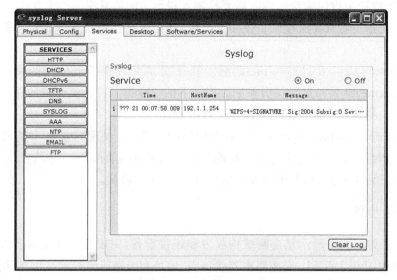

图 9.3 日志服务器记录的事件

9.1.6 命令行接口配置过程

1. Router 命令行接口配置过程

命令序列如下：

```
Router>enable
Router#configure terminal
Router(config)#interface FastEthernet0/0
Router(config-if)#no shutdown
Router(config-if)#ip address 192.1.1.254 255.255.255.0
Router(config-if)#exit
Router(config)#interface FastEthernet0/1
Router(config-if)#no shutdown
Router(config-if)#ip address 192.1.2.254 255.255.255.0
Router(config-if)#exit
Router#mkdir ipsdr
Create directory filename [ipsdr]? <Enter>
Created dir flash:ipsdr
Router#configure terminal
Router(config)#ip ips config location flash:ipsdr
Router(config)#ip ips name a1
Router(config)#ip ips notify log
Router(config)#logging host 192.1.1.7
Router(config)#service timestamps log datetime msec
Router(config)#exit
Router#clock set 23:54:00 19 November 2016
```

```
Router#configure terminal
Router(config)#ip ips signature-category
Router(config-ips-category)#category all
Router(config-ips-category-action)#retired true
Router(config-ips-category-action)#exit
Router(config-ips-category)#category ios_ips basic
Router(config-ips-category-action)#retired false
Router(config-ips-category-action)#exit
Router(config-ips-category)#exit
Do you want to accept these changes? [confirm] <Enter>
Router(config)#interface FastEthernet0/0
Router(config-if)#ip ips a1 out
Router(config-if)#exit
Router(config)#ip ips signature-definition
Router(config-sigdef)#signature 2004 0
Router(config-sigdef-sig)#status
Router(config-sigdef-sig-status)#retired false
Router(config-sigdef-sig-status)#enabled true
Router(config-sigdef-sig-status)#exit
Router(config-sigdef-sig)#engine
Router(config-sigdef-sig-engine)#event-action deny-packet-inline
Router(config-sigdef-sig-engine)#event-action produce-alert
Router(config-sigdef-sig-engine)#exit
Router(config-sigdef-sig)#exit
Router(config-sigdef)#exit
Do you want to accept these changes? [confirm] <Enter>
```

2. 命令列表

路由器命令行接口配置过程中使用的命令及功能和参数说明如表 9.1 所示。

表 9.1　命令列表

命 令 格 式	功能和参数说明
mkdir *directory-name*	创建目录，参数 *directory-name* 是目录名
ip ips config location *url*	指定用于存放特征库的位置，参数 *url* 是用于指定位置的统一资源定位符，一般情况下，参数 *url* 是用于指定目录的路径，如 flash:ipsdr
ip ips name *ips-name* [**list** *acl*]	指定一个入侵检测规则，参数 *ips-name* 是规则名。可以指定一个分组过滤器，如果指定分组过滤器，则只对分组过滤器允许通过的信息流进行入侵检测。参数 *acl* 是分组过滤器编号
ip ips notify log	指定将发送警告消息给日志服务器作为事件通知方法
logging host *ip-address*	指定日志服务器的 IP 地址，参数 *ip-address* 是日志服务器的 IP 地址

续表

命 令 格 式	功能和参数说明
ip ips signature-category	进入特征库分类配置模式
category *category* [*sub-category*]	指定某个类别特征库,参数 *category* 用于指定类别,如果存在子类别的话,则用参数 *sub-category* 指定子类别,然后进入指定类别特征库的动作配置模式
retired {**true**| **false**}	**false** 表示加载指定类别特征库,**true** 表示释放指定类别特征库
ip ips *ips-name* {**in**| **out**}	将以参数 *ips-name* 为名字的入侵检测规则作用到路由器接口输入或输出方向。**in** 表示输入方向,**out** 表示输出方向
ip ips signature-definition	进入特征定义模式
signature *signature-id* [*subsignature-id*]	指定某个特征,参数 *signature-id* 是特征编号,如果存在子编号的话,则用参数 [*subsignature-id*] 指定子编号,然后进入该特征的定义模式
enabled {**true**| **false**}	启动或关闭指定特征。**true** 表示启动,**false** 表示关闭
status	进入指定特征的状态配置模式
engine	进入指定特征的引擎配置模式
event-action *action*	指定发生事件时采取的动作。参数 *action* 用于指定动作,发生事件是指检测到与指定特征匹配的信息流

注:粗体是命令关键字,斜体是命令参数。

9.2 入侵检测系统实验二

9.2.1 实验内容

在图 9.1 中的路由器 R 接口 1 输出方向设置入侵检测规则,该规则要求,一旦检测到终端 C 发送给终端 A 的 ICMP ECHO 请求报文,则丢弃该 ICMP ECHO 请求报文,并向日志服务器发送警告信息。启动该入侵检测规则后,如果终端 C 发起 ping 终端 A 的操作,则 ping 操作不仅无法完成,而且在日志服务器中记录警告信息,其他终端之间的 ping 操作依然能够正常完成。

9.2.2 实验目的

(1) 验证对特定信息流实施入侵检测的过程。
(2) 验证指定信息流的入侵检测规则配置过程。

9.2.3 实验原理

用扩展分组过滤器指定信息流类别,将用于指定信息流类别的扩展分组过滤器与入侵检测规则绑定在一起。

相关的命令行接口配置过程如下。

```
Router(config)# access-list 101 permit ip host 192.1.2.1 host 192.1.1.1
Router(config)#access-list 101 deny ip any any
Router(config)#ip ips name a1 list 101
```

编号为 101 的扩展分组过滤器允许继续传输的 IP 分组是源 IP 地址是 PC2 的 IP 地址 192.1.2.1，目的 IP 地址是 PC0 的 IP 地址 192.1.1.1 的 IP 分组。指定名字为 a1 的入侵检测规则时，绑定编号为 101 的扩展分组过滤器，这表示只对编号为 101 的扩展分组过滤器允许继续传输的 IP 分组实施名为 a1 的入侵检测规则，即只对 PC2 发送给 PC0 的 IP 分组实施名为 a1 的入侵检测规则。

其他过程与第 9.1 节相同，这里不再赘述。

第 10 章 网络设备配置实验

Cisco Packet Tracer 通过单击某个网络设备启动配置界面,在配置界面中选择图形接口(Config)或 CLI(命令行接口)开始网络设备的配置过程,但实际网络设备的配置过程与此不同。目前存在多种配置真实网络设备的方式,主要有控制台端口配置方式、Telnet 配置方式、Web 界面配置方式、SNMP 配置方式和配置文件加载方式等,对于交换机和路由器等,Packet Tracer 支持除 Web 界面配置方式以外的其他所有配置方式。对于无线路由器,Packet Tracer 支持 Web 界面配置方式。

10.1 网络设备控制台端口配置实验

10.1.1 实验内容

交换机和路由器出厂时只有默认配置,如果需要对新购买的交换机和路由器进行配置,最直接的配置方式是采用图 10.1 所示的控制台端口配置方式。用串行口连接线互连计算机的 RS-232 串行口和网络设备的 Consol(控制台)端口,启动计算机的超级终端程序,完成超级终端程序相关参数的配置过程,按 Enter 键进入网络设备的命令行接口配置界面。

(a) 路由器配置方式　　　　　　　　　(b) 交换机配置方式

图 10.1　控制台端口配置方式

10.1.2 实验目的

(1) 验证真实网络设备的初始配置过程。
(2) 验证超级终端程序相关参数的配置过程。
(3) 验证通过超级终端程序进入网络设备命令行接口配置过程的步骤。

10.1.3 实验原理

完成图 10.1 所示的连接过程后,一旦启动计算机的超级终端程序,则计算机成为路由器或交换机的终端,用于输入命令和显示命令执行结果。

10.1.4 实验步骤

（1）在逻辑工作区中放置终端和网络设备，用 Consol（串行口连接线）互连终端的 RS-232 端口和网络设备的 Console（控制台端口）。完成设备放置和连接后的界面如图 10.2 所示。

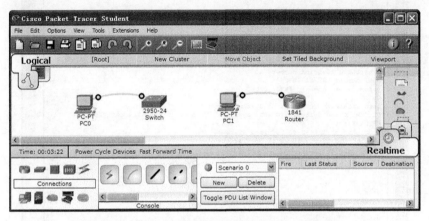

图 10.2 完成设备放置和连接后的逻辑工作区界面

（2）单击终端 PC0，启动终端的配置界面，完成"Desktop（桌面）"→"Terminal（超级终端程序）"操作过程，弹出如图 10.3 所示的 PC0 超级终端程序配置界面，单击 OK 按钮，弹出如图 10.4 所示的交换机 Switch CLI（命令行接口）配置界面。PC1 可以用同样的方式进入路由器 Router CLI（命令行接口）配置界面。通过 CLI（命令行接口）配置界面完成对网络设备的初始配置过程。

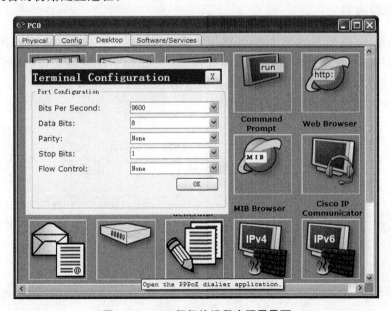

图 10.3 PC0 超级终端程序配置界面

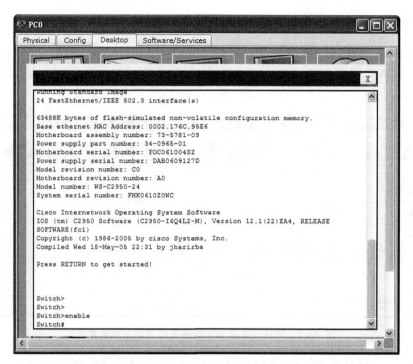

图 10.4　通过超级终端程序进入的交换机命令行接口配置界面

10.2　网络设备 Telnet 配置实验

10.2.1　实验内容

构建如图 10.5 所示的互连网，实现用终端远程配置交换机 S1、S2 和路由器 R 的过程。实现终端远程配置网络设备的前提有两个：一是每一个网络设备已经定义管理地址，路由器接口的 IP 地址可以作为路由器的管理地址；二是终端与网络设备管理地址所标识的 IP 接口之间存在传输路径。

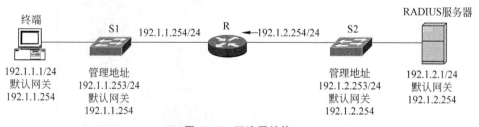

图 10.5　互连网结构

10.2.2　实验目的

（1）验证定义交换机管理地址的过程。

(2) 验证交换机默认网关地址的配置过程。
(3) 验证网络设备各种鉴别用户身份机制的工作过程。
(4) 验证通过 Telnet 配置网络设备相关参数的配置过程。
(5) 验证网络设备远程配置的过程。

10.2.3 实验原理

实现终端远程配置网络设备的前提是，建立终端与远程设备管理地址所标识的 IP 接口之间的传输路径。对于图 10.5 所示的交换机 S1，如果交换机 S1 连接终端的交换机端口属于默认 VLAN——VLAN 1，则管理地址应该是 VLAN 1 对应的 IP 接口的 IP 地址，否则，终端与管理地址所标识的 IP 接口之间无法建立传输路径。对于交换机 S2，如果交换机 S2 连接路由器 R 的交换机端口属于默认 VLAN——VLAN 1，则管理地址应该是 VLAN 1 对应的 IP 接口的 IP 地址，且以路由器 R 连接交换机 S2 的接口的 IP 地址为默认网关地址。同样，终端和路由器接口之间也必须存在传输路径。

10.2.4 关键命令说明

1. 交换机管理地址和默认网关地址配置过程

为二层交换机某个 VLAN 对应的 IP 接口配置的 IP 地址是交换机的管理地址，二层交换机的 IP 接口之间不能转发 IP 分组。以下命令序列用于为交换机配置管理地址和该管理地址对应的默认网关地址。

```
Switch(config)#interface vlan 1
Switch(config-if)#no shutdown
Switch(config-if)#ip address 192.1.1.253 255.255.255.0
Switch(config-if)#exit
Switch(config)#ip default-gateway 192.1.1.254
```

interface vlan 1 是全局模式下使用的命令，该命令的作用是定义 VLAN 1 对应的 IP 接口，并进入该 IP 接口的配置模式，交换机执行该命令后进入接口配置模式。在接口配置模式下，可以为该 IP 接口配置 IP 地址和子网掩码。

no shutdown 是接口配置模式下使用的命令，该命令的作用是开启 VLAN 1 对应的 IP 接口，默认状态下，该 IP 接口是关闭的。如果某个 IP 接口是关闭的，则不能对该 IP 接口进行访问。

ip address 192.1.1.253 255.255.255.0 是接口配置模式下使用的命令，该命令的作用是为指定 IP 接口（这里是 VLAN 1 对应的 IP 接口）配置 IP 地址 192.1.1.253 和子网掩码 255.255.255.0。

值得强调的是，二层交换机中定义的 VLAN 对应的 IP 接口与三层交换机中定义的 VLAN 对应的 IP 接口有所不同，只是作为管理地址标识的 IP 接口，用于实现与远程终端之间的通信过程。IP 接口之间不能转发 IP 分组，也不会生成用于指明通往 IP 接口对应 VLAN 的传输路径的直连路由项。

ip default-gateway 192.1.1.254 是全局模式下使用的命令，该命令的作用是为二层交换机指定默认网关地址 192.1.1.254。如果和交换机不在同一个网络的终端需要访问该交换机,则该交换机必须配置默认网关地址。和终端一样,如果 IP 分组的目的地和交换机不在同一个网络,交换机首先将该 IP 分组发送给由默认网关地址指定的路由器。

2. 口令鉴别方式

以下命令序列指定用口令鉴别 Telnet 登录用户的身份。

```
Switch(config)#line vty 0 4
Switch(config-line)#password dcba
Switch(config-line)#login
Switch(config-line)#exit
```

由于 Telnet 是终端仿真协议,用于模拟终端输入方式,因此,需要在交换机仿真终端配置模式下配置鉴别授权用户的方式。

line vty 0 4 是全局模式下使用的命令,该命令的作用有两个:一是定义允许同时建立的 Telnet 会话数量,0 和 4 是允许同时建立的 Telnet 会话的编号范围;二是从全局模式进入仿真终端配置模式,仿真终端配置模式下完成的配置同时对编号范围为 0~4 的 Telnet 会话起作用。

password dcba 是仿真终端配置模式下使用的命令,(config-line)# 是仿真终端配置模式下的命令提示符。该命令的作用是配置 Telnet 登录时需要输入的口令,即交换机用口令 dcba 鉴别 Telnet 登录用户的身份。

login 是仿真终端配置模式下使用的命令,该命令的作用是指定用口令鉴别 Telnet 登录用户的身份,即 Telnet 登录用户需要提供用命令 password 指定的口令。

3. 本地鉴别方式

以下命令序列指定用本地定义的授权用户鉴别 Telnet 登录用户的身份。

```
Switch(config)#username aaa2 password bbb2
Switch(config)#line vty 0 4
Switch(config-line)#login local
Switch(config-line)#exit
```

login local 是仿真终端配置模式下使用的命令,该命令的作用是指定用本地定义的授权用户鉴别 Telnet 登录用户的身份,即 Telnet 登录用户需要提供某个本地定义的授权用户的用户名和口令。

4. 统一鉴别方式

统一鉴别方式的特点有两个:一是基于用户名和口令鉴别登录用户身份。二是统一在鉴别服务器中定义授权用户。以下命令序列用于指定统一鉴别方式、鉴别服务器的 IP 地址、路由器与鉴别服务器之间的共享密钥及路由器名等。

```
Router(config)#aaa new-model
Router(config)#aaa authentication login a1 group radius
Router(config)#line vty 0 4
Router(config-line)#login authentication a1
Router(config-line)#exit
```

```
Router(config)#radius-server host 192.1.2.1
Router(config)#radius-server key 123456
Router(config)#hostname router
```

login authentication a1 是仿真终端配置模式下使用的命令,该命令的作用是指定用名为 a1 的鉴别机制列表定义的鉴别机制鉴别 Telnet 登录用户的身份,名为 a1 的鉴别机制列表定义的鉴别机制是统一鉴别机制。因此,需要在 AAA 服务器中统一定义授权用户,同时需要指定 AAA 服务器的 IP 地址和与 AAA 服务器之间的共享密钥。

5. 特权模式加密

以下命令用于设置进入特权模式的口令。

```
Switch(config)#enable password abcd
router(config)#enable password abcd
```

enable password abcd 是全局模式下使用的命令,该命令的作用是设置进入特权模式的口令。如果没有设置进入特权模式的口令,则用 Telnet 远程登录网络设备后,远程用户只具有最低的网络设备配置权限。因此,需要对远程配置的网络设备设置进入特权模式的口令,使远程用户具有正常的网络设备配置权限。

10.2.5 实验步骤

(1) 根据如图 10.5 所示的互连网结构放置和连接设备,完成设备放置和连接后的逻辑工作区界面如图 10.6 所示。

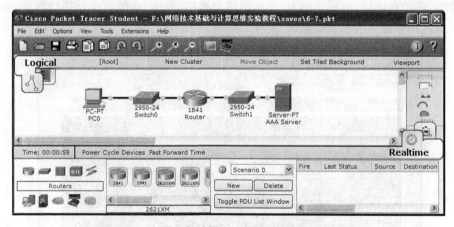

图 10.6 完成设备放置和连接后的逻辑工作区界面

(2) 在 CLI(命令行接口)配置方式下,完成交换机 Switch0、Switch1 和路由器 Router 与实现远程配置过程有关参数的配置过程。交换机 Switch0 的管理地址为 192.1.1.253,鉴别 Telnet 登录用户身份的机制为本地鉴别,本地定义名为 aaa2、口令为 bbb2 的授权用户。交换机 Switch1 的管理地址为 192.1.2.253,鉴别 Telnet 登录用户身份的机制为口令鉴别,设置口令 dcba。路由器 Router 任何接口的 IP 地址可以作为管理地址,鉴别 Telnet 登录用户身份的机制为统一鉴别,设置 AAA 服务器。在 AAA 服务器中统一定义授权用户,AAA 服务器的配置界面如图 10.7 所示。

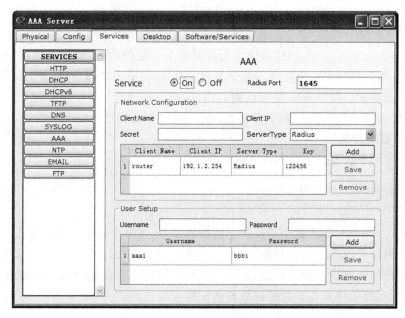

图 10.7 AAA 服务器配置界面

(3) 启动 PC0 Telnet 登录交换机 Switch0 的过程,输入的管理地址为 192.1.1.253,鉴别用户身份过程中分别输入交换机 Switch0 本地定义的授权用户的用户名 aaa2 和口令 bbb2。成功登录后,出现如图 10.8 所示的交换机 Switch0 的命令行接口界面,在用户模式下输入用于进入特权模式的命令 enable 后,要求输入进入特权模式的口令,输入口

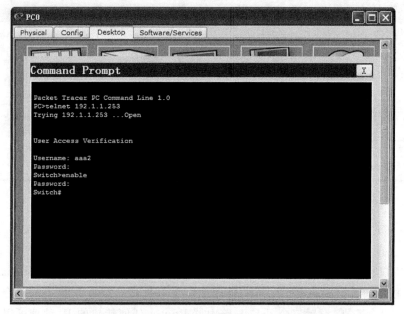

图 10.8 PC0 Telnet 登录交换机 Switch0 的过程

令后,进入交换机 Switch0 的特权模式。

(4) 启动 PC0 Telnet 登录交换机 Switch1 的过程,输入的管理地址为 192.1.2.253,鉴别用户身份过程中输入交换机 Switch1 仿真终端配置模式下配置的鉴别口令 dcba。成功登录后,出现如图 10.9 所示的交换机 Switch1 的命令行接口界面,从用户模式进入特权模式的过程与交换机 Switch0 相同。

图 10.9　PC0 Telnet 登录交换机 Switch1 的过程

(5) 启动 PC0 Telnet 登录路由器 Router 的过程,输入的管理地址为路由器 Router 其中一个接口的 IP 地址 192.1.1.254,鉴别用户身份过程中分别输入在 AAA 服务器中统一定义的授权用户的用户名 aaa1 和口令 bbb1。成功登录后,出现如图 10.10 所示的路由器 Router 的命令行接口界面,从用户模式进入特权模式的过程与交换机 Switch0 相同。

10.2.6　命令行接口配置过程

1. Switch0 命令行接口配置过程

命令序列如下:

```
Switch>enable
Switch#configure terminal
Switch(config)#interface vlan 1
Switch(config-if)#no shutdown
Switch(config-if)#ip address 192.1.1.253 255.255.255.0
Switch(config-if)#exit
Switch(config)#ip default-gateway 192.1.1.254
Switch(config)#username aaa2 password bbb2
```

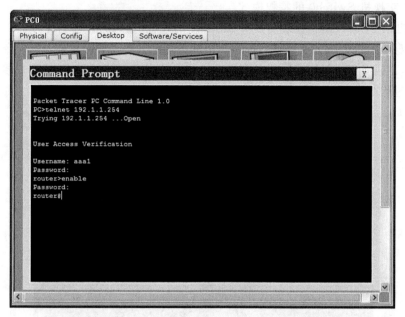

图 10.10　PC0 Telnet 登录路由器 Router 的过程

```
Switch(config)#line vty 0 4
Switch(config-line)#login local
Switch(config-line)#exit
Switch(config)#enable password abcd
```

2. Switch1 命令行接口配置过程

命令序列如下：

```
Switch>enable
Switch#configure terminal
Switch(config)#interface vlan 1
Switch(config-if)#no shutdown
Switch(config-if)#ip address 192.1.2.253 255.255.255.0
Switch(config-if)#exit
Switch(config)#ip default-gateway 192.1.2.254
Switch(config)#line vty 0 4
Switch(config-line)#password dcba
Switch(config-line)#login
Switch(config-line)#exit
Switch(config)#enable password abcd
```

3. Router 命令行接口配置过程

命令序列如下：

```
Router>enable
Router#configure terminal
```

```
Router(config)#interface FastEthernet0/0
Router(config-if)#no shutdown
Router(config-if)#ip address 192.1.1.254 255.255.255.0
Router(config-if)#exit
Router(config)#interface FastEthernet0/1
Router(config-if)#no shutdown
Router(config-if)#ip address 192.1.2.254 255.255.255.0
Router(config-if)#exit
Router(config)#aaa new-model
Router(config)#aaa authentication login a1 group radius
Router(config)#line vty 0 4
Router(config-line)#login authentication a1
Router(config-line)#exit
Router(config)#radius-server host 192.1.2.1
Router(config)#radius-server key 123456
Router(config)#hostname router
router(config)#enable password abcd
```

4. 命令列表

交换机和路由器命令行接口配置过程中使用的命令及功能和参数说明如表 10.1 所示。

表 10.1 命令列表

命 令 格 式	功能和参数说明
line vty *line-number* [*ending-line-number*]	启动一组 Telnet 会话的配置过程,进入仿真终端配置模式,参数 *line-number* 是起始 Telnet 会话编号,参数 *ending-line-number* 是结束 Telnet 会话编号。如果没有设置参数 *ending-line-number*,只启动单个编号为 *line-number* 的 Telnet 会话的配置过程
login [**local**]	设置用于鉴别 Telnet 登录用户身份的机制,**login** 为口令鉴别机制,**login local** 为本地鉴别机制
login authentication [*list-name* | **default**]	使用由参数 *list-name* 为列表名的鉴别机制列表指定的鉴别机制或者默认鉴别机制作为鉴别 Telnet 登录用户身份的鉴别机制
password *password*	设置口令鉴别机制下用于鉴别 Telnet 登录用户身份的口令,参数 *password* 是设置的口令

注:粗体是命令关键字,斜体是命令参数。

10.3 无线路由器 Web 界面配置实验

10.3.1 实验内容

仿真真实的无线路由器配置过程的 Web 界面配置无线路由器的过程如图 10.11 所示,用双绞线缆互连终端与无线路由器的 LAN 端口,终端选择通过 DHCP 自动获取网络信息的方式。启动终端浏览器,在地址栏中输入自动获取的网络信息中的默认网关地址后,弹出无线路由器登录界面。完成登录过程后,进入无线路由器配置界面。

图 10.11　Web 界面配置无线路由器过程

10.3.2　实验目的

(1) 验证真实无线路由器的配置过程。
(2) 验证无线路由器 DHCP 服务功能。
(3) 验证 Web 界面配置无线路由器的过程。

10.3.3　实验原理

默认状态下,无线路由器的 DHCP 服务功能是开启的,因此,当终端接入无线路由器的 LAN 端口,且选择通过 DHCP 自动获取网络信息的方式时,由无线路由器为终端分配网络信息。网络信息中的默认网关地址是无线路由器连接内部网络的接口(也称 LAN 接口)的 IP 地址。该 IP 地址也是无线路由器的管理地址,因此,可以通过在浏览器中输入该 IP 地址访问无线路由器的配置界面。

10.3.4　实验步骤

(1) 在逻辑工作区中放置无线路由器 Wireless Router0 和 PC0,用直通线互连 PC0 的快速以太网端口 FastEthernet0 和无线路由器的 Ethernet 1。完成设备放置和连接后的逻辑工作区界面如图 10.12 所示。

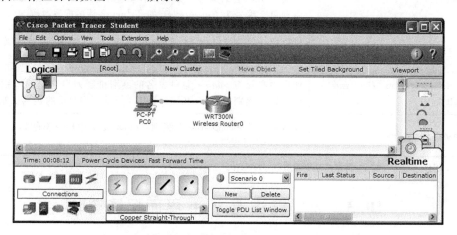

图 10.12　完成设备放置和连接后的逻辑工作区界面

(2) PC0 选择通过 DHCP 自动获取网络信息的方式,PC0 自动获取的网络信息如图 10.13 所示,Default Gateway(默认网关地址)是 192.168.0.1。

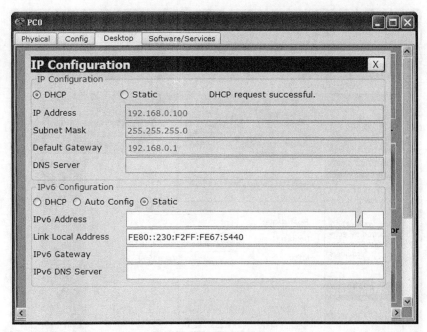

图 10.13　PC0 自动获取的网络信息

(3) 启动 PC0 浏览器，在地址栏中输入 192.168.0.1，单击 Go 按钮，弹出如图 10.14 所示的登录界面，在 Username（用户名）输入框中输入 admin，在 Password（口令）输入框中输入 admin，单击 OK 按钮，进入如图 10.15 所示的无线路由器配置界面。

图 10.14　无线路由器登录界面

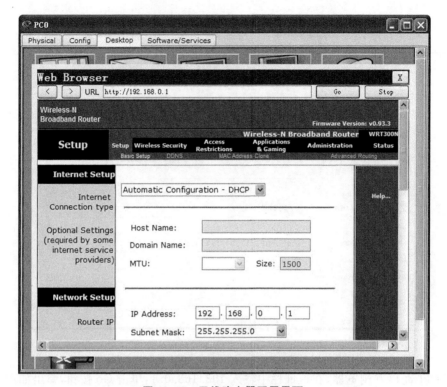

图 10.15 无线路由器配置界面

10.4 控制网络设备 Telnet 远程配置过程实验

10.4.1 实验内容

本实验在第 10.2 节网络设备 Telnet 配置实验的基础上进行。如图 10.16 所示，由于用 Telnet 远程配置网络设备是一件风险很大的事情，因此，需要严格控制允许用 Telnet 远程配置网络设备的终端。通过在交换机 S1 设置访问控制，只允许终端 B 用 Telnet 远程配置交换机 S1，不允许其他终端用 Telnet 远程配置交换机 S1。

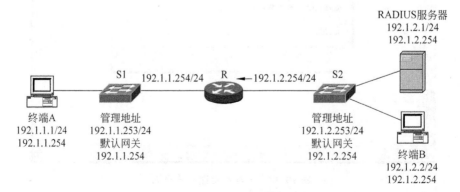

图 10.16 互连网结构

10.4.2 实验目的

（1）验证用 Telnet 远程配置网络设备的过程。
（2）验证本地鉴别机制。
（3）验证对用 Telnet 远程配置网络设备的过程实施控制的方法。

10.4.3 实验原理

通过 Telnet 远程配置网络设备的前提是，建立远程终端与网络设备之间的 Telnet 会话。如果在所有 Telnet 会话中设置分组过滤器，且分组过滤器只允许源 IP 地址是终端 B 的 IP 地址的 IP 分组进入 Telnet 会话，则只有终端 B 能够发起建立与该网络设备之间的 Telnet 会话。

10.4.4 关键命令说明

1. 配置分组过滤器

命令序列如下：

```
Switch(config)#access-list 1 permit host 192.1.2.2
Switch(config)#access-list 1 deny any
```

access-list 1 permit host 192.1.2.2 是全局模式下使用的命令，该命令的作用是在编号为 1 的分组过滤器中添加一条规则，该规则只允许源 IP 地址为 192.1.2.2 的 IP 分组通过。编号为 1～99 的分组过滤器是标准分组过滤器，标准分组过滤器只能限制源终端的 IP 地址。编号为 100～199 的分组过滤器是扩展分组过滤器，扩展分组过滤器不仅可以限制源和目的终端的 IP 地址，还可以限制源和目的端口号等。

access-list 1 deny any 是全局模式下使用的命令，该命令的作用是在编号为 1 的分组过滤器中添加一条规则，该规则拒绝全部 IP 分组。

2. 将分组过滤器作用到所有 Telnet 会话

命令序列如下：

```
Switch(config)#line vty 0 4
Switch(config-line)#access-class 1 in
Switch(config-line)#exit
```

access-class 1 in 是仿真终端配置模式下使用的命令，该命令的作用是只允许编号为 1 的分组过滤器允许通过的 IP 分组进入编号范围为 0～4 的 Telnet 会话。

10.4.5 实验步骤

（1）在第 10.2 节网络设备 Telnet 配置实验的基础上增加 PC1，增加 PC1 后的逻辑工作区界面如图 10.17 所示。完成 PC1 网络信息配置过程。

（2）在 CLI（命令行接口）配置方式下，在交换机 Switch0 中完成与限制用 Telnet 远程配置 Switch0 的终端有关的配置过程，只允许 PC1 用 Telnet 远程配置 Switch0。启动

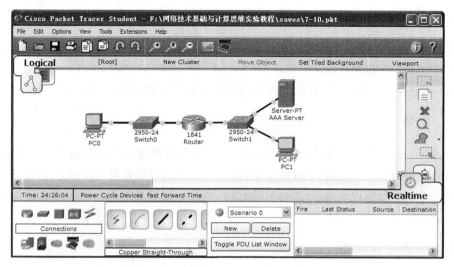

图 10.17 完成设备放置和连接后的逻辑工作区界面

PC0 Telnet 登录 Switch0 的过程,登录失败,登录失败界面如图 10.18 所示。启动 PC1 Telnet 登录 Switch0 的过程,登录成功的界面如图 10.19 所示。

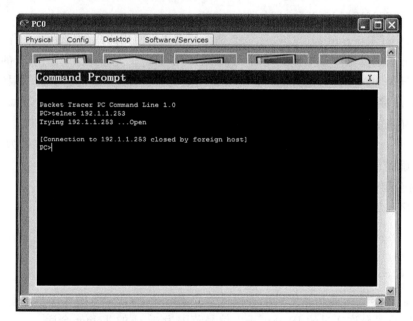

图 10.18 PC0 Telnet 登录 Switch0 失败的界面

10.4.6 命令行接口配置过程

1. 与限制用 Telnet 远程配置 Switch0 的终端有关的配置过程

命令序列如下:

```
Switch(config)#access-list 1 permit host 192.1.2.2
```

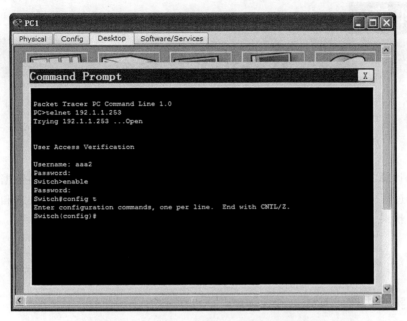

图 10.19　PC1 Telnet 登录 Switch0 成功的界面

```
Switch(config)#access-list 1 deny any
Switch(config)#line vty 0 4
Switch(config-line)#access-class 1 in
Switch(config-line)#exit
```

2. 命令列表

Switch0 命令行接口配置过程中使用的命令及功能和参数说明如表 10.2 所示。

表 10.2　命令列表

命令格式	功能和参数说明
access-list *access-list-number* {**deny**| **permit**} *source* [*source-wildcard*]	定义一条属于某个标准分组过滤器的规则。参数 *access-list-number* 是标准分组过滤器的编号,编号范围是 1～99。**deny** 和 **permit** 表示动作,其中 **deny** 是拒绝,**permit** 是允许。参数 *source* 和 *source-wildcard* 指定源 IP 地址范围,其中参数 *source* 是 IP 地址,参数 *source-wildcard* 是反掩码,如 *source*=192.1.2.2,*source-wildcard*=0.0.0.1,表示源 IP 地址范围是 192.1.2.2 和 192.1.2.3。如 *source*=192.1.2.2,*source-wildcard*=0.0.0.0,表示源 IP 地址范围是唯一的 IP 地址 192.1.2.2。这种情况下,可以用 host 192.1.2.2 代替。如 *source*=0.0.0.0,*source-wildcard*=255.255.255.255,表示源 IP 地址范围是所有 IP 地址。这种情况下,可以用 any 代替
access-class *access-list-number* {**in**| **out**}	将以参数 *access-list-number* 为编号的分组过滤器作用到 Telnet 会话的输入或输出方向,**in** 是输入方向,**out** 是输出方向

注:粗体是命令关键字,斜体是命令参数。

第 11 章 计算机安全实验

对于计算机安全,可以做到以下两点:一是可以通过主机防火墙控制数据输入或输出主机的过程,二是可以通过网络监控命令监测主机访问网络过程中的状态和主机访问的网络的状态。

11.1 终端和服务器主机防火墙实验

11.1.1 实验内容

终端和服务器带有主机防火墙,通过配置某台服务器或终端主机防火墙的入规则,可以有效控制其他终端和服务器对该服务器或终端的访问过程。

可以通过制定访问控制策略限制其他终端和服务器对某台服务器或终端的访问过程。假定对于如图 11.1 所示的互连网制定以下访问控制策略。

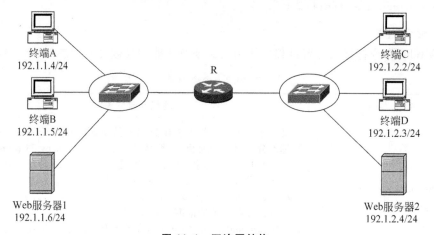

图 11.1 互连网结构

1. 终端访问控制策略

不允许不属于同一网络的终端之间相互进行 ping 操作。因此,对于终端 A,实现访问控制策略的入规则如表 11.1 所示。

规则 1 禁止源 IP 地址为终端 C 或终端 D 的 IP 地址,且净荷是 ICMP 报文的 IP 分组进入终端 A。

规则 2 允许除规则 1 禁止的 IP 分组以外的所有其他 IP 分组进入终端 A。

表 11.1　终端 A 的入规则

序号	源 IP 地址	协议	动作
1	192.1.2.2 或 192.1.2.3	ICMP	丢弃
2	any	IP	允许

2. Web 服务器访问控制策略

对于和 Web 服务器不属于同一网络的终端,只允许这些终端用浏览器访问 Web 主页。因此,对于 Web 服务器 1,实现访问控制策略的入规则如表 11.2 所示。

表 11.2　Web 服务器的入规则

序号	源 IP 地址	协议	源端口号	目的端口号	动作
1	192.1.2.2 或 192.1.2.3	TCP	any	80	允许
2	192.1.1.4 或 192.1.1.5	IP			允许
3	any	IP			丢弃

规则 1 允许源 IP 地址为终端 C 或终端 D 的 IP 地址,且净荷是目的端口号等于 80 的 TCP 报文的 IP 分组进入 Web 服务器 1。

规则 2 允许源 IP 地址为终端 A 或终端 B 的 IP 地址的 IP 分组进入 Web 服务器 1。

规则 3 禁止除规则 1 和规则 2 允许的 IP 分组以外的所有其他 IP 分组进入 Web 服务器 1。

11.1.2　实验目的

(1) 验证终端和服务器主机防火墙的配置过程。
(2) 验证终端和服务器主机防火墙实现访问控制策略的过程。

11.1.3　实验原理

配置规则的关键因素是指定 IP 地址范围,一般通过 CIDR 地址块或网络地址指定 IP 地址范围,如 CIDR 地址块 192.1.1.0/28 指定的 IP 地址范围为 192.1.1.0~192.1.1.15。但作为网络地址时,CIDR 地址块 192.1.1.0/28 中的 IP 地址 192.1.1.0 是网络地址,192.1.1.15 是直接广播地址,这两个 IP 地址都不是可分配的 IP 地址。因为存在网络地址和直接广播地址,子网掩码的位数一般不能大于 31 位。因此,用 CIDR 地址块或网络地址不容易直观表示唯一的 IP 地址,如 IP 地址 192.1.1.1。

为了有效表示 IP 地址范围,防火墙引进反掩码,如 IP 地址范围 192.1.1.0~192.1.1.15,可以用 IP 地址 192.1.1.0 和反掩码 0.0.0.15 表示。在反掩码表示方式下,先将 IP 地址 192.1.1.0 和反掩码 0.0.0.15 进行或运算,得到运算结果 192.1.1.15。给定某个 IP 地址,将该 IP 地址与反掩码 0.0.0.15 进行或运算,如果运算结果等于 192.1.1.15,则表示该 IP 地址属于用 IP 地址 192.1.1.0 和反掩码 0.0.0.15 表示的 IP 地址范围。如 IP 地址 192.1.1.7 与反掩码 0.0.0.15 进行或运算后得到的运算结果是 192.1.1.15,因此,IP

地址 192.1.1.7 属于用 IP 地址 192.1.1.0 和反掩码 0.0.0.15 表示的 IP 地址范围。

引入反掩码后，可以用 IP 地址 192.1.1.1 和反掩码 0.0.0.0 唯一指定 IP 地址 192.1.1.1，也可以用 IP 地址 192.1.2.2 和反掩码 0.0.0.1 指定 IP 地址 192.1.2.2 和 192.1.2.3，同样，可以用 IP 地址 192.1.1.4 和反掩码 0.0.0.1 指定 IP 地址 192.1.1.4 和 192.1.1.5。

11.1.4 实验步骤

（1）根据如图 11.1 所示互连网结构放置和连接设备，完成设备放置和连接后的逻辑工作区界面如图 11.2 所示。完成路由器接口 IP 地址和子网掩码配置过程。完成各个终端和服务器的网络信息配置过程。保证终端之间、终端和服务器之间的连通性。

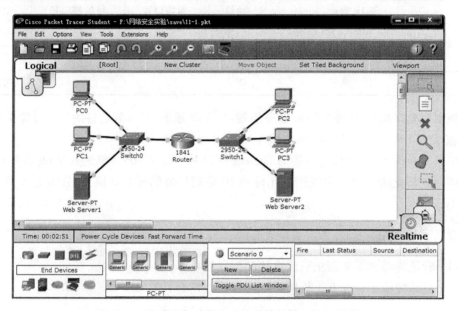

图 11.2　完成设备放置和连接后的逻辑工作区界面

（2）PC0 完成"Desktop（桌面）"→"IPv4 Firewall（IPv4 防火墙）"操作过程后，弹出如图 11.3 所示的 Inbound Rules（防火墙入规则）配置界面。配置"规则 1 禁止源 IP 地址为 PC2 或 PC3 的 IP 地址，且净荷是 ICMP 报文的 IP 分组进入 PC0"对应的入规则的过程如下：在 Action（动作）输入框中选择 Deny（拒绝），在 Protocol（协议）输入框中选择 ICMP，Remote IP（远程主机 IP 地址）输入框中输入 192.1.2.2，在 Remote Wildcard Mask（远程主机反掩码）输入框中输入 0.0.0.1，IP 地址 192.1.2.2 和反掩码 0.0.0.1 指定的 IP 地址范围为 192.1.2.2 和 192.1.2.3。单击 Add（添加）按钮，完成该入规则配置过程。

配置"规则 2 允许除规则 1 禁止的 IP 分组以外的所有其他 IP 分组进入 PC0"对应的入规则的过程如下：在 Action（动作）输入框中选择 Allow（允许），在 Protocol（协议）输入框中选择 IP，在远程主机 IP 地址（Remote IP）输入框中输入 0.0.0.0，在 Remote Wildcard Mask（远程主机反掩码）输入框中输入 255.255.255.255，IP 地址 0.0.0.0 和反掩码 255.255.255.255 指定的 IP 地址范围为所有 IP 地址。单击 Add（添加）按钮，完成

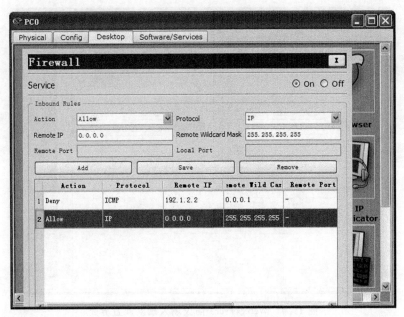

图 11.3 PC0 防火墙入规则配置界面

该入规则配置过程。

完成上述入规则配置过程后,如果某个 IP 分组匹配入规则 1,防火墙丢弃该 IP 分组。由于入规则 2 匹配任意 IP 分组,因此,没有匹配入规则 1 的 IP 分组都和入规则 2 匹配,允许进入 PC0。

(3) Web Server1 完成"Desktop(桌面)"→"IPv4 Firewall(IPv4 防火墙)"操作过程后,弹出如图 11.4 所示的 Inbound Rules(防火墙入规则)配置界面。配置"规则 1 允许源 IP 地址为 PC2 或 PC3 的 IP 地址,且净荷是目的端口号等于 80 的 TCP 报文的 IP 分组进入 Web 服务器 1"对应的入规则的过程如下:在 Action(动作)输入框中选择 Allow(允许),Protocol(协议)输入框中选择 TCP,在 Remote IP(远程主机 IP 地址)输入框中输入 192.1.2.2,在 Remote Wildcard Mask(远程主机反掩码)输入框中输入 0.0.0.1,IP 地址 192.1.2.2 和反掩码 0.0.0.1 指定的 IP 地址范围为 192.1.2.2 和 192.1.2.3。在远程主机端口号(Remote Port)输入框中输入 any,表示任意端口号。在 Local Port(本地主机端口号)输入框中输入 80,80 是 HTTP 协议对应的著名端口号。

配置"规则 2 允许源 IP 地址为 PC0 或 PC1 的 IP 地址的 IP 分组进入 Web 服务器 1"对应的入规则的过程如下:在 Action(动作)输入框中选择 Allow(允许),在 Protocol(协议)输入框中选择 IP,在 Remote IP(远程主机 IP 地址)输入框中输入 192.1.1.4,在 Remote Wildcard Mask(远程主机反掩码)输入框中输入 0.0.0.1,IP 地址 192.1.1.4 和反掩码 0.0.0.1 指定的 IP 地址范围为 192.1.1.4 和 192.1.1.5。

配置"规则 3 禁止除规则 1 和规则 2 允许的 IP 分组以外的所有其他 IP 分组进入 Web 服务器 1"对应的入规则如下:在 Action(动作)输入框中选择 Deny(拒绝),在 Protocol(协议)输入框中选择 IP,在 Remote IP(远程主机 IP 地址)输入框中输入 0.0.0.0,

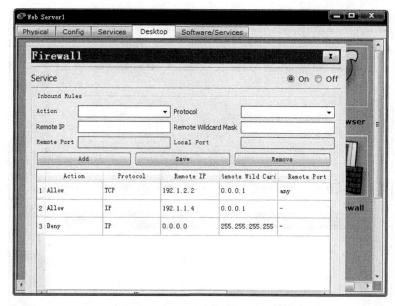

图 11.4　Web Server1 防火墙入规则配置界面

在 Remote Wildcard Mask（远程主机反掩码）输入框中输入 255.255.255.255，IP 地址 0.0.0.0 和反掩码 255.255.255.255 指定的 IP 地址范围为所有 IP 地址。

完成上述入规则配置过程后，IP 分组中只有与入规则 1 或入规则 2 匹配的 IP 分组进入 Web 服务器 1，其他所有 IP 分组都被丢弃。

（4）在 PC2 IPv4 防火墙入规则配置界面如图 11.5 所示。Web Server2 IPv4 防火墙入规则配置界面如图 11.6 所示。

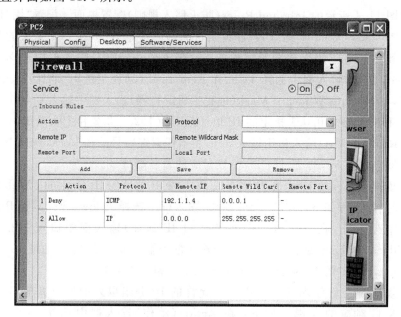

图 11.5　PC2 防火墙入规则配置界面

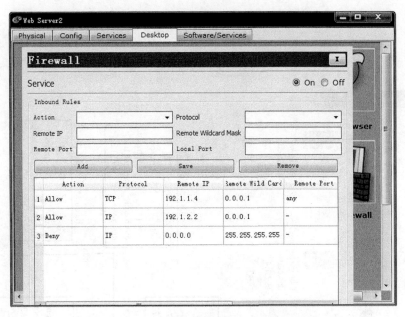

图 11.6 Web Server2 防火墙入规则配置界面

11.2 网络监控命令测试环境实验

11.2.1 实验内容

为了完成网络监控命令测试实验,需要构建一个便于终端测试网络监控命令的网络环境,该网络环境中存在包含若干路由器的 IP 传输路径,存在以太网、DNS 服务器以及 Web 服务器等。

构建如图 11.7(a)所示的互连网,根据图 11.7(b)所示完成域名服务器中的资源记录配置过程,允许终端 A 和终端 B 用域名访问 Web 服务器 1 至 Web 服务器 3。

图 11.7 所示是一个简单的域名系统,该域名系统包含两个一级域名 com 和 edu,com 域包含两个子域 a.com 和 b.com,edu 域包含一个子域 b.edu,每一个子域设置 Web 服务器,分别用完全合格的域名 www.a.com、www.b.com 和 www.b.edu 标识这三台 Web 服务器。终端 A 选择负责 a.com 域的域名服务器作为本地域名服务器,终端 B 选择负责 b.edu 域的域名服务器作为本地域名服务器,域名系统实现将完全合格的域名 www.a.com、www.b.com 和 www.b.edu 转换成三台 Web 服务器对应的 IP 地址 192.1.1.2、192.1.2.3 和 192.1.5.2 的过程。

11.2.2 实验目的

(1) 建立包含若干路由器的 IP 传输路径。
(2) 建立域名系统,可以用域名访问 Web 服务器。
(3) 建立地址解析协议(Address Resolution Protocol,ARP)的工作环境。

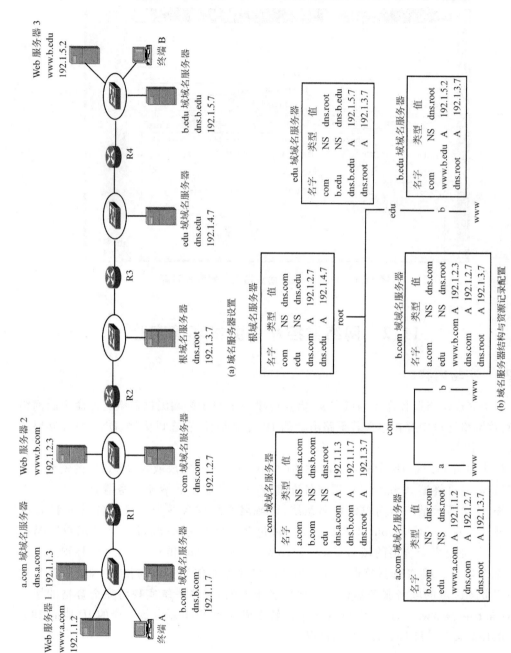

图 11.7 一个简单域名系统的域名服务器配置过程

(4) 构建一个便于终端测试网络监控命令的网络环境。

11.2.3 实验原理

通过 RIP 建立终端 A 与终端 B 之间的 IP 传输路径。

域名服务器中的资源记录能够将任何有效的完全合格的域名的解析过程导向配置名字为该完全合格的域名、类型为 A 的资源记录的域名服务器。假定完全合格的域名为 www.a.edu，从任何一台域名服务器开始，域名服务器中的资源记录都能够将域名解析过程导向 b.edu 域域名服务器。如从 a.com 域域名服务器开始的导向过程如下：a.com 域域名服务器中的资源记录<edu,NS,dns.root>和<dns.root,A,192.1.3.7>将域名解析过程导向根域名服务器；根域名服务器中的资源记录<edu,NS,dns.edu>和<dns.edu,A,192.1.4.7>将域名解析过程导向 edu 域域名服务器；edu 域域名服务器中的资源记录<b.edu,NS,dns.b.edu>和<dns.b.edu,A,192.1.5.7>将域名解析过程导向 b.edu 域域名服务器；b.edu 域域名服务器中存在资源记录<www.b.edu,A,192.1.5.2>。

终端 A 和终端 B 所在的以太网提供 ARP 工作环境。如终端 A 可以解析出与其连接在同一以太网的 Web 服务器、域名服务器和路由器 R1 连接该以太网的接口的 MAC 地址。

11.2.4 实验步骤

(1) 根据如图 11.7(a)所示的互连网结构放置和连接设备，完成设备放置和连接后的逻辑工作区界面如图 11.8 所示。

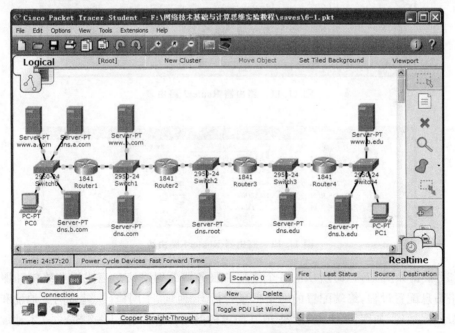

图 11.8 完成设备放置和连接后的逻辑工作区界面

(2) 完成所有路由器各个接口的 IP 地址和子网掩码配置过程,从左到右四台路由器互连的五个以太网的网络地址分别是 192.1.1.0/24、192.1.2.0/24、192.1.3.0/24、192.1.4.0/24 和 192.1.5.0/24,完成各台路由器 RIP 配置过程。完成上述配置过程后,路由器 Router1 至 Router4 的路由表分别如图 11.9 至图 11.12 所示。

Type	Network	Port	Next Hop IP	Metric
C	192.1.1.0/24	FastEthernet0/0	---	0/0
C	192.1.2.0/24	FastEthernet0/1	---	0/0
R	192.1.3.0/24	FastEthernet0/1	192.1.2.253	120/1
R	192.1.4.0/24	FastEthernet0/1	192.1.2.253	120/2
R	192.1.5.0/24	FastEthernet0/1	192.1.2.253	120/3

图 11.9　路由器 Router1 路由表

Type	Network	Port	Next Hop IP	Metric
R	192.1.1.0/24	FastEthernet0/0	192.1.2.254	120/1
C	192.1.2.0/24	FastEthernet0/0	---	0/0
C	192.1.3.0/24	FastEthernet0/1	---	0/0
R	192.1.4.0/24	FastEthernet0/1	192.1.3.253	120/1
R	192.1.5.0/24	FastEthernet0/1	192.1.3.253	120/2

图 11.10　路由器 Router2 路由表

Type	Network	Port	Next Hop IP	Metric
R	192.1.1.0/24	FastEthernet0/0	192.1.3.254	120/2
R	192.1.2.0/24	FastEthernet0/0	192.1.3.254	120/1
C	192.1.3.0/24	FastEthernet0/0	---	0/0
C	192.1.4.0/24	FastEthernet0/1	---	0/0
R	192.1.5.0/24	FastEthernet0/1	192.1.4.253	120/1

图 11.11　路由器 Router3 路由表

Type	Network	Port	Next Hop IP	Metric
R	192.1.1.0/24	FastEthernet0/0	192.1.4.254	120/3
R	192.1.2.0/24	FastEthernet0/0	192.1.4.254	120/2
R	192.1.3.0/24	FastEthernet0/0	192.1.4.254	120/1
C	192.1.4.0/24	FastEthernet0/0	---	0/0
C	192.1.5.0/24	FastEthernet0/1	---	0/0

图 11.12　路由器 Router4 路由表

(3) 根据如图 11.7(a)所示的各个终端和服务器的网络信息完成这些终端和服务器的网络信息配置过程,终端配置的网络信息包括 IP 地址、子网掩码、默认网关地址和本地域名服务器地址,如图 11.13 所示是 PC0 配置的网络信息,其中 DNS Server(本地域名服务器地址)是 a.com 域域名服务器的 IP 地址。

(4) 完成各台域名服务器的配置过程。单击域名服务器 dns.a.com,完成"Services

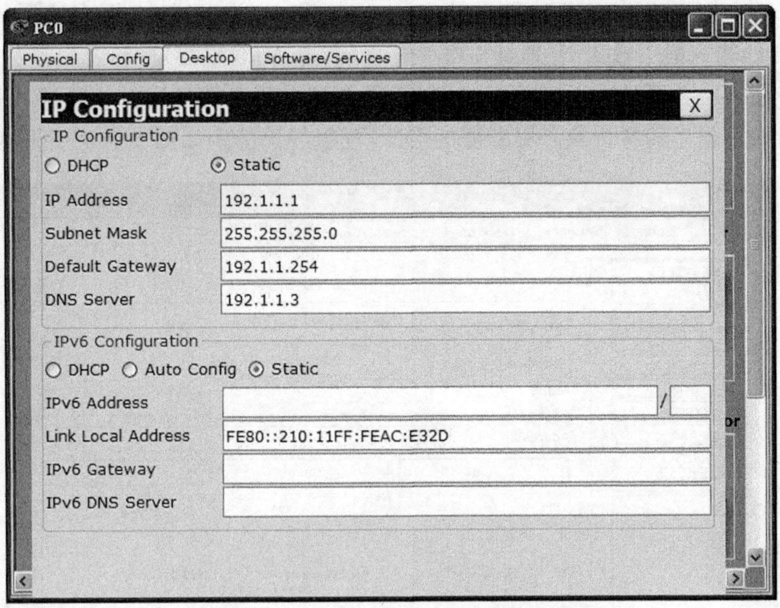

第 11 章 计算机安全实验

图 11.13 PC0 网络信息配置界面

（服务）"→"DNS（域名服务系统）"操作过程，弹出如图 11.14 所示的 DNS（域名服务系统）配置界面，在 DNS Service（DNS 服务）这一栏中选择 On，在资源记录输入界面中依次输入各个资源记录。资源记录＜edu,NS,dns.root＞输入过程如下：在 Name（名字）输入框中输入 edu，在 Type（类型）输入框中选择 NS record，在 Server Name（服务器名）输入框中输入 dns.root，单击 Add（添加）按钮。资源记录＜dns.root,A,192.1.3.7＞输入过

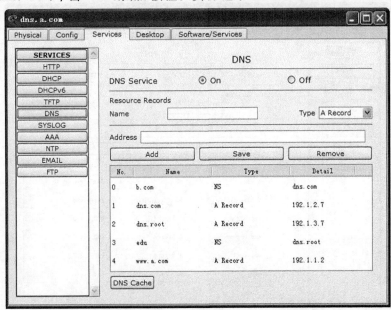

图 11.14 域名服务器 dns.a.com 的 DNS 配置界面

程如下：在 Name(名字)输入框中输入 dns.root,在 Type(类型)输入框中选择 A record,在 Address(地址)输入框中输入 IP 地址 192.1.3.7,单击 Add(添加)按钮。根据如图 11.7(b)所示的各台域名服务器的资源记录配置,完成各台域名服务器的资源记录输入过程。完成资源记录输入过程后的各台域名服务器的 DNS 配置界面分别如图 11.14～图 11.19 所示。

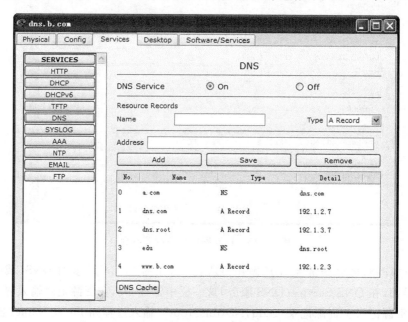

图 11.15　域名服务器 dns.b.com 的 DNS 配置界面

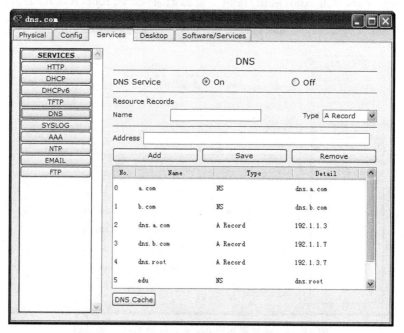

图 11.16　域名服务器 dns.com 的 DNS 配置界面

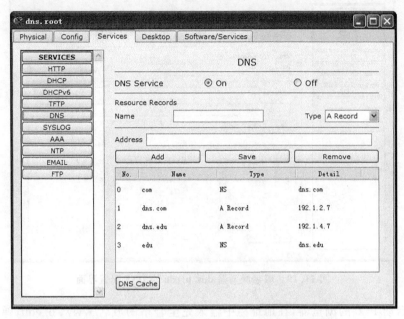

图 11.17　域名服务器 dns.root 的 DNS 配置界面

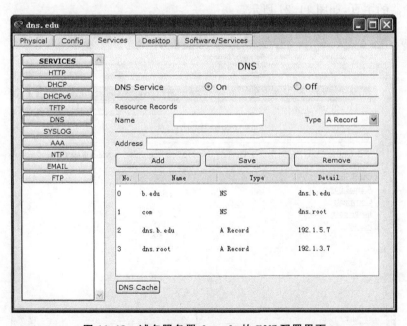

图 11.18　域名服务器 dns.edu 的 DNS 配置界面

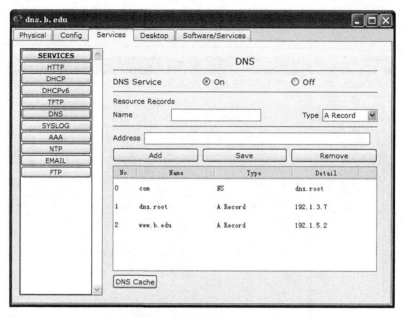

图 11.19　域名服务器 dns.b.edu 的 DNS 配置界面

（5）启动 PC0 的浏览器，在地址栏中输入完全合格的域名 www.b.edu，弹出完全合格的域名为 www.b.edu 的 Web 服务器的主页，如图 11.20 所示。启动 PC1 的浏览器，在地址栏中输入完全合格的域名 www.a.com，弹出完全合格的域名为 www.a.com 的 Web 服务器的主页，如图 11.21 所示。

图 11.20　PC0 访问完全合格的域名为 www.b.edu 的 Web 服务器的界面

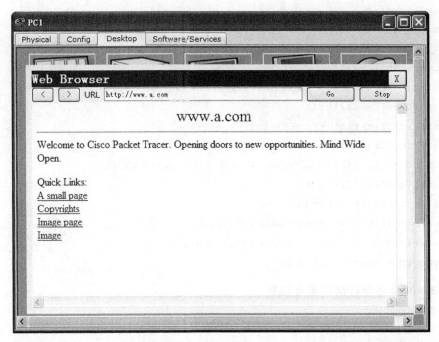

图 11.21　PC1 访问完全合格的域名为 www.a.com 的 Web 服务器的界面

（6）本地域名服务器 dns.a.com 完成域名解析过程后，在 DNS 缓冲器中记录下解析出的域名和值之间的关联。在如图 11.14 所示的域名服务器 dns.a.com 的 DNS 配置界面中，单击左下角的 DNS Cache(DNS 缓冲器)按钮，弹出如图 11.22 所示的 DNS 缓冲器界面，DNS 缓冲器中记录下已经完成的域名解析过程中解析出的域名和值之间的关联。

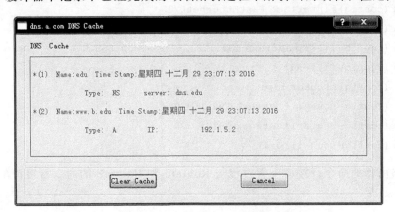

图 11.22　DNS 缓冲器记录下的域名与值之间的关联

11.2.5　命令行接口配置过程

1. Router1 命令行接口配置过程

命令序列如下：

```
Router>enable
Router#configure terminal
Router(config)#interface FastEthernet0/0
Router(config-if)#no shutdown
Router(config-if)#ip address 192.1.1.254 255.255.255.0
Router(config-if)#exit
Router(config)#interface FastEthernet0/1
Router(config-if)#no shutdown
Router(config-if)#ip address 192.1.2.254 255.255.255.0
Router(config-if)#exit
Router(config)#router rip
Router(config-router)#network 192.1.1.0
Router(config-router)#network 192.1.2.0
Router(config-router)#exit
```

2. Router2 命令行接口配置过程

命令序列如下：

```
Router>enable
Router#configure terminal
Router(config)#interface FastEthernet0/0
Router(config-if)#no shutdown
Router(config-if)#ip address 192.1.2.253 255.255.255.0
Router(config-if)#exit
Router(config)#interface FastEthernet0/1
Router(config-if)#no shutdown
Router(config-if)#ip address 192.1.3.254 255.255.255.0
Router(config-if)#exit
Router(config)#router rip
Router(config-router)#network 192.1.2.0
Router(config-router)#network 192.1.3.0
Router(config-router)#exit
```

其他路由器的命令行接口配置过程与 Router1 和 Router2 的命令行接口配置过程相似，不再赘述。

11.3 网络监控命令测试实验

11.3.1 实验内容

基于第 11.2 节的网络环境，完成命令 ping、tracert、ipconfig、arp 和 nslookup 的测试过程。

11.3.2 实验目的

(1) 掌握网络监控命令的功能。
(2) 查看实际网络环境下各种命令的执行结果。
(3) 掌握网络监控命令在网络管理和控制方面的应用。

11.3.3 ping 命令测试实验

ping 命令执行过程如图 11.23 所示,如果用域名表示目标主机,则首先解析出目标主机的 IP 地址,然后向目标主机发送 ICMP ECHO 请求报文。目标主机接收到 PC0 发送的 ICMP ECHO 请求报文后,向 PC0 发送 ICMP ECHO 响应报文,ICMP ECHO 请求报文和对应的 ICMP ECHO 响应报文有着相同的序号和标识符。PC0 从发送 ICMP ECHO 请求报文,到接收到 ICMP ECHO 响应报文的过程为一次往返,默认情况下,PC0 执行 ping 命令后,重复四次往返,如图 11.23 所示。发送端设置的 TTL 字段值是 128,如果接收端接收到的 IP 分组的 TTL 字段值是 124,如图 11.23 所示,则表示发送端至接收端传输路径经过四跳路由器。

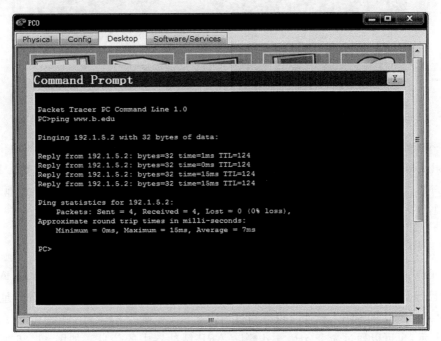

图 11.23 ping 命令执行过程

11.3.4 tracert 命令测试实验

tracert 命令执行过程如图 11.24 所示,给出 PC0 至域名为 www.b.edu 的 Web 服务器传输路径经过的各跳路由器的 IP 地址,对于图 11.8 中的 Router1,给出的 IP 地址是连接 Switch0 的接口的 IP 地址;对于 Router2,给出的 IP 地址是连接 Switch1 的接口的 IP

地址；对于 Router3，给出的 IP 地址是连接 Switch2 的接口的 IP 地址；对于 Router4，给出的 IP 地址是连接 Switch3 的接口的 IP 地址。

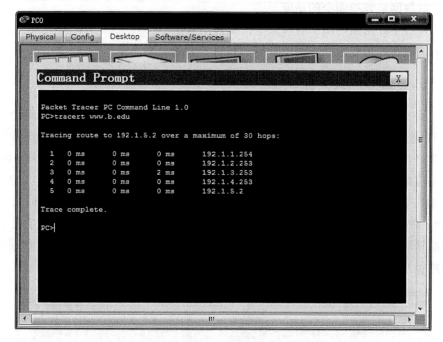

图 11.24　tracert 命令执行过程

11.3.5　ipconfig 命令测试实验

ipconfig 命令执行过程如图 11.25 所示，给出 PC0 配置的网络信息，其中 PC0 的 Physical Address（MAC 地址）是 0010.11AC.E32D，IP Address（IP 地址）是 192.1.1.1，Subnet Mask（子网掩码）是 255.255.255.0，Default Gateway（默认网关地址）是 192.1.1.254，DNS Server（域名服务器地址）是 192.1.1.3。

11.3.6　arp 命令测试实验

当 PC0 完成对同一以太网内和其他网络中的服务器的访问过程后，PC0 的 ARP 缓冲器中已经记录下同一以太网内的各台服务器的 IP 地址和 PC0 的默认网关地址，以及这些 IP 地址对应的 MAC 地址。可以通过命令 arp – a 显示 ARP 缓冲器中的信息，如图 11.26 所示；也可以通过命令 arp – d 删除 ARP 缓冲器中的信息。如图 11.26 所示，执行命令 arp – d 后，再执行命令 arp – a，给出的信息是 ARP 缓冲器为空。

11.3.7　nslookup 命令测试实验

nslookup 命令用于完成某个域名的解析过程，如果没有指定域名服务器，则从 PC0 配置的本地域名服务器开始解析域名的过程；如果指定域名服务器，则从指定域名服务器开始解析域名的过程。如图 11.27 所示，第一条 nslookup 命令中没有指定域名服务器，

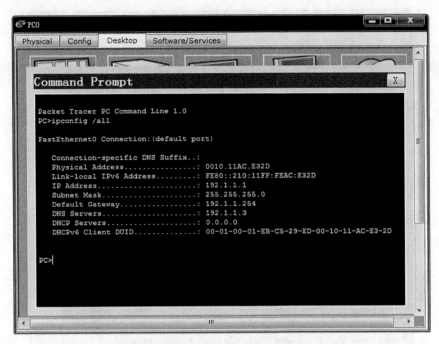

图 11.25　ipconfig 命令执行过程

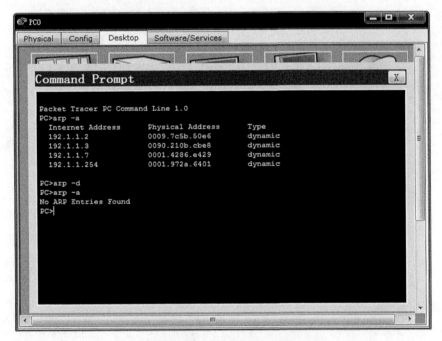

图 11.26　arp 命令执行过程

因此，从 PC0 配置的本地域名服务器开始解析域名 www.b.edu 的过程；第二条 nslookup 命令中通过 IP 地址 192.1.1.7 指定域名服务器 dns.b.com，因此，从域名服务器 dns.b.com 开始解析域名 www.b.edu 的过程。

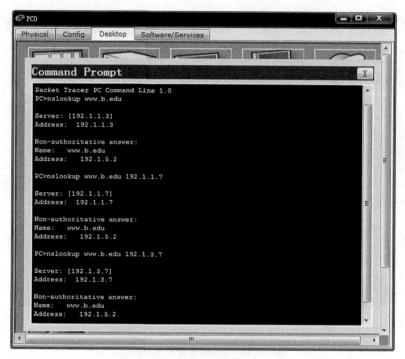

图 11.27 nslookup 命令执行过程

第 12 章 网络安全综合应用实验

有些企业除了需要访问 Internet 以外,还需要访问行业专用网,对于这种企业,存在使用相同的私有 IP 地址随时访问 Internet 和行业专业网的需求。对于需要提供信息服务的企业,存在允许远程用户通过 VPN 接入企业网,并对企业网中的信息资源进行访问的需求。本章的两个综合应用实验给出满足这些需求的企业网的设计和配置过程。

12.1 NAT 应用实验

12.1.1 系统需求

假定某个企业网由两个内部网络组成:一个内部网络连接管理员终端,另一个内部网络连接员工终端。企业网同时连接两个外部网络:一个是 Internet,另一个是行业服务网。Internet 和行业服务网都对该企业网分配了全球 IP 地址,但无论是 Internet 还是行业服务网都只负责到达分配给该企业网的全球 IP 地址的路由功能。

允许所有人员访问 Internet,但只允许管理员访问行业服务网,要求完成企业网的设计和配置过程。

12.1.2 分配的信息

Internet 分配给企业网的网络信息如下:IP 地址为 192.1.1.1,子网掩码为 255.255.255.0,默认网关地址为 192.1.1.2,域名服务器地址为 192.1.2.253。

行业服务网分配给企业网的网络信息如下:IP 地址为 200.1.1.1,子网掩码为 255.255.255.0,默认网关地址为 200.1.1.2,域名服务器地址为 200.1.2.253,行业服务网的域名是 b.com。

Internet 的全球 IP 地址范围是任意的,行业服务器网的全球 IP 地址范围是 200.1.2.0/24。

12.1.3 网络设计

1. 拓扑结构

网络结构如图 12.1 所示,路由器 R1 是企业网的核心路由器,接口 1 和接口 2 分别连接内部网络 1 和内部网络 2,接口 3 和接口 4 分别连接边缘路由器 R2 和 R3。边缘路由器 R2 用于实现企业网和 Internet 互连,连接 Internet 的接口配置 Internet 分配给企业网的全球 IP 地址 192.1.1.1。边缘路由器 R3 用于实现企业网和行业服务网互连,连接行业服务网的接口配置行业服务网分配给企业网的全球 IP 地址 200.1.1.1。

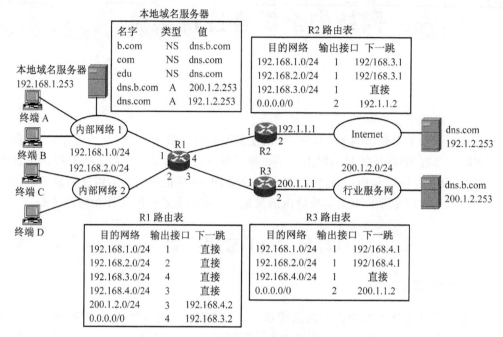

图 12.1　网络拓扑结构

2. 路由表

如图 12.1 所示,路由器 R1 的路由表中存在以下三类路由项:第一类是直连路由项,用于指明通往直接连接的企业网中各个子网的传输路径;第二类是静态路由项,用于指明通往行业服务网的传输路径,能够给出用于指明通往行业服务网的传输路径的静态路由项的前提是行业服务网的网络地址是确定的,为 200.1.2.0/24;第三类是默认路由项,用于指明通往 Internet 的传输路径。所有目的 IP 地址没有与路由表中其他路由项匹配的 IP 分组,根据默认路由项转发。

路由器 R2 和 R3 路由表中存在两类路由项:一类是用于指明通往企业网中各个子网的传输路径的路由项;另一类是用于指明通往 Internet(路由器 R2)或行业服务网(路由器 R3)的传输路径的默认路由项。默认路由项的下一跳 IP 地址是 Internet 或行业服务网分配给企业网的默认网关地址。

3. DNS

企业网中的域名服务器能够判断某个需要解析的完全合格的域名是 Internet 中服务器的域名,还是行业服务网中服务器的域名,分别将属于 Internet 的域名发送给 Internet 中的域名服务器,将属于行业服务网的域名发送给行业服务网中的域名服务器,这里假定行业服务网的域名后缀是固定的,为 b.com。因此,将所有域名后缀为 b.com 的域名发送给行业服务网中的域名服务器,将所有其他域名发送给 Internet 中的域名服务器。企业网中的域名服务器的资源记录如图 12.1 所示。

4. PAT

企业网中的终端访问 Internet 或行业服务网时，需要使用 Internet 或行业服务网分配给企业网的全球 IP 地址。由于允许内部网络 1 和内部网络 2 中的终端访问 Internet，因此，路由器 R2 需要进行 PAT 的源 IP 地址范围包括 192.168.1.0/24 和 192.168.2.0/24。由于只允许内部网络 1 中的终端访问行业服务网，因此，路由器 R3 需要进行 PAT 的源 IP 地址范围只包括 192.168.1.0/24。

5. 访问控制

企业网中的终端可以通过路由器 R1 自动获取网络信息，为了防御 DHCP 欺骗攻击，禁止企业网连接其他 DHCP 服务器，因此，需要启动企业网中相关交换机的防 DHCP 欺骗功能。

为了防止内部网络 2 中的终端访问行业服务网，需要在路由器 R1 接口 2 的输入方向设置分组过滤器，过滤掉内部网络 2 中终端发送的、目的地是行业服务网的 IP 分组。分组过滤器的过滤规则如下。

① 协议类型＝∗，源 IP 地址＝192.168.2.0/24，目的 IP 地址＝200.1.2.0/24；丢弃。
② 协议类型＝∗，源 IP 地址＝any，目的 IP 地址＝any；正常转发。

12.1.4 实验步骤

（1）根据如图 12.1 所示的网络结构放置和连接设备，用路由器 Router4 直连的以太网表示 Internet，用路由器 Router5 直连的以太网表示行业服务网。通过访问完全合格的域名为 www.a.com 的 Web 服务器模拟 Internet 访问过程，通过访问完全合格的域名为 www.b.com 的 Web 服务器模拟行业服务网访问过程。逻辑工作区最终生成的网络结构如图 12.2 所示。

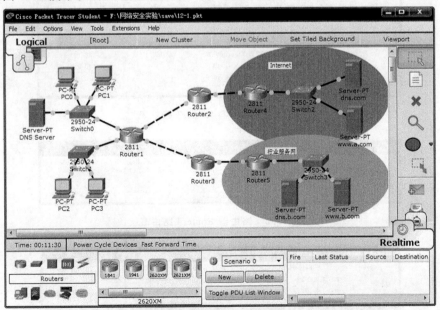

图 12.2 完成设备放置和连接后的逻辑工作区界面

(2) 完成所有路由器各个接口的 IP 地址和子网掩码配置过程，完成路由器 Router1、Router2 和 Router3 静态路由项和默认路由项的配置过程。完成上述配置过程后，各台路由器的路由表分别如图 12.3～图 12.7 所示。值得指出的是，路由器 Router4 和 Router5 的路由表中，只有用于指明通往分配给企业网的全球 IP 地址的传输路径的路由项，没有用于指明通往企业网中各个子网的传输路径的路由项，企业网对于路由器 Router4 和 Router5 是不可见的。

Type	Network	Port	Next Hop IP	Metric
S	0.0.0.0/0	---	192.168.3.2	1/0
C	192.168.1.0/24	FastEthernet0/0	---	0/0
C	192.168.2.0/24	FastEthernet0/1	---	0/0
C	192.168.3.0/24	FastEthernet1/0	---	0/0
C	192.168.4.0/24	FastEthernet1/1	---	0/0
S	200.1.2.0/24	---	192.168.4.2	1/0

图 12.3　路由器 Router1 路由表

Type	Network	Port	Next Hop IP	Metric
S	0.0.0.0/0	---	192.1.1.2	1/0
C	192.1.1.0/24	FastEthernet0/1	---	0/0
R	192.168.1.0/24	FastEthernet0/0	192.168.3.1	120/1
R	192.168.2.0/24	FastEthernet0/0	192.168.3.1	120/1
C	192.168.3.0/24	FastEthernet0/0	---	0/0
R	192.168.4.0/24	FastEthernet0/0	192.168.3.1	120/1

图 12.4　路由器 Router2 路由表

Type	Network	Port	Next Hop IP	Metric
S	0.0.0.0/0	---	200.1.1.2	1/0
R	192.168.1.0/24	FastEthernet0/0	192.168.4.1	120/1
R	192.168.2.0/24	FastEthernet0/0	192.168.4.1	120/1
R	192.168.3.0/24	FastEthernet0/0	192.168.4.1	120/1
C	192.168.4.0/24	FastEthernet0/0	---	0/0
C	200.1.1.0/24	FastEthernet0/1	---	0/0

图 12.5　路由器 Router3 路由表

Type	Network	Port	Next Hop IP	Metric
C	192.1.1.0/24	FastEthernet0/0	---	0/0
C	192.1.2.0/24	FastEthernet0/1	---	0/0

图 12.6　路由器 Router4 路由表

Type	Network	Port	Next Hop IP	Metric
C	200.1.1.0/24	FastEthernet0/0	---	0/0
C	200.1.2.0/24	FastEthernet0/1	---	0/0

图 12.7　路由器 Router5 路由表

(3) 企业网中的各个终端通过 DHCP 自动获取网络信息，由路由器 Router1 提供 DHCP 服务器的功能。PC0 获取的网络信息如图 12.8 所示，PC2 获取的网络信息如图 12.9 所示。PC0 和 PC2 的域名服务器地址都是企业网中的域名服务器 DNS Server 的 IP 地址。

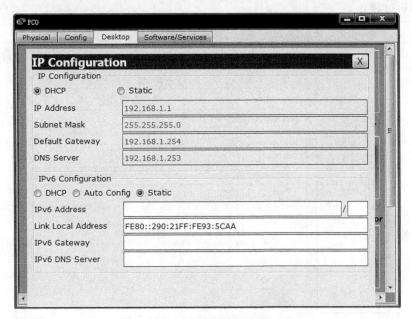

图 12.8　PC0 自动获取的网络信息

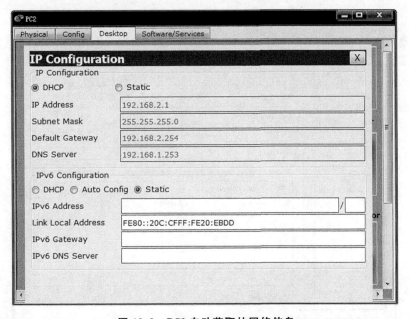

图 12.9　PC2 自动获取的网络信息

(4) DNS Server 配置的资源记录如图 12.10 所示，将解析后缀为 b.com 的完全合格的域名的解析请求转发给行业服务网中的域名服务器 dns.b.com，将解析其他完全合格的域名的解析请求转发给 Internet 中的域名服务器 dns.com。域名服务器 dns.b.com 配置的资源记录如图 12.11 所示,用于完成完全合格的域名 www.b.com 的解析过程。域名服务器 dns.com 配置的资源记录如图 12.12 所示,用于完成完全合格的域名 www.a.com 的解析过程。

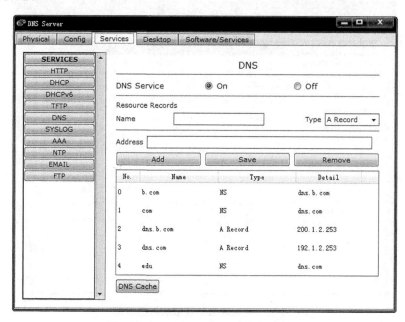

图 12.10 DNS Server 配置的资源记录

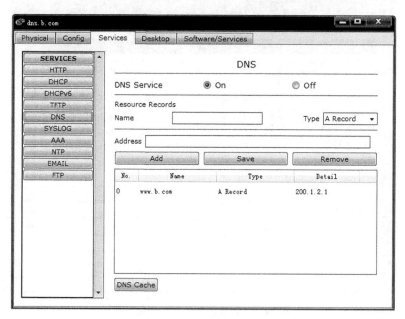

图 12.11 dns.b.com 配置的资源记录

(5) PC0 访问完全合格的域名为 www.a.com 的 Web 服务器的界面如图 12.13 所

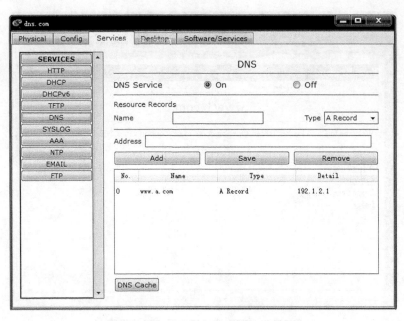

图 12.12　dns.com 配置的资源记录

示,访问完全合格的域名为 www.b.com 的 Web 服务器的界面如图 12.14 所示,证明网络地址为 192.168.1.0/24 的子网中的终端可以访问 Internet 和行业服务网。PC2 可以访问完全合格的域名为 www.a.com 的 Web 服务器,但无法访问完全合格的域名为 www.b.com 的 Web 服务器,证明网络地址为 192.168.2.0/24 的子网中的终端只能访问 Internet。

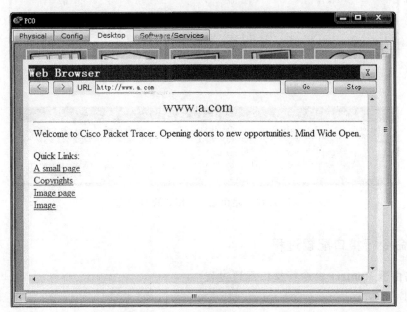

图 12.13　PC0 访问 Internet 界面

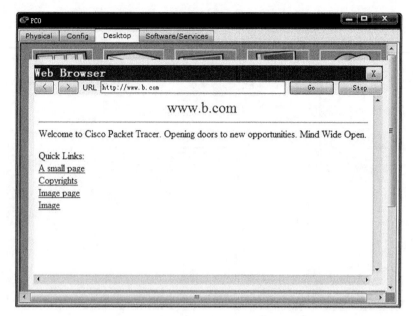

图 12.14　PC0 访问行业服务网的界面

(6) 路由器 Router2 的 NAT 表如图 12.15 所示，存在 Inside Local 属于网络地址 192.168.1.0/24 和网络地址 192.168.2.0/24 的地址转换项。路由器 Router3 的 NAT 表如图 12.16 所示，只存在 Inside Local 属于网络地址 192.168.1.0/24 的地址转换项。

NAT Table for Router2

Protocol	Inside Global	Inside Local	Outside Local	Outside Global
icmp	192.1.1.1:4	192.168.1.1:4	192.1.2.1:4	192.1.2.1:4
icmp	192.1.1.1:1024	192.168.2.1:4	192.1.2.1:4	192.1.2.1:1024
tcp	192.1.1.1:1025	192.168.1.1:1025	192.1.2.1:80	192.1.2.1:80
tcp	192.1.1.1:1024	192.168.2.1:1025	192.1.2.1:80	192.1.2.1:80

图 12.15　路由器 Router2 的 NAT 表

NAT Table for Router3

Protocol	Inside Global	Inside Local	Outside Local	Outside Global
icmp	200.1.1.1:6	192.168.1.1:6	200.1.2.1:6	200.1.2.1:6
tcp	200.1.1.1:1026	192.168.1.1:1026	200.1.2.1:80	200.1.2.1:80
tcp	200.1.1.1:1027	192.168.1.1:1027	200.1.2.1:80	200.1.2.1:80

图 12.16　路由器 Router3 的 NAT 表

12.1.5　命令行接口配置过程

1. 路由器 Router1 命令行接口配置过程

命令序列如下：

```
Router>enable
```

```
Router#configure terminal
Router(config)#interface FastEthernet0/0
Router(config-if)#no shutdown
Router(config-if)#ip address 192.168.1.254 255.255.255.0
Router(config-if)#exit
Router(config)#interface FastEthernet0/1
Router(config-if)#no shutdown
Router(config-if)#ip address 192.168.2.254 255.255.255.0
Router(config-if)#exit
Router(config)#interface FastEthernet1/0
Router(config-if)#no shutdown
Router(config-if)#ip address 192.168.3.1 255.255.255.0
Router(config-if)#exit
Router(config)#interface FastEthernet1/1
Router(config-if)#no shutdown
Router(config-if)#ip address 192.168.4.1 255.255.255.0
Router(config-if)#exit
Router(config)#router rip
Router(config-router)#network 192.168.1.0
Router(config-router)#network 192.168.2.0
Router(config-router)#network 192.168.3.0
Router(config-router)#network 192.168.4.0
Router(config-router)#exit
Router(config)#ip route 200.1.2.0 255.255.255.0 192.168.4.2
Router(config)#ip route 0.0.0.0 0.0.0.0 192.168.3.2
Router(config)#ip dhcp pool a1
Router(dhcp-config)#network 192.168.1.0 255.255.255.0
Router(dhcp-config)#default-router 192.168.1.254
Router(dhcp-config)#dns-server 192.168.1.253
Router(dhcp-config)#exit
Router(config)#ip dhcp pool a2
Router(dhcp-config)#network 192.168.2.0 255.255.255.0
Router(dhcp-config)#default-router 192.168.2.254
Router(dhcp-config)#dns-server 192.168.1.253
Router(dhcp-config)#exit
Router(config)#ip dhcp excluded-address 192.168.1.250 192.168.1.254
Router(config)#ip dhcp excluded-address 192.168.2.250 192.168.2.254
Router(config)#access-list 101 deny ip 192.168.2.0 0.0.0.255 200.1.2.0 0.0.0.255
Router(config)#access-list 101 permit ip any any
Router(config)#interface FastEthernet0/1
Router(config-if)#ip access-group 101 in
Router(config-if)#exit
```

2. 路由器 Router2 命令行接口配置过程

命令序列如下：

```
Router>enable
Router#configure terminal
Router(config)#interface FastEthernet0/0
Router(config-if)#no shutdown
Router(config-if)#ip address 192.168.3.2 255.255.255.0
Router(config-if)#exit
Router(config)#interface FastEthernet0/1
Router(config-if)#no shutdown
Router(config-if)#ip address 192.1.1.1 255.255.255.0
Router(config-if)#exit
Router(config)#router rip
Router(config-router)#network 192.168.3.0
Router(config-router)#exit
Router(config)#ip route 0.0.0.0 0.0.0.0 192.1.1.2
Router(config)#access-list 1 permit 192.168.1.0 0.0.0.255
Router(config)#access-list 1 permit 192.168.2.0 0.0.0.255
Router(config)#access-list 1 deny any
Router(config)#ip nat inside source list 1 interface FastEthernet0/1 overload
Router(config)#interface FastEthernet0/0
Router(config-if)#ip nat inside
Router(config-if)#exit
Router(config)#interface FastEthernet0/1
Router(config-if)#ip nat outside
Router(config-if)#exit
```

3. 路由器 Router3 命令行接口配置过程

命令序列如下：

```
Router>enable
Router#configure terminal
Router(config)#interface FastEthernet0/0
Router(config-if)#no shutdown
Router(config-if)#ip address 192.168.4.2 255.255.255.0
Router(config-if)#exit
Router(config)#interface FastEthernet0/1
Router(config-if)#no shutdown
Router(config-if)#ip address 200.1.1.1 255.255.255.0
Router(config-if)#exit
Router(config)#router rip
Router(config-router)#network 192.168.4.0
Router(config-router)#exit
Router(config)#ip route 0.0.0.0 0.0.0.0 200.1.1.2
```

```
Router(config)#access-list 1 permit 192.168.1.0 0.0.0.255
Router(config)#access-list 1 deny any
Router(config)#ip nat inside source list 1 interface FastEthernet0/1 overload
Router(config)#interface FastEthernet0/0
Router(config-if)#ip nat inside
Router(config-if)#exit
Router(config)#interface FastEthernet0/1
Router(config-if)#ip nat outside
Router(config-if)#exit
```

4. 路由器 Router4 命令行接口配置过程

命令序列如下:

```
Router>enable
Router#configure terminal
Router(config)#interface FastEthernet0/0
Router(config-if)#no shutdown
Router(config-if)#ip address 192.1.1.2 255.255.255.0
Router(config-if)#exit
Router(config)#interface FastEthernet0/1
Router(config-if)#no shutdown
Router(config-if)#ip address 192.1.2.254 255.255.255.0
Router(config-if)#exit
```

5. 路由器 Router5 命令行接口配置过程

命令序列如下:

```
Router>enable
Router#configure terminal
Router(config)#interface FastEthernet0/0
Router(config-if)#no shutdown
Router(config-if)#ip address 200.1.1.2 255.255.255.0
Router(config-if)#exit
Router(config)#interface FastEthernet0/1
Router(config-if)#no shutdown
Router(config-if)#ip address 200.1.2.254 255.255.255.0
Router(config-if)#exit
```

6. 交换机 Switch0 命令行接口配置过程
命令序列如下:

```
Switch>enable
Switch#configure terminal
Switch(config)#ip dhcp snooping
Switch(config)#ip dhcp snooping vlan 1
Switch(config)#interface FastEthernet0/3
```

```
Switch(config-if)#ip dhcp snooping trust
Switch(config-if)#exit
```

12.2 VPN 应用实验

12.2.1 系统需求

将某个企业网划分为 4 个 VLAN,分别是 VLAN 2～VLAN 5,其中 VLAN 2 属于生产管理部门,VLAN 3 属于销售部门,VLAN 4 属于财务部门,VLAN 5 属于信息服务部门。企业网和 Internet 互连,连接在 Internet 上的终端可以通过 VPN 访问 VLAN 5 中的信息资源。为了安全,要求企业网实施以下安全策略。

(1) 属于财务部门的终端不允许访问 Internet。

(2) 属于财务部门的 VLAN 4 与属于信息服务部门的 VLAN 5 之间不能相互通信。

(3) 允许 VLAN 2 和 VLAN 3 中的终端发起访问 Internet 的过程。

(4) 连接在 Internet 上的终端如果需要发起访问企业网的过程,必须先通过 VPN 接入企业网,且只能访问 VLAN 5 中的信息资源,不能与其他 VLAN 中的终端相互通信。

12.2.2 分配的信息

Internet 分配给企业的网络信息如下:IP 地址为 192.1.1.1,子网掩码为 255.255.255.0,默认网关地址为 192.1.1.2。

12.2.3 网络设计

1. 网络拓扑结构

网络结构如图 12.17 所示,企业网划分为 4 个 VLAN,由三层交换机 S 实现 VLAN 之间的通信过程。三层交换机 S 与边缘路由器 R 相连,由边缘路由器 R 实现企业网与 Internet 之间的互连。边缘路由器 R 连接 Internet 的接口配置全球 IP 地址 192.1.1.1。

2. 路由表

三层交换机中的路由项有两类:一类是用于指明通往直接连接的各个 VLAN 的传输路径的直连路由项;另一类是下一跳为边缘路由器 R 的默认路由项。边缘路由器 R 中的路由项有两类:一类是下一跳为三层交换机 S,用于指明通往企业网中各个 VLAN 的传输路径的路由项;另一类是下一跳 IP 地址为 Internet 给出的默认网关地址的默认路由项。

3. PAT

由于允许 VLAN 2 和 VLAN 3 中的终端发起访问 Internet 的过程,需要在边缘路由器 R 启动 PAT 功能,允许进行 PAT 的源 IP 地址范围包括 192.168.1.0/24 和 192.168.2.0/24。

4. VPN

边缘路由器 R 作为 VPN 接入服务器,完成以下功能:对远程接入用户进行身份鉴别;为远程终端分配属于网络地址 192.168.6.0/24 的私有 IP 地址,同时在路由表中创建

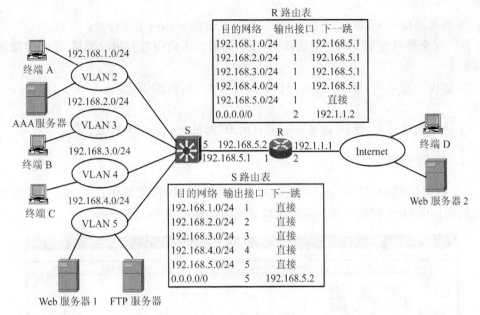

图 12.17 网络结构

一项将该远程终端和边缘路由器 R 之间的 IP 隧道与分配给该远程终端的私有 IP 地址绑定在一起的动态路由项;建立远程终端与边缘路由器 R 之间的双向安全关联,实现远程终端与边缘路由器 R 之间的安全传输过程;企业网设置鉴别服务器(AAA 服务器),由鉴别服务器统一完成注册用户的身份鉴别过程。

5. 访问控制

根据安全策略,属于财务部门的 VLAN 4 只能实现与 VLAN 2 和 VLAN 3 之间的通信过程。分配属于网络地址 192.168.6.0/24 的私有 IP 地址的远程终端只能实现与 VLAN 5 之间的通信过程。允许属于 VLAN 2 和 VLAN 3 的终端发起访问 Internet 的过程。

为此,在三层交换机 S 接口 5 的输出方向设置分组过滤器,分组过滤器的规则如下。

① 协议类型=*,源 IP 地址=192.168.3.0/24,目的 IP 地址=any;丢弃。
② 协议类型=*,源 IP 地址=192.168.1.0/24,目的 IP 地址=192.168.6.0/24;丢弃。
③ 协议类型=*,源 IP 地址=192.168.2.0/24,目的 IP 地址=192.168.6.0/24;丢弃。
④ 协议类型=*,源 IP 地址=any,目的 IP 地址=any;正常转发。

在三层交换机 S 接口 5 的输入方向设置分组过滤器,分组过滤器的规则如下。

① 协议类型=*,源 IP 地址=any,目的 IP 地址=192.168.3.0/24;丢弃。
② 协议类型=*,源 IP 地址=192.168.6.0/24,目的 IP 地址=192.168.1.0/24;丢弃。
③ 协议类型=*,源 IP 地址=192.168.6.0/24,目的 IP 地址=192.168.2.0/24;丢弃。
④ 协议类型=*,源 IP 地址=any,目的 IP 地址=any;正常转发。

在三层交换机 S VLAN 4 对应的 IP 接口的输入方向设置分组过滤器,分组过滤器的规则如下。

① 协议类型=*,源 IP 地址=192.168.3.0/24,目的 IP 地址=192.168.4.0/24;

丢弃。

② 协议类型=＊,源 IP 地址=any,目的 IP 地址=any;正常转发。

在三层交换机 S VLAN 4 对应的 IP 接口的输出方向设置分组过滤器,分组过滤器的规则如下。

① 协议类型=＊,源 IP 地址=192.168.4.0/24,目的 IP 地址=192.168.3.0/24;丢弃。

② 协议类型=＊,源 IP 地址=any,目的 IP 地址=any;正常转发。

12.2.4 实验步骤

(1) 根据如图 12.17 所示的网络结构放置和连接设备,用路由器 Router2 直连的以太网表示 Internet。逻辑工作区最终生成的网络结构如图 12.18 所示。

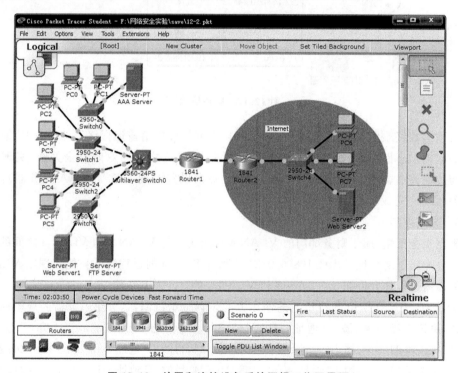

图 12.18 放置和连接设备后的逻辑工作区界面

(2) 完成所有路由器各个接口的 IP 地址和子网掩码配置过程,完成三层交换机 Multilayer Switch0 IP 接口定义和配置过程,完成三层交换机 Multilayer Switch0 和路由器 Router1 默认路由项配置过程。完成上述配置过程后,三层交换机 Multilayer Switch0 和各台路由器的路由表分别如图 12.19 至图 12.21 所示。值得指出的是,路由器 Router2 的路由表中,只有用于指明通往分配给企业网的全球 IP 地址的传输路径的路由项,没有用于指明通往企业网中各个子网的传输路径的路由项,企业网对于路由器 Router2 是不可见的。

(3) AAA Server 的配置界面如图 12.22 所示。配置信息由两部分组成:一部分是有

Routing Table for Multilayer Switch0

Type	Network	Port	Next Hop IP	Metric
S	0.0.0.0/0	---	192.168.5.2	1/0
C	192.168.1.0/24	Vlan2	---	0/0
C	192.168.2.0/24	Vlan3	---	0/0
C	192.168.3.0/24	Vlan4	---	0/0
C	192.168.4.0/24	Vlan5	---	0/0
C	192.168.5.0/24	Vlan6	---	0/0

图 12.19　三层交换机 Multilayer Switch0 路由表

Routing Table for Router1

Type	Network	Port	Next Hop IP	Metric
S	0.0.0.0/0	---	192.1.1.2	1/0
C	192.1.1.0/24	FastEthernet0/1	---	0/0
R	192.168.1.0/24	FastEthernet0/0	192.168.5.1	120/1
R	192.168.2.0/24	FastEthernet0/0	192.168.5.1	120/1
R	192.168.3.0/24	FastEthernet0/0	192.168.5.1	120/1
R	192.168.4.0/24	FastEthernet0/0	192.168.5.1	120/1
C	192.168.5.0/24	FastEthernet0/0	---	0/0

图 12.20　路由器 Router1 路由表

Routing Table for Router2

Type	Network	Port	Next Hop IP	Metric
C	192.1.1.0/24	FastEthernet0/0	---	0/0
C	192.1.2.0/24	FastEthernet0/1	---	0/0

图 12.21　路由器 Router2 路由表

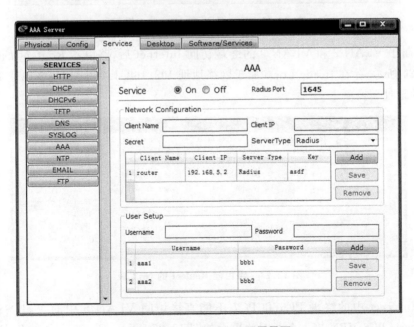

图 12.22　AAA Server 配置界面

关路由器 Router1 的信息，包括路由器 Router1 的 Client Name(客户端名字)router、路由器 Router1 的 Client IP(客户端 IP 地址)192.168.5.2 和路由器 Router1 与 AAA Server 之间的 Secret(密钥)asdf；另一部分是有关注册用户的信息，包括每一个注册用户的用户名和口令。

(4) PC0 访问 Internet 中 Web Server2 的界面如图 12.23 所示，证明网络地址为 192.168.1.0/24 的 VLAN 2 中的终端可以访问 Internet。同样可以证明，网络地址为 192.168.2.0/24 的 VLAN 3 中的终端也可以访问 Internet。

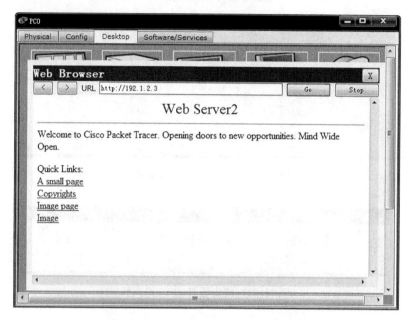

图 12.23 PC0 访问 Web Server2 界面

(5) 属于 VLAN 2 和 VLAN 3 的终端访问 Internet 后，路由器 Router1 的 NAT 表如图 12.24 所示，存在 Inside Local 属于网络地址 192.168.1.0/24 和网络地址 192.168.2.0/24 的地址转换项。

NAT Table for Router1

Protocol	Inside Global	Inside Local	Outside Local	Outside Global
icmp	192.1.1.1:1024	192.168.1.1:3	192.1.2.1:3	192.1.2.1:1024
icmp	192.1.1.1:8	192.168.1.2:8	192.1.2.2:8	192.1.2.2:8
icmp	192.1.1.1:3	192.168.2.1:3	192.1.2.1:3	192.1.2.1:3
icmp	192.1.1.1:4	192.168.2.2:4	192.1.2.2:4	192.1.2.2:4
tcp	192.1.1.1:1025	192.168.1.1:1025	192.1.2.3:80	192.1.2.3:80
tcp	192.1.1.1:1024	192.168.1.2:1025	192.1.2.3:80	192.1.2.3:80
tcp	192.1.1.1:1026	192.168.2.1:1025	192.1.2.3:80	192.1.2.3:80
tcp	192.1.1.1:1027	192.168.2.2:1025	192.1.2.3:80	192.1.2.3:80

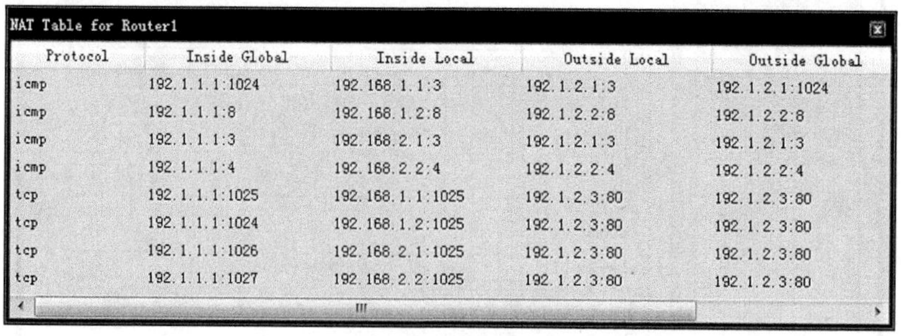

图 12.24 路由器 Router1 的 NAT 表

(6) Internet 中的终端 PC6 和 PC7 不能直接访问 VLAN 5 中的 Web Server1 和 FTP Server。PC6 VPN 接入企业网的界面如图 12.25 所示。Group Name(组名)asdf 是

路由器 Router1 中定义的客户组名，Group Key(组密钥)asdf 是路由器 Router1 中定义的客户组密钥；Host IP(Server IP)192.1.1.1 是路由器 Router1 连接 Internet 的接口配置的全球 IP 地址，Username(用户名)aaa1 是 AAA Server 中定义的某个注册用户的用户名，Password(口令)bbb1 是 AAA Server 中定义的用户名为 aaa1 的注册用户的口令。

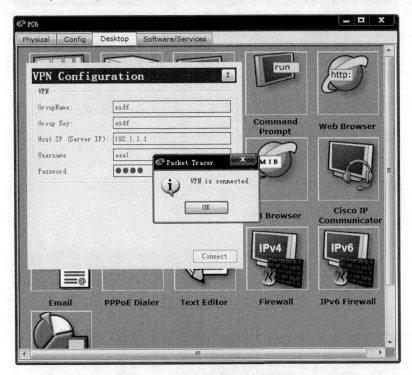

图 12.25 PC6 VPN 接入企业网界面

(7) PC6 和 PC7 成功接入企业网后，分别分配私有 IP 地址 192.168.6.1 和 192.168.6.2。如图 12.26 所示，路由器 Router1 的路由表中分别建立将私有 IP 地址 192.168.6.1、192.168.6.2 和路由器 Router1 与 PC6 和 PC7 之间的传输路径绑定在一起的路由项。这两项路由项中的下一跳地址分别是 PC6 和 PC7 的全球 IP 地址，也是路由器 Router1 与 PC6 和 PC7 之间的 IP 隧道连接远程终端一端的 IP 地址。

Routing Table for Router1

Type	Network	Port	Next Hop IP	Metric
S	0.0.0.0/0	---	192.1.1.2	1/0
C	192.1.1.0/24	FastEthernet0/1	---	0/0
R	192.168.1.0/24	FastEthernet0/0	192.168.5.1	120/1
R	192.168.2.0/24	FastEthernet0/0	192.168.5.1	120/1
R	192.168.3.0/24	FastEthernet0/0	192.168.5.1	120/1
R	192.168.4.0/24	FastEthernet0/0	192.168.5.1	120/1
C	192.168.5.0/24	FastEthernet0/0	---	0/0
S	192.168.6.1/32	FastEthernet0/1	192.1.2.1	1/0
S	192.168.6.2/32	FastEthernet0/1	192.1.2.2	1/0

图 12.26 PC6 和 PC7 接入企业网后的路由器 Router1 路由表

(8) PC6 和 PC7 可以通过接入企业网后分配的私有 IP 地址 192.168.6.1 和 192.168.6.2 访问 VLAN 5 中的资源,PC6 访问 Web Server1 的界面如图 12.27 所示,PC7 访问 FTP Server 的界面如图 12.28 所示。

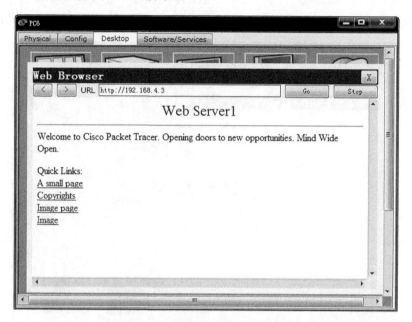

图 12.27　PC6 访问 Web Server1 界面

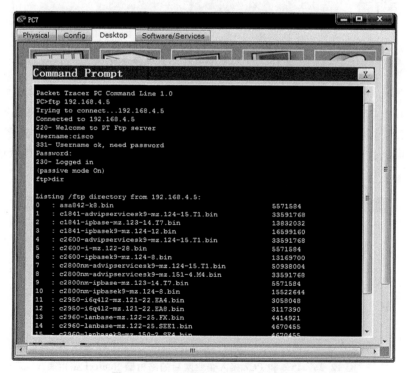

图 12.28　PC7 访问 FTP Server 界面

12.2.5 命令行接口配置过程

1. 三层交换机 Multilayer Switch0 命令行接口配置过程

命令序列如下：

```
Switch>enable
Switch#configure terminal
Switch(config)#vlan 2
Switch(config-vlan)#name v2
Switch(config-vlan)#exit
Switch(config)#vlan 3
Switch(config-vlan)#name v3
Switch(config-vlan)#exit
Switch(config)#vlan 4
Switch(config-vlan)#name v4
Switch(config-vlan)#exit
Switch(config)#vlan 5
Switch(config-vlan)#name v5
Switch(config-vlan)#exit
Switch(config)#vlan 6
Switch(config-vlan)#name v6
Switch(config-vlan)#exit
Switch(config)#interface FastEthernet0/1
Switch(config-if)#switchport mode access
Switch(config-if)#switchport access vlan 2
Switch(config-if)#exit
Switch(config)#interface FastEthernet0/2
Switch(config-if)#switchport mode access
Switch(config-if)#switchport access vlan 3
Switch(config-if)#exit
Switch(config)#interface FastEthernet0/3
Switch(config-if)#switchport mode access
Switch(config-if)#switchport access vlan 4
Switch(config-if)#exit
Switch(config)#interface FastEthernet0/4
Switch(config-if)#switchport mode access
Switch(config-if)#switchport access vlan 5
Switch(config-if)#exit
Switch(config)#interface FastEthernet0/5
Switch(config-if)#switchport mode access
Switch(config-if)#switchport access vlan 6
Switch(config-if)#exit
Switch(config)#interface vlan 2
Switch(config-if)#ip address 192.168.1.254 255.255.255.0
```

```
Switch(config-if)#exit
Switch(config)#interface vlan 3
Switch(config-if)#ip address 192.168.2.254 255.255.255.0
Switch(config-if)#exit
Switch(config)#interface vlan 4
Switch(config-if)#ip address 192.168.3.254 255.255.255.0
Switch(config-if)#exit
Switch(config)#interface vlan 5
Switch(config-if)#ip address 192.168.4.254 255.255.255.0
Switch(config-if)#exit
Switch(config)#interface vlan 6
Switch(config-if)#ip address 192.168.5.1 255.255.255.0
Switch(config-if)#exit
Switch(config)#ip routing
Switch(config)#router rip
Switch(config-router)#network 192.168.1.0
Switch(config-router)#network 192.168.2.0
Switch(config-router)#network 192.168.3.0
Switch(config-router)#network 192.168.4.0
Switch(config-router)#network 192.168.5.0
Switch(config-router)#exit
Switch(config)#ip route 0.0.0.0 0.0.0.0 192.168.5.2
Switch(config)#access-list 101 deny ip 192.168.3.0 0.0.0.255 any
Switch(config)#access-list 101 deny ip 192.168.1.0 0.0.0.255 192.168.6.0 0.0.0.255
Switch(config)#access-list 101 deny ip 192.168.2.0 0.0.0.255 192.168.6.0 0.0.0.255
Switch(config)#access-list 101 permit ip any any
Switch(config)#access-list 102 deny ip any 192.168.3.0 0.0.0.255
Switch(config)#access-list 102 deny ip 192.168.6.0 0.0.0.255 192.168.1.0 0.0.0.255
Switch(config)#access-list 102 deny ip 192.168.6.0 0.0.0.255 192.168.2.0 0.0.0.255
Switch(config)#access-list 102 permit ip any any
Switch(config)#interface vlan 6
Switch(config-if)#ip access-group 101 out
Switch(config-if)#ip access-group 102 in
Switch(config-if)#exit
Switch(config)#access-list 103 deny ip 192.168.3.0 0.0.0.255 192.168.4.0 0.0.0.255
Switch(config)#access-list 103 permi ip any any
Switch(config)#access-list 104 deny ip 192.168.4.0 0.0.0.255 192.168.3.0 0.0.0.255
Switch(config)#access-list 104 permit ip any any
```

```
Switch(config)#interface vlan 4
Switch(config-if)#ip access-group 103 in
Switch(config-if)#ip access-group 104 out
Switch(config-if)#exit
```

2. 路由器 Router1 命令行接口配置过程

命令序列如下：

```
Router>enable
Router#configure terminal
Router(config)#interface FastEthernet0/0
Router(config-if)#no shutdown
Router(config-if)#ip address 192.168.5.2 255.255.255.0
Router(config-if)#exit
Router(config)#interface FastEthernet0/1
Router(config-if)#no shutdown
Router(config-if)#ip address 192.1.1.1 255.255.255.0
Router(config-if)#exit
Router(config)#router rip
Router(config-router)#network 192.168.5.0
Router(config-router)#exit
Router(config)#ip route 0.0.0.0 0.0.0.0 192.1.1.2
Router(config)#crypto isakmp policy 1
Router(config-isakmp)#authentication pre-share
Router(config-isakmp)#encryption aes 256
Router(config-isakmp)#hash sha
Router(config-isakmp)#group 2
Router(config-isakmp)#lifetime 900
Router(config-isakmp)#exit
Router(config)#ip local pool vpnpool 192.168.6.1 192.168.6.100
Router(config)#crypto isakmp client configuration group asdf
Router(config-isakmp-group)#key asdf
Router(config-isakmp-group)#pool vpnpool
Router(config-isakmp-group)#netmask 255.255.255.0
Router(config-isakmp-group)#exit
Router(config)#crypto ipsec transform-set vpnt esp-3des esp-sha-hmac
Router(config)#crypto dynamic-map vpn 10
Router(config-crypto-map)#set transform-set vpnt
Router(config-crypto-map)#reverse-route
Router(config-crypto-map)#exit
Router(config)#aaa new-model
Router(config)#aaa authentication login vpna group radius
Router(config)#aaa authorization network vpnb local
Router(config)#radius-server host 192.168.1.3
Router(config)#radius-server key asdf
```

```
Router(config)#hostname router
router(config)#crypto map vpn client authentication list vpna
router(config)#crypto map vpn isakmp authorization list vpnb
router(config)#crypto map vpn client configuration address respond
router(config)#crypto map vpn 10 ipsec-isakmp dynamic vpn
router(config)#interface FastEthernet0/1
router(config-if)#crypto map vpn
router(config-if)#exit
router(config)#access-list 1 permit 192.168.1.0 0.0.0.255
router(config)#access-list 1 permit 192.168.2.0 0.0.0.255
router(config)#access-list 1 deny any
router(config)#ip nat inside source list 1 interface FastEthernet0/1 overload
router(config)#interface FastEthernet0/0
router(config-if)#ip nat inside
router(config-if)#exit
router(config)#interface FastEthernet0/1
router(config-if)#ip nat outside
router(config-if)#exit
```

3. 路由器 Router2 命令行接口配置过程

命令序列如下：

```
Router>enable
Router#configure terminal
Router(config)#interface FastEthernet0/0
Router(config-if)#no shutdown
Router(config-if)#ip address 192.1.1.2 255.255.255.0
Router(config-if)#exit
Router(config)#interface FastEthernet0/1
Router(config-if)#no shutdown
Router(config-if)#ip address 192.1.2.254 255.255.255.0
Router(config-if)#exit
```

参 考 文 献

[1] 沈鑫剡,等.计算机网络技术及应用.北京:清华大学出版社,2007.
[2] 沈鑫剡.计算机网络.北京:清华大学出版社,2008.
[3] 沈鑫剡.计算机网络安全.北京:清华大学出版社,2009.
[4] 沈鑫剡,等.计算机网络技术及应用.2版.北京:清华大学出版社,2010.
[5] 沈鑫剡.计算机网络.2版.北京:清华大学出版社,2010.
[6] 沈鑫剡,等.计算机网络技术及应用学习辅导和实验指南.北京:清华大学出版社,2011.
[7] 沈鑫剡,叶寒锋.计算机网络学习辅导与实验指南.北京:清华大学出版社,2011.
[8] 沈鑫剡,等.计算机网络安全学习辅导与实验指南.北京:清华大学出版社,2012.
[9] 沈鑫剡.路由和交换技术.北京:清华大学出版社,2013.
[10] 沈鑫剡.路由和交换技术实验及实训.北京:清华大学出版社,2013.
[11] 沈鑫剡.计算机网络工程.北京:清华大学出版社,2013.
[12] 沈鑫剡,等.计算机网络工程实验教程.北京:清华大学出版社,2013.
[13] 沈鑫剡,等.网络技术基础与计算思维.北京:清华大学出版社,2016.
[14] 沈鑫剡,等.网络技术基础与计算思维实验教程.北京:清华大学出版社,2016.
[15] 沈鑫剡,等.网络技术基础与计算思维习题详解.北京:清华大学出版社,2016.